丛书序

在浩瀚的自然界中，病毒，这一微小而强大的生命形态，以其独特的存在方式，深刻地影响着从微观世界到宏观生态系统的每一个角落。它们既是生命的挑战者，也是生物进化的重要推手。在生命科学这片广袤的天地里，病毒学作为一门交叉融合、日新月异的学科，不仅揭示了病毒的内在奥秘，更为医学、动物学、植物学、昆虫学及微生物学等多个领域带来了革命性的进展与应用。新冠、非洲猪瘟、禽流感等疫情的肆虐，更进一步强调了发展病毒学科、加强病毒学人才培养的迫切性。

面对全球健康挑战与生命科学的快速发展，我国病毒学领域的高等教育亟需一套系统全面、紧跟时代步伐的教材。为贯彻党的二十大精神，落实习近平总书记关于教育的重要指示及立德树人根本任务，我们携手国内近70所高校及科研院所，共同编纂了这套旨在满足新时代病毒学专业人才培养需求的高质量系列教材。

本套病毒学系列教材全面覆盖病毒学总论、医学病毒学、动物病毒学、植物病毒学、昆虫病毒学、微生物病毒学及病毒学实验技术七大核心知识领域。以“病毒学领域教学资源共享平台”知识图谱为基础，构建教材知识框架，将基础知识与最新的科研成果和学术热点相结合，有利于学生系统、多维、立体地完善自身病毒学知识体系，激发他们对病毒学领域的兴趣，并培养他们的创新思维。

为满足信息时代教学和人才培养的需要，全套教材采用纸质教材与数字教材（资源）相结合的形式，极大地丰富了教学方式，提升了学习体验。知识图谱、视频、音频、彩图和虚拟仿真实验等数字资源的引入，不仅提高了教学效率，还增强了学习的互动性和趣味性，有助于学生在实践中深化对理论知识的理解。

作为病毒学领域的专业核心教材，本套教材汇聚了国内顶尖专家学者的智慧与心血，确保了内容的权威性、准确性，具有指导意义，不仅适用于本科生的“微生物学”和“病毒学”课程，也为研究生及未来从事病毒学、微生物学、医学、兽医、农业科技等领域工作的专业人才提供了宝贵的知识储备。

我们相信，本套病毒学系列教材的出版，将有力推动我国病毒学教育事业的发展，助力提升我国高等教育人才自主培养质量，为战略性新兴领域产业人才培养提供有力支撑。

王健伟
北京协和医学院
2024年9月

前言

昆虫病毒学是病毒学领域的一个小而独特的分支。由于昆虫是世界上物种最为丰富的生物类群，因此昆虫病毒也具有种类繁多、进化历史悠久、生态环境多样等特点。这为病毒学研究提供了独特的视角，并从中揭示了许多重要的生命科学规律。此外，由于大多数昆虫病毒专性感染宿主昆虫，因而被发展为生物农药用于害虫防治，保护了生态环境，促进了人与自然的和谐共生。不仅如此，以昆虫病毒为载体的表达系统，在疫苗、生物医药等生物技术领域发挥着重要作用。因此，昆虫病毒学是一门具有重要科学研究价值和应用前景的学科。

以往，我国缺少昆虫病毒学相关的课程体系建设和对应的本科教材。作为病毒学高等教育系列教材之一，本书的编写和出版，为相关的课程体系建设和人才培养奠定了基础，填补了我国昆虫病毒学本科教材的空白。

本书注重基础理论与实际应用的结合。前6章分别从昆虫病毒学导论，昆虫病毒的分类，杆状病毒的分子生物学，昆虫抗病毒免疫系统，昆虫病毒感染及其病理，病毒感染与昆虫的代谢、发育及行为等方面介绍了昆虫病毒学的基本理论和方法；后4章结合昆虫病毒学的实际应用，从家蚕病毒病及其防控、蜜蜂病毒病及其防控、病毒类生物农药、昆虫病毒表达系统等方面论述了相关领域的研究进展。通过系统学习，读者可掌握相关领域科研及生产的系统理论及最新进展，有利于相关行业的人才培养。

本书结合昆虫病毒知识领域知识图谱的建设，是纸质教材与数字资源相结合的新形态教材。为方便教学，在纸质版的每章开头突出了本章要点，每章后列出了本章小结、复习思考题，并在全书文后附上主要参考文献。同时，将部分数字资源以二维码的方式融入纸质教材中，方便读者学习。在知识图谱的构建中，配套建设了视频、课件、习题库等数字资源，相关数字资源可登录“病毒学领域教学资源共享服务平台”（https://virology.spacekg.com）在线或下载学习。

本书的编写人员全部是昆虫病毒学高等教育及相关科学研究的一线教师及科研人员，有着丰富的教学经验及科研积累。具体的编写分工如下：第一章由胡志红、杨凯编写，第二章由李俊敏编写，并得到了“昆虫病毒知识领域专家协作组”的大力帮助，第三章由杨凯、李朝飞、汪习、袁美妗编写，第四章由周溪、邱洋、王曼丽编写，第五章由黄国华、王敦编写，第六章由刘小侠、罗开珺编写，第七章由潘敏慧、胡朝阳、于倩编写，第八章由侯春生、马鸣潇编写，第九章由孙修炼、秦启联、张寰编写，第十章由邓菲、陈克平编写。所有的编写人员均是“重点领域昆虫病毒学课程虚拟教研室”的核心成员，他们在编写教材的同时，讲授了“昆虫病毒学”示范课程，相关视频可通过“重点领域昆虫病毒学课程虚拟教研室”在线会议的回放进行观看和学习。

本书的出版得到了“病毒学国家重点实验室”的资助；“昆虫病毒知识领域专家协作

组”的专家为本书的编写及知识图谱的建设做出了重要贡献；编者的一些同事和学生为本书提供了图片、修改等帮助；本书在编写和审定过程中得到了科学出版社的大力支持，在此一并表示由衷的感谢！

由于本书首次出版，难免出现疏漏之处，恳请广大读者和同行在使用过程中批评指正，提出宝贵建议，以便再版时及时更正。

胡志红　杨　凯

2024年5月

《昆虫病毒学》教学课件申请单

凡使用本书作为所授课程配套教材的高校主讲教师，填写以下表格后扫描或拍照发送至联系人邮箱，可获赠教学课件一份。

姓名：	职称：	职务：
手机：	邮箱：	学校及院系：
本门课程名称：	本门课程选课人数：	
您对本书的评价及修改建议（必填）：		

联系人：刘丹 编辑　　电话：010-64004576　　邮箱：liudan@mail.sciencep.com

目录

本书数字教学资源

第一章
昆虫病毒学导论

本章要点

○ **昆虫病毒学的发展简史：**昆虫病毒学经历了经验时期、昆虫病毒的发现及早期研究和现代昆虫病毒学三个发展阶段，是一门来源于实践，由应用推动基础研究，基础理论再促进技术发展的理论与实际紧密结合的学科。

○ **昆虫病毒的基础研究：**昆虫病毒种类繁多、进化历史悠久，使其成为基础研究的重要对象，人们从中发现了一系列生命的本质规律，包括病毒的起源、病毒在自然界中的丰度、病毒对昆虫免疫系统及昆虫行为的影响等，拓展了病毒学的认知。

○ **昆虫病毒的应用研究：**利用昆虫病毒对靶标害虫的高传染性和专一性，很多病毒株已被发展成为生物杀虫剂。昆虫病毒还可作为外源基因载体，在昆虫细胞中表达高价值蛋白，应用于疫苗生产；或转导哺乳动物细胞，应用于肿瘤治疗。

○ **昆虫病毒学的未来主要发展方向：**研究昆虫病毒的直接目的是控制农林害虫和卫生昆虫及保护具有重要经济价值的益虫。随着现代科学的发展，昆虫病毒已成为研究分子和细胞生物学基本问题的重要工具，同时正在进化生物学、分子生态学、结构生物学等方向取得突破。

昆虫病毒学是病毒学的一个分支，相对于医学病毒学、动物病毒学、植物病毒学等，昆虫病毒学在病毒学中是一个比较小众的领域。昆虫病毒具有种类繁多、进化历史悠久、与宿主和环境关系复杂等特点，这些特点使得昆虫病毒成为研究生命科学本质规律的重要材料。此外，昆虫病毒学在有益昆虫的病毒病防治、有害昆虫的生物防治、病毒载体的应用等方面具有重要的应用价值。本章将介绍昆虫病毒学的发展简史，回溯昆虫病毒学在基础研究中的主要贡献和在应用研究中的重要价值，进而提出学习昆虫病毒学的现实意义，并指出昆虫病毒学未来发展的主要方向。

第一节　昆虫病毒学的发展简史

人类对昆虫病毒的认识起源于病毒对有益昆虫（如家蚕）所造成的疾病，以及病毒在自然界中对害虫种群的调控作用。后来，随着研究的深入，昆虫病毒被发展成为绿色农药，在农林害虫的防治上发挥重要作用。此外，昆虫病毒作为表达载体，在生物技术和人类健康领域等也有着广泛的应用。因此，昆虫病毒学是一门来源于生产实践，至今仍在基础研究及农业与生物技术领域具有重要应用价值的学科。从历史的角度来看，昆虫病毒学可分为经验时期、昆虫病毒的发现及早期研究、现代昆虫病毒学三个发展阶段。

一、经验时期（1856年以前）

病毒概念的出现，距今只有100多年的历史，但是，在此之前，人类早就接触到病毒，并发展出抵抗病毒病及利用病毒的能力。昆虫病毒也一样，人类最早是在与自然的接触及农业生产等过程中观察到一些因病毒引起的昆虫疾病。

家蚕是人类驯化最成功的昆虫，在5000年前的中国古代，就出现了人工养蚕。蚕桑业在商代逐渐开始兴起，到唐宋时期丝绸已发展成为重要的出口商品，在元明清时期成为中国农业的支柱性产业，对中国古代经济和文化的发展产生了影响。在家蚕的饲养过程中，人们很早就发现了一些家蚕的疾病。宋人陈旉于公元1149年写成《农书》，经地方官吏先后刊印传播，该书共分为三卷，上卷综合讲述农事管理，中卷“牛说”叙述牛的饲养使用及疾病治疗，下卷“蚕桑”叙述种桑和养蚕。其中，在下卷“蚕桑”叙述中有如下关于家蚕疾病的描述：“最怕湿热及冷风。伤湿即黄肥，伤风即节高，沙蒸即脚肿，伤冷即亮头而白蜇，伤火即焦尾。又伤风亦黄肥，伤冷风即黑白红僵。能避此数患乃善。”这里所描写的家蚕病患，与现代的家蚕病毒病症有相似之处，国际上认为其是关于昆虫病毒性疾病的最早文字记载。在西方，最早关于家蚕疾病的描述出现在16世纪一位意大利主教所写的诗中（Miller，1997）。

二、昆虫病毒的发现及早期研究（1856年至20世纪60年代）

（一）昆虫病毒的发现

一般的病毒小于光学显微镜（简称光镜）的分辨率，因此难以被发现。最早被发现的昆虫病毒是包含体形式的病毒。由于包含体的直径在0.5～5μm，早在1856年，就有科学家在光学显微镜下观察到患病的家蚕中含有高度折射的多角体（呈多面体形状的包含体），并将其与蚕病联系起来。1906年，“多角体病”的概念被提出，这就是后来人们所熟知的由杆状病毒引起的疾病。1924年有人提出多角体中可能含有病毒粒子。1926年，法国科学家Paillot发现了比多角体更小一些的颗粒体病毒。第一部关于昆虫疾病的著作由Paillot在1930年编写。1939年，在碱解的包含体中发现了病毒粒子。

（二）病毒用于生物防治

欧洲应用杆状病毒进行害虫防治的报道发表于1925年；在北美应用杆状病毒防治欧洲云杉叶蜂的报道发表于1944年；1949年，昆虫病理学先驱Steinhaus出版了《昆虫病理学原理》（*Principles of Insect Pathology*），该书在介绍昆虫病毒所引起的疾病的同时，也介绍了昆虫病毒在生物防治中的应用潜力。20世纪60年代，人们逐渐意识到对于大规模单一使用和滥用化学药品所造成的环境污染、害虫抗药性增强、生态平衡的破坏，利用自然界中本来就有的病毒进行生物防治成为一种重要的研究方向。

（三）昆虫病毒的生物学及生物化学研究

1894年，科学家发现包含体会在碱性条件下溶解。Bergold在1947～1958年发表了一系列关于杆状病毒生物学和生物化学的开创性研究成果，为杆状病毒的研究奠定了基础。由于他的贡献，Bergold被认为是现代杆状病毒分子生物学之父。1955年，科学家在电子显微镜（简称电镜）下观察到包含体的晶体结构及其中所包含的杆状病毒粒子。1958年，科学家证实在家蚕多角体中含有DNA，并且多角体中还有蛋白酶。1963～1970年，杆状病毒的两种不同形态，即包含体来源的病毒粒子和芽生型病毒粒子（budded virion，BV），以及其分别负责对昆虫中肠的初始感染及昆虫体内的系统感染，逐渐被人们所认识。

（四）昆虫细胞培养

在这一阶段，昆虫细胞体外培养体系也逐渐发展成熟：1915年出现了关于昆虫组织的体外培养报道；1917年在体外培养的昆虫血细胞中观察到了多角体的形成；1935年在体外的昆虫组织培养中实现了杆状病毒的感染和传代；1959年，中国科学家高尚荫、刘年翠、谢天恩在国际上报道了首个昆虫细胞系的建立及杆状病毒的感染；1962年Grace（Grace培养基的发明人）建立了多种昆虫细胞系。

（五）相关国际学术组织的发展

从20世纪50年代起，研究昆虫病理的各国科学家就在寻求建立国际学术联盟，促进相关研究的发展。1958年，世界上第一次昆虫病理学及生物防治会议在布拉格召开；1959年，《无脊椎动物病理学杂志》（*Journal of Invertebrate Pathology*）创刊出版；1963年，世界卫生组织（World Health Organization，WHO）成立了媒介生物控制科学工作组；1967年，国际无脊椎动物病理学会（Society for Invertebrate Pathology，SIP）正式成立，Steinhaus为首届SIP主席。

国际无脊椎动物病理学会

1967年Smith所著的*Insect Virology*出版，该书介绍了包括核（型）多角体病毒、质（型）多角体病毒、颗粒体病毒、非包含体病毒等多种昆虫病毒，并对昆虫病毒的复制模型、传播与扩散、潜伏感染、组织培养、生物防治等进行了系统总结，标志着昆虫病毒学作为一门独立的学科已基本成形。

三、现代昆虫病毒学（20世纪70年代至今）

（一）现代昆虫病毒学的诞生

20世纪70年代，随着分子生物学的发展，昆虫病毒学由早期的分散性研究开始向系统性研究发展演化。1971年，苜蓿银纹夜蛾核多角体病毒（Autographa californica nucleopolyhedrovirus，AcMNPV）被首次报道；1973年AcMNPV的细胞感染模型被建立，同年，杆状病毒的空斑克隆方法被建立。上述研究结果使得AcMNPV成为杆状病毒的模式物种，在后来得以深入研究。1977年首个多角体蛋白的氨基酸序列被测定。这一时期还发生了几个重要的历史事件，对未来昆虫病毒学的研究产生了重大影响：①1975年，第一个商品化的杆状病毒杀虫剂诞生；②1977年起，核酸内切酶技术被应用到杆状病毒的核酸研究，1979年Miller实验室和Summers实验室分别建立了AcMNPV的限制性核酸内切酶物理图谱，为后来杆状病毒的分子生物学研究奠定了基础；③1983年，Summers实验室首次报道了利用杆状病毒表达系统表达人干扰素蛋白，开启了杆状病毒表达系统应用研究的新篇章。

（二）现代昆虫病毒学的发展

20世纪80年代后，昆虫病毒学进入高速发展的时代，昆虫病毒的多种特性被不断地揭示出来，病毒与昆虫相互作用的研究不断深入，发现了一系列重要的生命规律。昆虫病毒在生物防治和表达载体方面的应用，也极大地促进了昆虫病毒的基础研究。我们在本章的第二节和第三节，分别从基础研究和应用研究两个方面对现代昆虫病毒学进行概况性介绍。

第二节　昆虫病毒的基础研究

昆虫病毒作为病毒类群的一个分支，既有与其他病毒的相似性，也有其独特性。这些特性包括种类繁多、形态多样、进化历史悠久，以及影响昆虫的免疫、代谢、行为等。昆虫病毒的特性使其成为基础研究的重要对象，进而促进了一系列生命科学本质规律的发现，拓展了病毒学的认知。本节通过对昆虫病毒一些基本特性的介绍，简要概括昆虫病毒学对于基础研究的价值。

一、昆虫病毒的种类

昆虫目前有近100万种，是自然界中种类最多的生物类群，相应的，昆虫病毒的种类也是病毒中最为丰富的。1986年，Martignoni和Iwai的综述显示，在1000多种昆虫、螨和蜱中发现过病毒。宏基因组学等新技术的诞生，对了解自然界中昆虫病毒的丰度发挥了重要作用。2016年，中国科学家张永振团队通过对220多种无脊椎动物的转录组分析，报道了1445种RNA病毒，发现了一些全新的病毒科，大大地扩展了对RNA病毒多样性的认识（Shi et al.，2016）。上述研究结果，以及后续张永振团队及其他科学家的发现，改写了病毒分类的历史，也使得宏基因组学等新的研究方法被传统的分类学家所接受，病毒的分类体系更为系统、完善。根据国际病毒分类委员会（ICTV）的报道，截至2023年，昆虫病毒可分为28个病毒科（包括19个RNA病毒科、9个DNA病毒科）、1个DNA样病毒及一些未分类的病毒。具体的分类情况在本书第二章有详细的介绍。

昆虫病毒具有多种多样的形态，有些病毒也是以其病毒形态命名的，如杆状病毒的名称来源于其杆状的病毒粒子形态。另外，有无囊膜病毒和囊膜病毒之分。图1-1显示了不同昆虫病毒的形态。

昆虫病毒不仅形态多样，基因组类型也十分丰富。Baltimore根据基因组的组成将病毒分成了7种类型，即双链DNA病毒、单链DNA病毒、双链RNA病毒、正义单链（正链）RNA病毒、负义单链（负链）RNA病毒、逆转录RNA病毒、逆转录DNA病毒。在昆虫病毒中，除了尚未发现后面两类逆转录病毒外，其他5类都有发现。例如，双链DNA病毒的代表有囊泡病毒、杆状病毒、昆虫痘病毒等；单链DNA病毒的代表有浓核病毒等；双链RNA病毒的代表有质多角体病毒等；正义单链RNA病毒的代表有传染性软化病病毒等；负义单链RNA病毒的代表有布尼亚病毒等。除了病毒的核酸类型不同外，病毒基因组的大小也千差万别，在昆虫病毒中，小的基因组只有几kb，如浓核病毒；大的基因组可以到几百kb，如囊泡病毒、杆状病毒、昆虫痘病毒、虹彩病毒等。这些都反映了昆虫病毒起源的多样性。

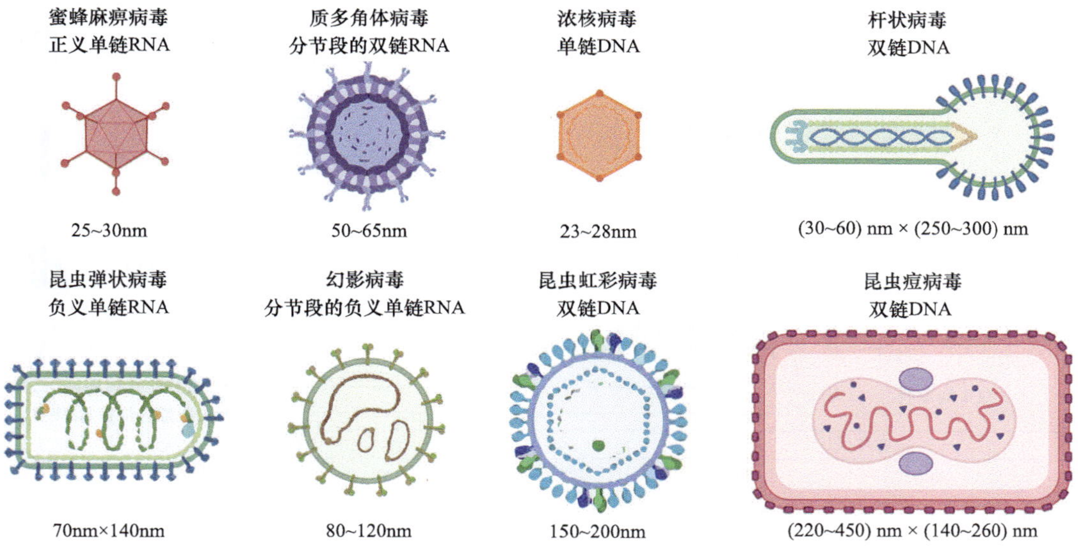

图1-1 种类丰富形态多样的昆虫病毒（胡恒睿博士提供）

二、昆虫病毒的进化

病毒是非细胞生物，由核酸和蛋白质组成，需要依赖宿主细胞进行繁殖。由于病毒本身不编码核糖体，因此在以16S RNA为基础的生命之树上，没有病毒的位置。关于病毒的起源，有不同的理论，通常认为，最简单的原始病毒可能在细胞生物出现之前就诞生了，还有一些病毒，可能是细胞生物退化的产物。昆虫的祖先，一般被认为出现在晚古生代的泥盆纪（距今4亿～3.6亿年）和石炭纪（距今3.6亿～2.8亿年）时代，而全变态昆虫出现在距今3.5亿年的石炭纪。那么，昆虫病毒是什么时候产生的呢?

在2011年以前，大尺度的病毒进化研究主要依据少数几种哺乳动物和植物病毒，而且其进化分析最远未能超越1亿年前。2011年，Thézé等巧妙地利用茧蜂病毒与茧蜂的寄生关系，通过研究茧蜂病毒核心基因的进化关系，揭示部分昆虫大DNA病毒（杆状病毒及裸病毒的共同祖先）的进化起源可以追溯到3.1亿年前晚古生代的石炭纪。图1-2显示了昆虫大DNA病毒及其宿主的起源与进化关系。新近的一项研究表明，在很多昆虫病毒中保守存在的氧依赖性酶类，可能在24亿～23亿年前元古代大氧化事件爆发后就产生了。

杆状病毒主要感染鳞翅目、膜翅目和双翅目的昆虫，研究表明，杆状病毒与其宿主在大尺度上存在共进化关系。但在裸病毒中，似乎在1.25亿年前发生过一次在昆虫与水生生物之间的宿主转换。换言之，与宿主共进化，或者转换宿主，在昆虫病毒的进化历史中都存在。研究还发现，一些生态因素，如宿主所取食的植物等，也在昆虫病毒的进化中发挥着重要的作用。这些以昆虫病毒为对象的研究，揭示了病毒进化的重要规律。

三、病毒感染与昆虫免疫

昆虫病毒对宿主的感染可以造成多种昆虫特有病理现象，如杆状病毒可感染宿主昆

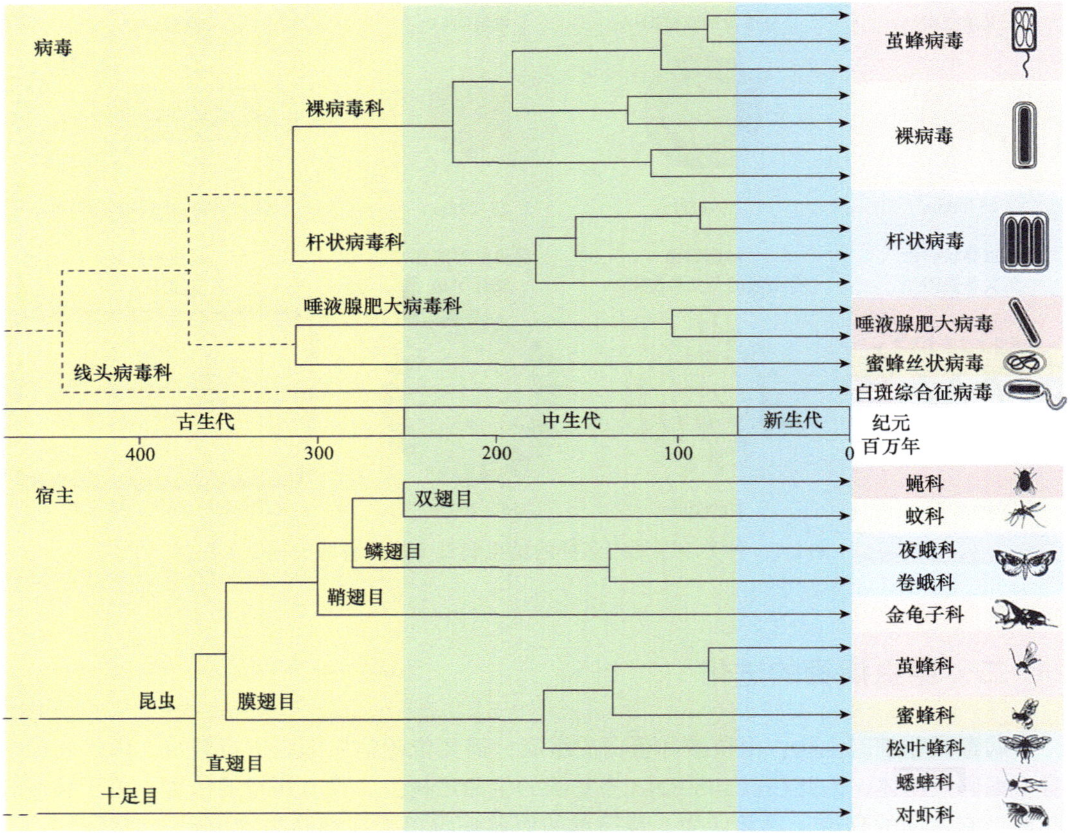

图 1-2　昆虫病毒具有悠久的进化历史（胡恒睿博士提供）

虚线是指这部分进化树的时间是推测的

虫的各个组织，最终导致宿主昆虫的死亡和液化；有些蜜蜂病毒可导致宿主的麻痹和残翅等。研究表明，宿主的RNA干扰（RNAi）、细胞凋亡、黑化反应等免疫反应都在昆虫抵抗病毒感染过程中发挥了重要作用，而病毒则编码了对应的抗免疫反应基因。

RNAi是真核细胞内保守存在的，由双链RNA诱导的一种序列依赖性的RNA降解机制，是一种转录后基因沉默机制。RNAi的抗病毒现象最初是在植物中发现的，2005年，对一种昆虫病毒——弗洛克豪斯病毒（Flock House virus，FHV）的研究发现，RNAi也是动物细胞的抗病毒机制，而FHV所编码的B2蛋白，则是第一个发现的由动物病毒编码的抗RNAi蛋白（Lu et al.，2005）。

细胞凋亡（apoptosis）是一种细胞程序性死亡，是指细胞在一定的生理和病理条件下按照自身的程序结束其生存，也是机体抵抗病原的一个重要机制。杆状病毒编码的P35，是最先发现的凋亡抑制因子（apoptosis inhibitor）（Clem et al.，1991）。后来才发现，细胞凋亡通常在细胞内被一系列凋亡抑制蛋白（inhibitor of apoptosis protein，IAP）所负调控。P35的发现，为后续细胞IAP的发现奠定了基础。除了P35外，杆状病毒还编码多种凋亡抑制因子，它们针对凋亡通路上不同的蛋白质分子起抑制作用，这些研究，对揭示细胞凋亡的分子机制发挥了重要作用。

黑化反应是昆虫特有的免疫反应，杆状病毒所编码的P26蛋白，可通过与黑化反应关键分子的互作，有效抑制昆虫的黑化反应（Yin et al.，2022）。除了抑制黑化反应，P26还可以抑制细胞内的环鸟苷酸-腺苷酸合酶（cyclic GMP-AMP synthase，cGAS）-干扰素基因刺激因子（stimulator of interferon gene，STING）信号通路，STING是细胞抑制DNA病毒感染的重要免疫机制。P26的同源蛋白在多种昆虫病毒、感染脊椎动物的痘病毒及多种昆虫中普遍存在，为揭示抗病毒免疫系统在无脊椎动物和脊椎动物中的演化规律提供了良好素材。

四、病毒感染与昆虫行为

病毒感染可以造成被感染昆虫的行为发生改变，如感染了杆状病毒的鳞翅目昆虫，会表现出活动性增强及攀高死亡的现象，这种症状也被称为树顶病。染病昆虫的活动性增加及位于高处死亡的虫尸液化后可以将子代病毒扩散到更广的范围，均有利于病毒的传播。研究发现，杆状病毒表达的蜕皮激素尿苷二磷酸-葡糖基转移酶（ecdysteroid UDP glucosyltransferase，EGT），是树顶病发生的原因之一。

*egt*基因是在所有杆状病毒基因组中均保守存在的核心基因，研究发现，它所编码的蛋白质能够将葡糖苷或半乳糖苷转移到蜕皮激素上，使得蜕皮激素无法行使正常的蜕皮功能（O'Reilly and Miller，1989）。由于蜕皮时昆虫一般处于进食停滞期，因此杆状病毒通过阻碍昆虫的蜕皮，让染病幼虫一直处于进食状态，从而增加了子代病毒的产量。缺失*egt*基因的杆状病毒，相对于野生型病毒，能减少染病幼虫的进食量，并缩短病毒的杀虫时间，因此敲除*egt*基因曾经被作为改良杆状病毒杀虫剂的一种策略。

有研究发现，在舞毒蛾核多角体病毒中，*egt*基因与染病舞毒蛾幼虫的树顶病直接相关（Hoover et al.，2011）。健康的舞毒蛾幼虫白天爬上树顶取食，晚上爬下来以躲避捕食者，感染病毒后，由于*egt*基因的表达，幼虫的生活节律发生改变，幼虫会停滞在爬高的位置一直进食，但如果用缺失*egt*基因的重组病毒感染，幼虫则仍然具有白天爬高取食，夜晚爬下来的节律，并且死亡时也位于较低的位置。但是，并非所有杆状病毒引起的树顶病都与*egt*基因相关。

五、昆虫病毒在自然生态中的作用

在自然界中，有些病毒对控制昆虫种群的数量发挥着重要的作用。在通常情况下，病毒在昆虫种群中的数量是比较低的，它们以各种方式，如形成包含体或建立潜伏感染等，维持自身的存在。但当昆虫大面积暴发时，高密度的种群数量，以及一些目前尚不清楚的因素，会诱发病毒病的流行，导致昆虫的大量死亡，最终降低昆虫的种群数量，达到一种新的生态平衡。

很多昆虫病毒都具有包含体的形态，如核多角体病毒、颗粒体病毒、昆虫痘病毒、质多角体病毒等。这是因为昆虫一般是季节性暴发的，而病毒只能在活的宿主体内繁殖，包含体就是昆虫病毒为了能在缺乏宿主的环境中保存活力进化而来的。包含体通常是由一种病毒编码的蛋白质所形成的晶格状结构，里面包裹了病毒粒子。不同病毒的包含体蛋白不同，同为杆状病毒的核多角体病毒和颗粒体病毒的包含体蛋白具有共同的祖先，但其与昆虫痘病毒、质多角体病毒的包含体蛋白则完全不同，这是自然界趋同进化的一个很好例子。

除了调控昆虫的种群密度外，病毒与宿主昆虫还有多种多样的互作关系。其中，茧蜂病毒与茧蜂及茧蜂的宿主鳞翅目昆虫之间的三维生态关系尤为独特。茧蜂是膜翅目茧蜂科的一类寄生蜂，目前已发现有近2万种。在茧蜂的染色体上，存在一些内源性的病毒序列。雌性茧蜂在产卵时，会在卵萼细胞中产生大量的病毒粒子，并将这些病毒粒子和寄生蜂的卵一起注射到宿主昆虫的体内。此时，茧蜂病毒感染昆虫细胞，表达出抗昆虫免疫的基因，进而促进寄生蜂的发育。有研究表明，如果抑制茧蜂病毒基因的表达，则寄生蜂无法正常发育。因此，病毒与寄生蜂之间形成了一种奇妙的互生关系，病毒基因的表达有利于茧蜂在宿主昆虫中的发育，而茧蜂则帮助病毒在体内复制和垂直传播（图1-3）。

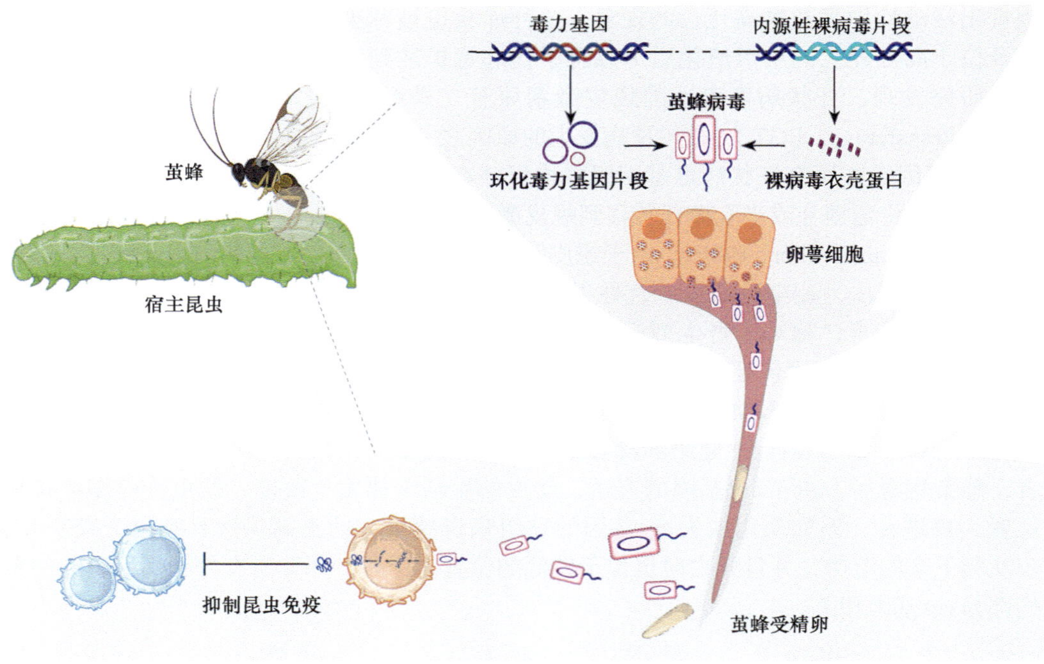

图1-3　茧蜂-病毒-鳞翅目昆虫三者的互作关系（胡恒睿博士提供）

第三节　昆虫病毒的应用研究

一、病毒杀虫剂与害虫综合治理

目前，农业和林业的害虫防治主要依赖化学农药。随着害虫的抗药性越来越强，化学防治的次数和施药量不断加大，生态环境被严重破坏，农产品安全性也有所下降。化学农药对环境和人类健康所造成的负面影响已越来越引起公众的关注和不满，人们期待环境友好的其他方法来替代化学农药。害虫生物防治是通过引入或利用本地的生防微生物、天敌昆虫，发挥其控制虫害功能，从而降低靶标昆虫的种群密度和危害。事实上，在化学农药发明之前，通过微生物病原体（病毒、真菌、细菌、微孢子虫等）的感染及天敌的捕食和寄生等，自然界中昆虫种群的密度也一直得以保持平衡。在这些不同的昆虫种群密度调控因子中，昆虫病毒具有许多优势，已经成为当前害虫综合治理的组成部分。

病毒常常会在自然昆虫中引起广泛的流行病，尤其是在高密度昆虫种群中。早期的昆虫病毒学家就意识到了这些病毒作为杀虫剂的潜力，并利用其高传染性和对宿主的专一性尝试防治靶标害虫。而杆状病毒因其在环境中的相对安全性、昆虫特异性毒力、大规模生产能力及在农业和森林环境中应用的有效性，受到最多关注。

目前，已产业化的杆状病毒所应对的靶标昆虫主要为害各种重要作物，如大豆、棉花、玉米、高粱、茶叶等。第一种杆状病毒杀虫剂（商标名Elcar^{TM}）由Sandoz股份有限公司于1975年推出，其有效成分为美洲棉铃虫核多角体病毒（Heliothis zea nucleopolyhedrovirus，HzSNPV）（Black et al.，1997）。HzSNPV是一种宿主范围相对较广的杆状病毒，可感染棉铃虫属和实夜蛾属的许多物种。HzSNPV不仅能控制棉铃虫，还能控制这些属的其他害虫为害大豆、高粱、玉米、番茄等作物。1975年在中国湖北省患病的棉铃虫幼虫中也分离到一株杆状病毒，被命名为中国棉铃虫核多角体病毒（Helicoverpa armigera nucleopolyhedrovirus，HearNPV），并于1993年在中国注册为生物农药，该病毒杀虫剂已被广泛应用于棉田。在巴西，利用黎豆夜蛾核多角体病毒（Anticarsia gemmatalis nucleopolyhedrovirus，AgMNPV）控制豆类作物主要害虫黎豆夜蛾是病毒杀虫剂最成功的应用之一。20世纪80年代早期，该病毒的应用面积达近200万公顷/年（Rohrmann，2019）。

温带地区的森林经常受到很多鳞翅目或膜翅目昆虫幼虫的侵袭，如舞毒蛾、松针毒蛾、黄杉毒蛾、小眼夜蛾、松黄叶蜂和普通松锯蝇等，令人欣慰的是已有很多不同杆状病毒制剂用于森林保护。因为森林生态系统往往比农业系统更稳定，天然或应用的杆状病毒可在环境中长期存在，故增加了病毒引发自然流行病的机会。

杆状病毒也被用于苹果园和梨园果树常见害虫的控制。苹果蠹蛾是苹果、梨、桃、杏、石榴、柚子等果树的毁灭性蛀果害虫，高度适应各种气候条件和环境，呈全球性分布。其幼虫蛀食果实，造成大量虫害果，并导致果实成熟前脱落和腐烂。苹果蠹蛾颗粒体病毒（Cydia pomonella granulovirus，CpGV）在许多欧洲国家被开发为生物杀虫剂，用于保护果树免受苹果蠹蛾的侵害。

除了杆状病毒，裸病毒和质多角体病毒也已经被有效用于害虫控制。例如，犀角金龟裸病毒已被用作生物防治因子，有效减轻了椰子犀角金龟对东南亚棕榈树的损害。马尾松毛虫是我国南方松树的主要害虫，而马尾松毛虫质多角体病毒（Dendrolimus punctatus cypovirus，DpCPV）对松毛虫有良好的控制效果，在我国已经登记为商品杀虫剂。

但总体来看，病毒杀虫剂的商业开发一直是零星的，部分原因是功效有限，如对靶标害虫作用缓慢、宿主范围狭窄、对紫外线敏感及需要活体增殖而不利于大规模生产等。尽管如此，随着昆虫对化学杀虫剂的耐药性和环境问题的增加，预计病毒杀虫剂将在害虫综合管理计划中发挥更大的作用。

二、外源基因表达载体系统

通过分析杆状病毒感染昆虫细胞中的蛋白质表达模式，人们发现在感染的极晚期，也就是细胞被病毒破碎之前，细胞内可产生大量的多角体蛋白，该蛋白质是形成包含体的基质，并且对细胞培养中的病毒复制不是必需的。1983年Smith等使用纯化的AcMNPV DNA和携带处于AcMNPV多角体蛋白强启动子转录控制下的人β干扰素基因的质粒载体共转染昆虫细胞，使外源基因和多角体蛋白基因发生同源重组，并通过空斑技术纯化了重组杆状病毒，该重组病毒在感染晚期可高效表达人β干扰素（Smith et al.，1983）。这是杆状病毒表达载体（baculovirus expression vector，BEV）的首次建立。迄今为止，该表达系统已经成功生产了数千种重组蛋白，包括目前市场上的几种基于蛋白质的人类和畜禽类疫苗（van Oers et al.，2015）。例如，用于体外治疗前列腺癌（prostate carcinoma）的蛋白质——肺泡蛋白沉积症（PAP）-粒细胞-巨噬细胞集落刺激因子（GM-CSF）；基于猪圆环病毒ORF2（开放阅读框2）表达时产生病毒样颗粒（virus like particle，VLP）的猪圆环病毒疫苗等。人乳头瘤病毒血清型16和18的L1衣壳蛋白在昆虫细胞中表达时可形成VLP，该VLP可被制备为抗宫颈癌的高效疫苗（Cervarix）。

值得注意的是，其他昆虫病毒，包括昆虫痘病毒、浓核病毒和阿尔法病毒，也被用作表达载体。同样，野田村病毒科（*Nodaviridae*）的弗洛克豪斯病毒（FHV）是一种正义单链RNA病毒，也已被用于在其二十面体病毒粒子表面表达外源表位（Friesen，2021）。

三、基因转导和基因治疗

研究发现，杆状病毒可以进入哺乳动物细胞，但不会在细胞中增殖或导致广泛的细胞死亡，尽管杆状病毒进入的机制尚不清楚。进一步研究表明，杆状病毒AcMNPV在哺乳动物细胞中缺乏增殖能力，具有低细胞毒性、外源基因表达能力和高转导效率，适合开发为基因治疗载体，应用于癌症治疗、再生医学、疫苗载体和RNA干扰介导的基因沉默等方面。当外源基因在哺乳动物转录信号（启动子和增强子）的控制下插入AcMNPV基因组时，重组病毒转导入哺乳动物细胞后，可暂时性地表达外源基因，表达水平因转录控制元件和目的蛋白种类而异。

但迄今为止，这些应用只进行了临床前试验，包括杆状病毒介导的用于抗癌疫苗的肿瘤特异性抗原的表达；功能性肿瘤抑制基因（如*P53*）或促凋亡基因的引入；赋予肿瘤细胞自杀基因，使转导细胞对某些毒素或化疗药物具有特异性和易感性。使用杆状病毒表达载体（BEV）生产腺病毒相关病毒的基因治疗试剂，作为基于该方法的第一种基因治疗产品已经注册（Friesen，2021）。

第四节 昆虫病毒学未来主要发展方向

一、学习昆虫病毒学的意义

研究昆虫病毒的直接目的是控制农林害虫和卫生昆虫，这在本章第三节已有所介绍。此外，一些有重要经济价值的益虫，如蚕和蜂，也会遭受多种病毒的侵袭，往往造成巨大损失。家蚕核多角体病毒（Bombyx mori nucleopolyhedrovirus）可引起脓病，家蚕质多角体病毒（Bombyx mori cypovirus）可引起中肠型脓病，家蚕软化病病毒（Bombyx mori iflavirus）和家蚕二分浓核病毒（Bombyx mori bidensovirus）可引起空头性软化病（详见本书第七章）。为害蜜蜂的病毒有20余种，常见的有蜜蜂急性麻痹病病毒（acute bee paralysis virus）、黑蜂王台病毒（black queen cell virus）、蜜蜂慢性麻痹病病毒（chronic bee paralysis virus）、蜜蜂残翅病毒（deformed wing virus）、以色列急性麻痹病病毒（Israeli acute paralysis virus）、克什米尔蜜蜂病毒（Kashmir bee virus）和蜜蜂囊状幼虫病毒（sacbrood bee virus）（详见本书第八章）。病毒感染进程依赖于复杂的宿主-病毒之间的分子互作。病毒利用宿主细胞因子完成感染和复制，而宿主则可通过限制病毒获得关键因子和/或产生抗病毒免疫反应来对抗感染。通过长期演化，昆虫已具有多种先天免疫机制来抵御病毒感染。因此阐明昆虫的抗病毒免疫途径，发展预防和控制有益昆虫病毒性疾病的策略和技术，也是昆虫病毒学研究的重要方面。

随着昆虫病毒分子研究的进展，人们很快意识到这些病毒可为研究分子和细胞生物学的基本问题提供重要工具。昆虫病毒能够在实验动物（昆虫）体内大量繁殖，杆状病毒甚至可达虫体干重的20%～30%，这是其他动物病毒鲜见的。此外，昆虫细胞组织培养-病毒离体增殖系统的可用性和便利性，极大地促进了人们对分子和细胞生物学、病毒结构和组装、病毒-宿主相互作用和疾病状态的理解。与脊椎动物相比，昆虫基因组相对简单，基因冗余有限，昆虫和哺乳动物之间遗传代谢调控路径非常保守，可简化对宿主-病毒相互作用路径的研究。例如，通过昆虫杆状病毒中凋亡抑制因子基因的鉴定，科学家在哺乳动物中发现了凋亡抑制因子的同源物，随后确立了凋亡抑制蛋白（IAP）在细胞存活、发育、病毒发病机制，以及包括癌症和神经退行性疾病在内的人类疾病中的关键作用。通过对呼肠孤病毒科的研究，揭示了真核信使核糖核酸（mRNA）上关键的7-甲基GpppN帽结构。对双顺反子病毒科蟋蟀麻痹病毒的研究，加深了对内部核糖体进入位点的功能和结构，以及蛋白质合成新机制的了解（Friesen，2021）。

二、昆虫病毒学发展的主要方向

现代昆虫病毒学的主要内容包括阐明昆虫病毒的理化特征、增殖过程、细胞和组织病理、比较基因组学和功能基因组学。下面简要介绍昆虫病毒学发展的几个主要方向。

（一）昆虫病毒的进化生物学

昆虫占地球上现存动物的一半以上，有600万～1000万个物种，是地球上最多样化、最成功的动物之一。而感染昆虫的RNA病毒和DNA病毒也是高度多样化的。这些病毒很可能与昆虫宿主一起进化了超过3.5亿年，因此研究昆虫病毒可为病毒进化提供独特的见解。在不同昆虫病毒科中（包括杆状病毒、昆虫痘病毒、正黏病毒、囊泡病毒和虹彩病毒，以及新发现的多分DNA病毒和裸病毒），均含有部分直系同源基因，并且与无脊椎动物病毒共同进化。某些DNA昆虫病毒含有宿主来源的转座子和逆转录病毒成分，而这些成分在节肢动物中特别丰富。这种可移动基因的稳定保留促进了病毒的进化，并可能有助于病毒与其宿主生物之间的基因交换。由于昆虫与植物和其他动物的密切联系，病毒感染可加速各种类间的遗传物质交换。痘病毒科、弹状病毒科、呼肠孤病毒科、小核糖核酸病毒科和细小病毒科中的昆虫病毒具有脊椎动物对应基因，故有人猜测某些高等动物的病毒起源于昆虫病毒。通过建立离体细胞培养或活昆虫-病毒增殖系统，构建较好的比较病毒学和分子生物学实验模型，不断加深着人们对病毒乃至生命本质的认识（Friesen，2021）。

（二）昆虫病毒的分子生态学

虽然对昆虫病毒的研究已有上百年的历史，但我们对其生态学知之甚少。部分原因可能是昆虫具有隐蔽性而难以观察，尤其在许多自然种群中罹患病毒病的个体极为稀少。由于相关学科的发展，目前昆虫病毒生态学进入一个富有趣味和挑战的时期。其一是分子生物学和二代测序（next-generation sequencing，NGS）技术的广泛应用，可以鉴定单一病毒分离株，并从个体、群体、群落层面观测病毒种群的遗传结构和变化，揭示昆虫病毒与宿主互作的分子机制（Bonning，2020）。其二主要是数学模型的发展和昆虫病毒生态学概念框架的构建。在杆状病毒生态学领域，已建立一些有参数化的模型，但实验检验仍然落后于理论。然而，昆虫病毒的分子生态学研究对于昆虫病毒作为生防控制因子的有效应用及其环境释放所致危险的评估都是很关键的（Myers and Cory，2016）。

（三）昆虫病毒的结构生物学

昆虫病毒种类繁多，并表现出不同的结构特征，了解其结构对于制订有效的害虫防治策略至关重要。依据不同病毒科，昆虫病毒衣壳可呈二十面体、螺旋体或复杂对称性；遗传物质可为DNA或RNA，基因组可以是单链或双链，且大小不同；一些昆虫病毒的外膜可来源于宿主细胞膜、内膜系统，甚至核膜。昆虫病毒的表面通常具有特定的蛋白质，有助于附着在宿主细胞上，通过与昆虫细胞膜上的受体结合，在感染的初始阶段发挥着至关重要的作用。昆虫病毒编码各种蛋白质，在感染过程中发挥重要功能。这些可能包括参与病毒复制的酶、调节宿主免疫反应的蛋白质及形成病毒颗粒的结构蛋白。研究昆虫病毒的整体结构和功能蛋白结构，可以深入了解病毒与宿主相互作用的分子机制，有利于开发控制害虫的新策略，如设计靶向杀虫剂或开发对昆虫媒介疾病具有更强抵抗力的基因工程作物。

X射线晶体学是确定与昆虫病毒相关的蛋白质三维结构的重要工具，能够可视化病毒蛋白的原子排列，有助于理解病毒复制、进入和逃避宿主免疫反应的分子机制和设计针对特定病毒蛋白的抗病毒药物。通过X射线晶体学，有几种杆状病毒蛋白的结构得以解析，如BV囊膜蛋白GP64、多角体蛋白、巯基氧化酶（P33）和口服感染因子5（PIF5）。

冷冻电镜使研究人员能够在不需要结晶的情况下，捕捉包括病毒颗粒在内的生物大分子天然状态下的高分辨率图像，有助于揭示昆虫病毒衣壳的复杂细节，揭示其结构和组装。冷冻电镜在研究昆虫病毒衣壳结构方面的作用越来越突出。最近，中山大学张勤奋课题组使用冷冻电镜解析了杆状病毒AcMNPV的精细三维结构，展示了由主要衣壳蛋白VP39组成的螺旋柱体衣壳的3.2Å（$1Å=10^{-10}m$）分辨率结构，以及由100多个蛋白质组成的病毒头部和基部的4.3Å分辨率结构（Jia et al.，2023）。

本章小结

昆虫病毒学在基础研究及应用研究方面的重要价值使其成为病毒学的一个独特分支。人类对昆虫病毒的认识起源于病毒对有益昆虫（如家蚕）所造成的疾病，以及病毒在自然界中对害虫种群的调控作用。随着研究的深入，昆虫病毒被发展成为绿色农药，在农林害虫的防治上发挥着重要作用。此外，昆虫病毒作为表达载体，在生物技术和人类健康领域等也有着广泛的应用。昆虫病毒具有种类繁多、进化历史悠久、与宿主和环境关系复杂等特点，使其成为研究生命科学本质规律的重要材料。总之，昆虫病毒学是一门来源于生产实践，至今仍在基础研究及农业与生物技术领域具有重要应用价值的学科。昆虫病毒的进化生物学、分子生态学和结构生物学等将成为昆虫病毒学未来的主要研究方向。

复习思考题

1. 举例说明昆虫病毒学对现代生命科学有哪些特别贡献。
2. 试述昆虫病毒杀虫剂的先进性和局限性。
3. 请论述昆虫病毒学发展的主要方向。

第二章 昆虫病毒的分类

本章要点

○ **病毒分类**：了解国际病毒分类委员会（ICTV），能正确使用ICTV官网的重要资源；理解病毒通用名和种名的区别，能通过病毒的通用名查询其种名，掌握病毒名称的正确书写规范。

○ **昆虫病毒分类**：了解昆虫病毒分类的方法，重点掌握ICTV的15级病毒分类法，能根据特定病毒利用ICTV网站明确其分类单元。

○ **重要的昆虫病毒**：依据ICTV分类法，掌握昆虫中的主要病毒隶属于哪些分类单元；初步了解重要昆虫病毒所属分类单元的特征。

主流的病毒分类方法包括传统分类法、巴尔的摩分类法（Baltimore classification），以及国际病毒分类委员会（ICTV）分类法。近年来，借助高通量宏病毒组技术，人们在昆虫中鉴定出大量新病毒。然而，除基因组序列外，这些新发现病毒的其他生物学特性尚不清楚，因此目前普遍采用ICTV分类法对病毒进行分类。在本章中，根据ICTV分类系统，昆虫病毒被分为单链DNA病毒域（*Monodnaviria*）、核糖病毒域（*Riboviria*）、各异DNA病毒域（*Varidnaviria*）及未知病毒域。

第一节 国际病毒分类委员会及昆虫病毒分类

一、国际病毒分类委员会简介

ICTV的组织架构及工作机制

国际病毒分类委员会（International Committee on Taxonomy of Virus，ICTV）是病毒分类领域权威的国际学术组织，旨在促进病毒分类的标准化和规范化。ICTV的主要职责是对病毒进行分类和命名，但不负责种以下的病毒分类命名。

（一）ICTV的主要资源

ICTV官网维护多个病毒分类相关的在线资源，为病毒学研究提供支持，包括如下信息。①病毒种名列表（Master Species List，MSL）：用于记录每个病毒分类学上的种名（及其更名历史）。MSL每年在投票批准后进行更新，可以从ICTV网站下载（https://ictv.global/msl）。②病毒元数据库（Virus Metadata Resource，VMR）：提供了每个病毒种名对应的至少一个具体病毒的信息，包括病毒名称（通用名）、病毒基因组的GenBank登录号、病毒基因组的性质（DNA或RNA，单链或双链，正义或负义），以及已知的天然宿主（植物/动物/真菌/原生生物/细菌或古菌）。利用VMR数据库，可以将病毒分类单元与具体的病毒名称相关联。VMR数据库可在ICTV官网免费下载（https://ictv.global/vmr）。MSL和VMR数据库这两个资源共同构成了美国国家生物技术信息中心（NCBI）病毒数据库基础（https://www.ncbi.nlm.nih.gov/labs/virus/vssi）。本章涉及的昆虫病毒分类均以最新的ICTV MSL38 V3版本和基于MSL38的VMR V2版本为依据。

（二）病毒种名书写规范

早期新病毒的命名一直独立于其他生物学命名法，通常采用宿主、病症、地点等组合命名，是公认的国际生物命名准则中的一个例外。随着近十几年使用高通量测序方法鉴定了大量新病毒，新病毒的命名混乱问题日益突出。2021年3月，ICTV执行委员会通过决议，规范了病毒通用名和分类学上病毒种名的区分及书写要求，明确了必须使用双名法正确书写分类学上的病毒种名，新收录ICTV的病毒必须全部采用双名法命名，同时原先已命名的病毒名称也将通过3～5年的时间全部赋予双名法种名（可通过ICTV更新的VMR数据库查阅病毒的种名）。病毒双名法要求斜体书写病毒种名，其中第一个单词为属名，第二个单词为种名，属名的首字母需要大写且不允许缩写。病毒通用名需要正体书写，可以缩写，且不受ICTV的具体规范限制。以苜蓿银纹夜蛾核多角体病毒为例，其通用名为Autographa californica multiple nucleopolyhedrovirus，隶属于α杆状病毒属（*Alphabaculovirus*），查阅最新的基于MSL38的VMR数据库可知其分类学上的种名为*Alphabaculovirus aucalifornicae*。

二、昆虫病毒分类简介

广义的昆虫病毒是指可感染无脊椎动物的病毒，包括虫媒病毒（arbovirus）和昆虫特异性病毒（insect-specific virus）。虫媒病毒是指通过吸血的节肢动物叮咬易感的脊椎动物从而传染疾病的病毒，这类病毒具有同时感染昆虫和脊椎动物的能力，并作为致病性病原体被广泛研究。昆虫特异性病毒仅限于感染昆虫及无脊椎动物宿主，且大多数已发现的昆虫特异性病毒对脊椎动物不表现致病性。本章仅针对昆虫特异性病毒的分类做阐述（不包括蚊子、蜱虫等医学媒介昆虫）。

主流病毒分类方法包括以下3种：①传统分类法；②巴尔的摩分类法；③ICTV分类法。

传统的病毒分类一般依据病毒粒子形状、病毒宿主类别及病毒引起的宿主症状/病症等方面特征进行。例如，根据病毒粒子形状，可将病毒分为冠状病毒、杆状病毒、球状病毒和弹状病毒等；根据病毒宿主类别，可将病毒分为真核病毒、噬菌体和古菌病毒；根据宿主症状/病症，可将病毒分为流感病毒、腹泻病毒、麻痹病毒、花叶病毒和矮缩病毒等。

相对传统分类法，目前更为常用的病毒分类方法为巴尔的摩分类法和ICTV分类法。巴尔的摩分类法是一个规范的分类体系，根据病毒翻译产生蛋白质的mRNA来源将病毒分为7个类别，即第Ⅰ类双链DNA病毒（dsDNA virus）、第Ⅱ类单链DNA病毒（ssDNA virus）、第Ⅲ类双链RNA病毒（dsRNA virus）、第Ⅳ类正义单链RNA病毒（positive-stranded single-stranded RNA virus）、第Ⅴ类负义单链RNA病毒（negative-stranded single-stranded RNA virus）、第Ⅵ类逆转录RNA病毒（reverse RNA virus）和第Ⅶ类逆转录DNA病毒（reverse DNA virus）。昆虫病毒中，第Ⅰ类双链DNA病毒包括7科：囊泡病毒科、虹彩病毒科、痘病毒科、杆状病毒科、唾液腺肥大病毒科、裸病毒科及线头病毒科。第Ⅱ类单链DNA病毒包括2科：二分DNA病毒科和细小病毒科。第Ⅲ类双链RNA病毒包括2科：双节段RNA病毒科和刺突呼肠孤病毒科。第Ⅳ类正义单链RNA病毒包括7科：α四体病毒科、卡尔莫四体病毒科、双顺反子病毒科、传染性软化病病毒科、野田村病毒科、重排四体病毒科和红火蚁病毒科。第Ⅴ类负义单链RNA病毒包括10科：节肢动物单负链RNA病毒科、楚病毒科、李氏蜘蛛病毒科、尼亚米病毒科、秦病毒科、新城蚊病毒科、甲壳类林肯病毒科、多足类湖北病毒科、幻影病毒科和武汉千足虫病毒科。

随着高通量鉴定的新病毒数量迅速增加，2019年ICTV通过决议，废除了1971～2017年一直沿用的病毒分类体系，正式启用新的病毒分类系统，将原先的5级病毒分类系统（目、科、亚科、属、种）更新为15级分类系统，分别为域（亚域）、界（亚界）、门（亚门）、纲（亚纲）、目（亚目）、科（亚科）、属（亚属）和种（图2-1）。

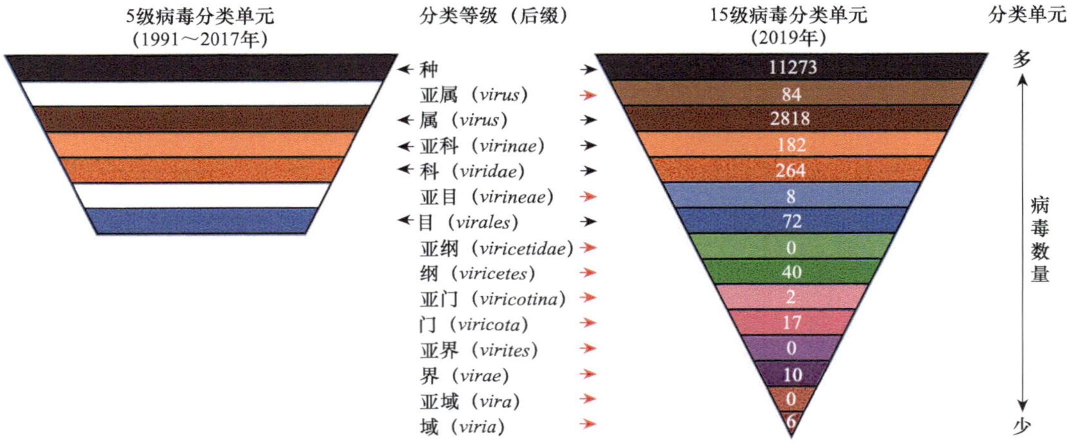

图2-1　1991～2017年的5级病毒分类系统及2019年的15级病毒分类系统（ICTV，2020）

各个分类单元的病毒数量信息参照ICTV 2023年3月发布的MSL38；右图中的数字代表相应单元的数目，如从下到上分别是6域11273种

根据ICTV分类系统，昆虫病毒可分为28个病毒科（包括19个RNA病毒科、9个DNA病毒科）、1个DNA样病毒及未分类病毒。这些昆虫病毒科病毒主要隶属于单链DNA病毒域、核糖病毒域、各异DNA病毒域及未知病毒域。科以上每个分类单元名称词源组成释义详见ICTV官网页面（Etymology of Taxon Names, https://ictv.global/taxonomy/etymology）。

第二节　单链DNA病毒域的昆虫病毒

单链DNA病毒域代表性昆虫病毒基因组结构

单链DNA病毒域（*Monodnaviria*）的基因组核酸类型为单链DNA，分为4界，只有称德病毒界（*Shotokuvirae*）宿主为真核生物，其余3界宿主均为原核生物。属于该域的昆虫病毒包括2纲：莫病毒纲和昆托病毒纲。

一、莫病毒纲

莫病毒纲（*Mouviricetes*）隶属于单链DNA病毒域称德病毒界科萨病毒门（*Cossaviricota*）。目前该纲下仅有唯一病毒目波林病毒目（*Polivirales*），该目仅包含二分DNA病毒科（*Bidnaviridae*）。

二分DNA病毒科下设一个病毒属，即二分浓核病毒属（*Bidensovirus*），属下仅有一个病毒种，即家蚕二分浓核病毒（Bombyx mori bidensovirus）。家蚕二分浓核病毒于20世纪80年代初在家蚕中首次被发现，是致使家蚕罹患类似昆虫浓核症的病原。该病毒造成病蚕体软化，中肠柱状细胞呈浓核症病变，病毒在细胞核内增殖。病毒粒子呈二十面体，直径为22～24nm，无囊膜。基因组由两条约6.5kb的线性单链DNA组成，两端有末端反向重复序列。

二、昆托病毒纲

昆托病毒纲（*Quintoviricetes*）属于单链DNA病毒域称德病毒界科萨病毒门，目前该病毒纲下仅有唯一病毒目小病毒目（*Piccovirales*），该目仅包含细小病毒科（*Parvoviridae*）。

细小病毒科的成员是最小的病毒之一，其基本结构为无囊膜、等轴对称的二十面体，病毒粒子大小为23～28nm。病毒基因组为单链线形的DNA，大小为4～6kb，末端包含短发夹结构。目前细小病毒科共包含3亚科：浓核病毒亚科（*Densovirinae*）、细小病毒亚科（*Parvovirinae*）和联细小病毒亚科（*Hamaparvovirinae*）。浓核病毒亚科病毒宿主主要为无脊椎动物（包括昆虫、甲壳动物和棘皮动物）；细小病毒亚科病毒宿主主要为脊椎动物；而联细小病毒亚科病毒宿主既包含脊椎动物，也包含无脊椎动物。其中浓核病毒亚科与昆虫关系最为密切，其下的水生双义浓核病毒属（*Aquambidensovirus*）、木虱双义浓核病毒属（*Diciambidensovirus*）、重复浓核病毒属（*Iteradensovirus*）的病毒均以昆虫为主要宿主。柑橘木虱双义浓核病毒（*Diciambidensovirus hemipteran1*）是木虱双义浓核病毒属的代表种。

第三节　核糖病毒域的昆虫病毒

核糖病毒域（*Riboviria*）包括8个昆虫病毒纲（呼肠孤病毒纲、甲病毒纲、野田村病毒纲、番黄卡病毒纲、小南套病毒纲、春秋病毒纲、单荆病毒纲、埃里奥特病毒纲）及未分类核糖病毒域的昆虫病毒。

一、呼肠孤病毒纲

呼肠孤病毒纲（*Resentoviricetes*）隶属于RNA病毒域正RNA病毒界（*Orthornavirae*）双链RNA病毒门（*Duplornaviricota*），其下的呼肠孤病毒目（*Reovirales*）成员具有线性dsRNA基因组，包括光滑呼肠孤病毒科（*Sedoreoviridae*）和刺突呼肠孤病毒科（*Spinareoviridae*）2科。其中刺突呼肠孤病毒科与昆虫病毒有关。

刺突呼肠孤病毒科下设水生呼肠孤病毒属（*Aquareovirus*）、科罗拉多壁虱热病毒属（*Coltivirus*）、质多角体病毒属（*Cypovirus*）、迪诺维纳病毒属（*Dinovernavirus*）、斐济病毒属（*Fijivirus*）、昆虫非包含体病毒属（*Idnoreovirus*）、真菌呼肠孤病毒属（*Mycoreo-virus*）、正呼肠孤病毒属（*Orthoreovirus*）、水稻病毒属（*Oryzavirus*）9属和1种未分类病毒（Sclerotinia sclerotiorum reovirus 1）。其中，质多角体病毒、昆虫非包含体病毒、迪诺维纳病毒感染昆虫或者昆虫细胞。该科病毒基因组由9～12个节段的dsRNA组成。

褐飞虱呼肠孤病毒基因组结构

二、甲病毒纲

甲病毒纲（*Alsuviricetes*）隶属于RNA病毒域正RNA病毒界黄热病毒门（*Kitrino-viricota*），是一类感染真核生物的正链RNA病毒。该纲下分3目：戊肝病毒目（*Hepeli-virales*）、马特利病毒目（*Martellivirales*）、芜菁黄花叶病毒目（*Tymovirales*）。其中，α四体病毒科与昆虫病毒有关。

α四体病毒科（*Alphatetraviridae*）隶属于戊肝病毒目，其下分为2属，包括β四体病毒属（*Betatetravirus*）、ω四体病毒属（*Omegatetravirus*）及一些未分类的α四体病毒。四体病毒仅感染鳞翅目昆虫，包括天蚕蛾科、刺蛾科、夜蛾科等。该科成员的病毒粒子直径为35～41nm，无囊膜，衣壳蛋白呈现独特的T=4的正二十面体对称排列形态。该科病毒基因组为二分单链RNA，其中RNA1大小约为5.5kb，RNA2大小约为2.5kb，其5′端有帽子结构，而3′端不含poly（A）。

三、野田村病毒纲

野田村病毒纲（*Magsaviricetes*）隶属于RNA病毒域正RNA病毒界黄热病毒门，包含野田村病毒目（*Nodamuvirales*），下设野田村病毒科（*Nodaviridae*）、西奈-卤病毒科（*Sinhaliviridae*），主要侵染脊椎动物和无脊椎动物。

野田村病毒科（*Nodaviridae*）分为2属：α野田村病毒属（*Alphanodavirus*）和β野田村病毒属（*Betanodavirus*），前者主要感染昆虫，后者主要感染鱼类。该科成员的病毒粒子直径为25～33nm，无囊膜。病毒粒子为正二十面体。病毒基因组由两条正链RNA组成，即RNA1（约3.1kb）和RNA2（约1.4kb），5′端有帽子结构，3′端有poly（A）。野田村病毒（Nodamura virus）是α野田村病毒属的代表性病毒，最早于1967年在日本野田村地区从三带喙库蚊雌成虫中分离得到，可感染新生乳鼠并导致其死亡。

四、番黄卡病毒纲

番黄卡病毒纲（*Tolucaviricetes*）隶属于RNA病毒域正RNA病毒界黄热病毒门，该纲目前只有一个番黄卡病毒目（*Tolivirales*），包含卡尔莫四体病毒科（*Carmotetra-viridae*）和番茄丛矮病毒科（*Tombusviridae*）2科。其中，卡尔莫四体病毒科仅感染鳞翅目昆虫。

卡尔莫四体病毒科目前只有1属1种，即卡尔莫四体病毒α属（*Alphacarmotetravirus*）

下的普罗维登斯病毒（Providence virus）。该病毒的病毒粒子直径约为40nm，无囊膜，衣壳蛋白呈现独特的*T*=4的正二十面体对称排列形态。基因组为正义单链RNA，大小约为6.1kb，其5′端无帽子结构，3′端不含poly（A）。

五、小南套病毒纲

小南套病毒纲（*Pisoniviricetes*）隶属于RNA病毒域正RNA病毒界小RNA病毒门（*Pisuviricota*），该纲目前包括套式病毒目（*Nidovirales*）、小RNA病毒目（*Picornavirales*）和南方菜豆花叶病毒目（*Sobelivirales*）3个病毒目。该纲下的昆虫病毒主要隶属于3个病毒科，分别为双顺反子病毒科、传染性软化病病毒科及红火蚁病毒科。

小南套病毒纲代表性昆虫病毒基因组结构

（一）双顺反子病毒科

双顺反子病毒科（*Dicistroviridae*）属于小南套病毒纲小RNA病毒目。双顺反子病毒科成员的病毒粒子无包膜，具有典型的二十面体对称性衣壳，直径为25～30nm。该科病毒基因组为正义单链RNA，大小为8～10kb，在5′端共价结合一个病毒基因组连接蛋白（viral genome-linked protein，VPg），3′端有poly（A）结构。

目前已知的双顺反子病毒科病毒的天然宿主均为节肢动物，包括昆虫纲的双翅目、半翅目、膜翅目、鳞翅目、直翅目及甲壳纲十足目。双顺反子病毒科以遗传距离和内部核糖体进入位点（internal ribosome entry，IRES）差异分为3属：蜜蜂急性麻痹病病毒属（*Aparavirus*），主要病毒种为蜜蜂急性麻痹病病毒（*Aparavirus apisacutum*，即acute bee paralysis virus）；蟋蟀麻痹病病毒属（*Cripavirus*），代表性病毒种为蟋蟀麻痹病病毒（*Cripavirus grylli*，即cricket paralysis virus）；吸血猎蝽病毒属（*Triatovirus*），代表性病毒种为吸血猎蝽病毒（*Triatovirus triatomae*，即triatoma virus）（Valles et al.，2017a）。

（二）传染性软化病病毒科

传染性软化病病毒科（*Iflaviridae*）隶属小南套病毒纲小RNA病毒目，目前仅含1个病毒属，即传染性软化病病毒属（*Iflavirus*）。该科成员为无囊膜RNA病毒，病毒粒子大小为22～30nm。基因组为正义单链RNA，大小为9～11kb，编码一个多聚蛋白。

该科病毒感染宿主为节肢动物，主要感染昆虫。感染宿主有软化死亡、发育异常、行为改变等症状，同时存在无症状感染（Valles et al.，2017b）。

（三）红火蚁病毒科

红火蚁病毒科（*Solinviviridae*）隶属小南套病毒纲小RNA病毒目，仅包括2属2种，分别是红火蚁病毒属（*Invictavirus*）的红火蚁病毒3（Solenopsis invicta virus 3）和黄褐尼氏蚁病毒属（*Nyfulvavirus*）的黄褐尼氏蚁病毒1（Nylanderia fulva virus 1）。

病毒粒子为二十面体，无囊膜，直径为26～30nm。基因组为一条正义单链RNA，大小为10～11kb。3′端有poly（A）尾，5′端共价连接一个病毒基因组连接蛋白（VPg）。

红火蚁病毒科的病毒宿主仅限于蚁类，主要经口感染，宿主特异性强。

六、春秋病毒纲

春秋病毒纲（*Chunqiuviricetes*）隶属于RNA病毒域正RNA病毒界负链RNA病毒门（*Negarnaviricota*）单负链病毒亚门（*Haploviricotina*），目前ICTV下设1目1科1属，即穆病毒目（*Muvirales*）秦病毒科（*Qinviridae*）嬴病毒属（*Yingvirus*）。

秦病毒科病毒是一类基因组大小为7.3～8.2kb的负链RNA病毒，主要感染甲壳动物、昆虫、腹足类动物和线虫。秦病毒科的基因组含两个片段。RNA1编码RNA依赖的RNA聚合酶，RNA2编码核蛋白。

武汉嬴病毒（*Yingvirus wuhanense*）是秦病毒科嬴病毒属的主要病毒，通过二代测序方法在武汉的昆虫混合样品中被首次鉴定出，病毒基因组长度为7490nt。当前尚未获得该病毒的分离株。

七、单荆病毒纲

单荆病毒纲（*Monjiviricetes*）隶属于RNA病毒域正RNA病毒界负链RNA病毒门单负链病毒亚门，下设荆楚病毒目（*Jingchuvirales*）和单负链病毒目（*Mononegavirales*）。这些病毒构成了负链RNA病毒的一大类群，能够感染植物、无脊椎动物及脊椎动物等多种宿主。

（一）楚病毒科

楚病毒科（*Chuviridae*）是荆楚病毒目的代表科，下设16属：波斯病毒属（*Boscovirus*）、楚病毒属（*Chuvivirus*）、蚊病毒属（*Culicidavirus*）、多柳病毒属（*Doliuvirus*）、革翅病毒属（*Demapteravirus*）、摩苏病毒属（*Morsusvirus*）、蜱虫病毒属（*Nigecruvirus*）、蜻蜓病毒属（*Odonatavirus*）、藤壶病毒属（*Pediavirus*）、鱼病毒属（*Piscichuvirus*）、蚜小蜂病毒属（*Pterovirus*）、甲虫病毒属（*Scarabeuvirus*）、甲壳病毒属（*Taceavirus*）和芈病毒属（*Mivirus*）、罗楚病毒属（*Rochuvirus*）、瓦波丘病毒（*Vapochuvirus*）。

该科病毒基因组大小为8～15kb，结构多样（环形、线形、双组分、单组分）。该科成员大部分通过二代测序方法发现。

爱国主义教育素材

我国病毒学家对病毒分类和命名的贡献

我国病毒学家利用无偏好的基于高通量的宏病毒组鉴定方法在无脊椎动物和脊椎动物中发现了大量新的RNA病毒，填补了RNA病毒进化上的重要分支节点，重新定义了RNA病毒圈。在病毒命名上，国际病毒分类委员会（ICTV）添加的多个重要病毒分类单元，如春秋病毒纲（*Chunqiuviricetes*）、穆病毒目（*Muvirales*）、荆楚病毒目（*Jingchuvirales*）、勾践病毒目（*Goujianvirales*）、楚病毒科（*Chuviridae*）、秦病毒科（*Qinviridae*）、越病毒科（*Yueviridae*）、嬴病毒属（*Yingvirus*）等均由中国学者提出。这些带有鲜明中国符号命名的病毒分类单元体现了我国学者对全球病毒分类的重要贡献。

（二）节肢动物单负链RNA病毒科

节肢动物单负链RNA病毒科（*Artoviridae*）隶属于单负链病毒目，下设2属：金小蜂单负链RNA病毒属（*Peropuvirus*）和六足虫单负链RNA病毒属（*Hexartovirus*）。金小蜂单负链RNA病毒属的病毒宿主包括多足类、等足目、蜻蜓目及膜翅目等节肢动物。六足虫单负链RNA病毒属的病毒宿主主要来自海洋生物群。病毒基因组为长度约12 500nt的单链RNA。

（三）李氏蜘蛛病毒科

李氏蜘蛛病毒科（*Lispiviridae*）属于单负链病毒目，下设24属，主要侵染节肢动物和线虫动物门。该科成员基因组大小为6.45～14.67kb（Li et al.，2023）。

（四）尼亚米病毒科

尼亚米病毒科（*Nyamiviridae*）属于单负链病毒目，下设7属。该科病毒宿主分布广泛，北海病毒属（*Berhavirus*）病毒感染星虫和棘皮类动物，甲壳病毒属（*Crustavirus*）病毒感染螃蟹和藤壶，蚁病毒属（*Formivirus*）病毒感染膜翅目昆虫如蚂蚁和寄生蜂，尼亚病毒属（*Nyavirus*）病毒则从多种鸟类及其寄生蜱中分离得到，奥里诺病毒属（*Orinovirus*）病毒感染鳞翅目昆虫中的尺蛾科，桑赛病毒属（*Socyvirus*）病毒和绦虫病毒属（*Tapwovirus*）病毒分别感染植物线虫和绦虫。

该科成员中，尼亚病毒属和桑赛病毒属病毒为直径100～130nm的球形颗粒，具有囊膜；其余属的病毒粒子形态尚未明确。病毒基因组大小为10～13kb，大部分为负义单链RNA病毒，仅绦虫病毒属病毒为双组分负链RNA病毒（Dietzgen et al.，2017）。

（五）新城蚊病毒科

新城蚊病毒科（*Xinmoviridae*）属于单负链病毒目，下设12属。目前已在非洲、亚洲、欧洲和大洋洲的超过12种昆虫中报道了该科病毒，但由于缺乏系统调查，因此其真实的宿主范围和地理分布可能更为广泛。迄今为止，该科病毒仅从宏基因组学研究中被发现，病毒粒子还未直接观察到。病毒基因组大小为9.61～14kb。

八、埃里奥特病毒纲

埃里奥特病毒纲（*Ellioviricetes*）隶属于RNA病毒域正RNA病毒界负链RNA病毒门，其下设仅有布尼亚病毒目（*Bunyavirales*）。布尼亚病毒目包括14科：沙粒病毒科（*Arenaviridae*）、甲壳类林肯病毒科（*Cruliviridae*）、盘状病毒科（*Discoviridae*）、无花果花叶病毒科（*Fimoviridae*）、汉坦病毒科（*Hantaviridae*）、利什曼原虫布尼亚病毒科（*Leishbuviridae*）、多足类湖北病毒科（*Mypoviridae*）、内罗病毒科（*Nairoviridae*）、泛布尼亚病毒科（*Peribunyaviridae*）、幻影病毒科（*Phasmaviridae*）、白纤病毒科（*Phenuiviridae*）、番茄斑萎病毒科（*Tospoviridae*）、图拉斯病毒科（*Tulasviridae*）、武汉千足虫病毒科（*Wupedeviridae*）。

（一）甲壳类林肯病毒科

甲壳类林肯病毒科（*Cruliviridae*）又名克鲁里病毒科，目前仅包含温岭甲壳动物病毒属（*Lincruvirus*）。病毒粒子有包膜，球形结构，直径为80～120nm。

基因组为3节段负义单链RNA，分别为S（0.8～1.7kb）、M（约3.2kb）、L（约6.6kb）。该类病毒通过宏基因组测序在甲壳类混合样本中被发现，目前尚未获得病毒分离株。

（二）多足类湖北病毒科

多足类湖北病毒科（*Mypoviridae*）下设1属1种，即湖北病毒属（*Hubavirus*）湖北多足虫病毒（*Hubavirus myriapedis*）。该病毒通过宏基因组测序发现，尚未获得成功分离的病毒培养株。病毒基因组为3节段负义单链RNA。

（三）幻影病毒科

幻影病毒科（*Phasmaviridae*）下设7属：叶蝉病毒属（*Cicadellivirus*）、费拉病毒属（*Feravirus*）、膜翅目病毒属（*Hymovirus*）、米卡多病毒属（*Jonvirus*）、正幻影病毒属（*Orthophasmavirus*）、三峡水黾病毒属（*Sawastrivirus*）和武汉昆虫病毒属（*Wuhivirus*）。该科病毒的形态为有囊膜的球形结构，直径为60～120nm。基因组为3节段负义单链RNA。该科病毒主要为昆虫特异性病毒，未在脊椎动物中报道相关序列。其宿主主要包括蚊虫、淡纹金星尺蛾和水蝇等多种昆虫。

（四）武汉千足虫病毒科

武汉千足虫病毒科（*Wupedeviridae*）仅包含武汉千足虫病毒属（*Wumivurs*）1属，其下只有武汉千足虫病毒（*Wumivirus millepedae*）1种。该病毒基因组为3节段负义单链RNA，仅在多足类昆虫样本的宏基因组测序中发现。

九、未分类核糖病毒域的昆虫病毒

未分类核糖病毒域的昆虫病毒是指隶属于核糖病毒域，但具体分类地位不明确的昆虫病毒，包括2科：重排四体病毒科和双节段RNA病毒科，均隶属于正RNA病毒界。

（一）重排四体病毒科

重排四体病毒科（*Permutotetraviridae*）仅包含重排四体病毒α属（*Alphapermutotetravirus*），仅有2种已知病毒，已知的宿主为鳞翅目昆虫。病毒粒子为直径约40nm的正二十面体，无囊膜。病毒基因组为正义单链RNA，大小约为5.6kb，5′端无帽子结构，但具有共价连接的病毒基因组连接蛋白（VPg），3′端包含一个假结（pseudoknot）结构。

（二）双节段RNA病毒科

双节段RNA病毒科（*Birnaviridae*）包含7属：水生双节段RNA病毒属（*Aquabirnavirus*）、禽双节段RNA病毒属（*Avibirnavirus*）、昆虫双节段RNA病毒属（*Entomobirnavirus*）、斑点蛇头鱼病毒属（*Blosnavirus*）、果蝇双节段RNA病毒属（*Dronavirus*）、轮

虫病毒属（*Ronavirus*）和樱蛤病毒属（*Telnavirus*）。该科病毒为无囊膜，核衣壳二十面体对称的球形病毒，粒子直径大小约60nm。其基因组由两个线状RNA节段组成。

该科病毒主要感染双翅目昆虫。其代表种为果蝇X病毒（Drosophila X virus），这是从实验室饲养的黑腹果蝇成虫中分离出的一种病毒，能引起果蝇死亡。

第四节 各异DNA病毒域的昆虫病毒

各异DNA病毒域（*Varidnaviria*）包含能够编码含有垂直果冻卷折叠并能形成伪六聚体的核衣壳蛋白的双链DNA病毒。其中，一部分缺少核衣壳蛋白但被证明进化自该域的病毒也被归为此类。各异DNA病毒域包括班福德病毒界（*Bamfordvirae*）和海尔维蒂病毒界（*Helvetiavirae*），其中，来自班福德病毒界的巨病毒纲和痘病毒纲的病毒可侵染昆虫。

一、巨病毒纲

巨病毒纲（*Megaviricetes*）包括藻病毒目（*Algavirales*）、拟病毒目（*Imitervirales*）、阔虹马囊病毒目（*Pimascovirales*），以及一个最新发现的魔物病毒科（*Mamonoviridae*）。其中，藻病毒目病毒主要侵染藻类，拟病毒目病毒可侵染原生生物和藻类，阔虹马囊病毒目病毒可侵染原生生物、脊椎动物和无脊椎动物，魔物病毒科病毒侵染原生生物。阔虹马囊病毒目包括3科：囊泡病毒科、虹彩病毒科和马赛病毒科。马赛病毒科病毒侵染原生生物，而囊泡病毒科和虹彩病毒科的病毒均可侵染昆虫。

（一）囊泡病毒科

囊泡病毒科（*Ascoviridae*）是一类基因组大小为100～200kb的环状dsDNA病毒，其病毒粒子为被覆囊膜的棒杆状、卵圆形或尿囊状，直径约为130nm，长度为200～400nm。囊泡病毒科下分囊泡病毒属（*Ascovirus*）和图尔病毒属（*Toursvirus*）2属。

囊泡病毒属病毒主要侵染鳞翅目夜蛾科昆虫的幼虫。囊泡病毒主要依赖于姬蜂科和茧蜂科雌成虫的产卵行为水平传播。这些寄生蜂的雌成虫在染毒宿主幼虫体内产卵时，其产卵器被含囊泡病毒粒子的血淋巴污染，当其在健康宿主幼虫体内继续产卵时，被污染的产卵器将囊泡病毒粒子传播至新的宿主幼虫体内。

图尔病毒属病毒主要侵染鳞翅目巢蛾科（Yponomeutidae）昆虫并在其体内大量复制，该病毒也可在其传播媒介美丽姬蜂中进行少量复制。

草地贪夜蛾囊泡病毒1a（Spodoptera frugiperda ascovirus 1a）是囊泡病毒科的代表性病毒种。其名字来源于其侵染宿主细胞时释放出大量囊泡的独特病理学反应，*asco*在拉丁文中意为“出泡”（Asgari et al., 2017）。

（二）虹彩病毒科

虹彩病毒科（*Iridoviridae*）病毒的基因组是长度为103～220kb的线性dsDNA，编码92～211个蛋白质，其病毒粒子呈二十面体对称结构，直径为150～200nm。

虹彩病毒科目前分为α虹彩病毒亚科（*Alphairidovirinae*）和β虹彩病毒亚科（*Betairi-*

dovirinae)。其中，α虹彩病毒亚科病毒主要侵染变温脊椎动物；β虹彩病毒亚科包括虹彩病毒属（*Iridovirus*）、绿虹彩病毒属（*Chloriridovirus*）、水蚤虹彩病毒属（*Daphniairidovirus*）和十足类虹彩病毒属（*Decapodiridovirus*）4属，主要侵染昆虫和甲壳动物，统称为无脊椎动物虹彩病毒（invertebrate iridescent virus，IIV）。虹彩病毒易侵染的无脊椎动物主要为鞘翅目、鳞翅目、双翅目和半翅目的昆虫。如果病毒侵染幼虫，通常会引起宿主死亡，而被侵染的成虫则会导致其生殖能力降低和寿命减少。

无脊椎动物虹彩病毒3（invertebrate iridescent virus 3）又称为大蚊虹彩病毒（mosquito iridescent virus），是绿虹彩病毒属的模式种；无脊椎动物虹彩病毒6（invertebrate iridescent virus 6）又称为螟虫虹彩病毒（chilo iridescent virus），是虹彩病毒属的模式种（Chinchar et al.，2017）。

二、痘病毒纲

痘病毒纲（*Pokkesviricetes*）是一类可侵染多种脊椎动物和无脊椎动物的病毒，该纲包括非浮病毒目（*Asfuvirales*）和痘病毒目（*Chitovirales*）。非浮病毒目仅有1种，即非洲猪瘟病毒科（*Asfarviridae*）非洲猪瘟病毒属（*Asfivirus*）的非洲猪瘟病毒（African swine fever virus）。痘病毒目仅包括痘病毒科（*Poxviridae*），其中昆虫痘病毒亚科的成员可侵染多种昆虫。

痘病毒科根据宿主的不同分为脊椎动物痘病毒亚科（*Chordopoxvirinae*）和昆虫痘病毒亚科（*Entomopoxvirinae*）。脊椎动物痘病毒亚科的成员可侵染人和多种哺乳类动物。昆虫痘病毒亚科目前包含α昆虫痘病毒属（*Alphaentomopoxvirus*）、β昆虫痘病毒属（*Betaentomopoxvirus*）、δ昆虫痘病毒属（*Deltaentomopoxvirus*）和γ昆虫痘病毒属（*Gammaentomopoxvirus*）4属。该类病毒主要侵染鳞翅目、直翅目、双翅目、鞘翅目、蜚蠊目及膜翅目昆虫的幼虫和部分鞘翅目昆虫的成虫。

昆虫痘病毒亚科病毒粒子具有囊膜，呈卵圆形或方砖形，大小为（70～250）nm×350nm，内含肾形、圆柱形或双凹核心及1～2个侧体（lateral body），核心包裹病毒DNA。基因组为线性dsDNA，末端具有闭合的反向重复序列，GC含量约为20%，大小为225～380kb，编码250～330个蛋白质。病毒经昆虫口针摄入后侵染中肠、血淋巴、脂肪体、马氏管及丝腺等组织，其中主要在血细胞和脂肪体细胞的细胞质内复制。在血细胞内病毒粒子从细胞膜出芽释放，而在脂肪体细胞内病毒粒子主要包裹到椭圆形包含体内。五月鳃角金龟子痘病毒（Melolontha melolontha entomopoxvirus）是昆虫痘病毒的代表种。

第五节　未知病毒域的昆虫病毒

目前，除单链DNA病毒域、核糖病毒域及各异DNA病毒域的昆虫病毒外，还有一些昆虫病毒属于未知的病毒域，包括来自纳尔达病毒纲和多分DNA样病毒科的病毒。

一、纳尔达病毒纲

纳尔达病毒纲（*Naldaviricetes*）是一类节肢动物特异性的大型dsDNA病毒（nuclear

arthropod large DNA virus，NALDV），其可在细胞核内复制，基因组为环状dsDNA。此外，NALDV含有编码口服感染因子（PIF）的基因，可以介导其口服感染过程。该纲包括勒乏病毒目（*Lefavirales*）和线头病毒科（*Nimaviridae*），其中勒乏病毒目由杆状病毒科、唾液腺肥大病毒科和裸病毒科3科组成。目前该纲共有113种病毒收录于ICTV，可侵染多种节肢动物，如昆虫、甲壳动物等。

（一）杆状病毒科

杆状病毒科（*Baculoviridae*）由一类大型DNA病毒组成，其基因组为一条环状dsDNA分子，为80～180kb，可编码100～200个蛋白质。衣壳呈杆状，直径为30～60nm，长250～300nm，具囊膜。杆状病毒科目前包括α杆状病毒属（*Alphabaculovirus*）、β杆状病毒属（*Betabaculovirus*）、δ杆状病毒属（*Deltabaculovirus*）和γ杆状病毒属（*Gammabaculovirus*）4属，宿主主要为鳞翅目昆虫，也包括部分膜翅目和双翅目昆虫（Harrison et al.，2018）。

苜蓿银纹夜蛾核多角体病毒是杆状病毒科的模式病毒。杆状病毒作为生物杀虫剂和表达载体应用广泛，是研究较为深入的昆虫病毒，本书第三章有详细介绍。

（二）唾液腺肥大病毒科

唾液腺肥大病毒科（*Hytrosaviridae*）病毒的基因组为120～190kb的环状dsDNA，编码108～174个蛋白质，病毒粒子呈被覆囊膜的大型杆状，无包含体，宽50～80nm，长500～1000nm。唾液腺肥大病毒主要侵染吸血性双翅目昆虫，如舌蝇、家蝇、厩螯蝇等。目前包括舌蝇病毒属（*Glossinavirus*）和蝇蛆病毒属（*Muscavirus*）2属，共2种病毒。

舌蝇唾液腺肥大病毒（*Glossinavirus glopallidipedis*）是唾液腺肥大病毒科的代表性病毒种，目前是舌蝇病毒属唯一的物种。该病毒主要侵染噬血舌蝇，后者能传播人类及家畜的昏睡病。病毒侵染呈显性或隐性，在宿主的唾液腺等组织细胞中复制，导致唾液腺肥大综合征及生殖和行为功能障碍。

（三）裸病毒科

裸病毒科（*Nudiviridae*）病毒的基因组为96～232kb的环状dsDNA，编码89～155个蛋白质，其病毒粒子为有囊膜的杆状或椭圆形，大小约为100nm×200nm或81nm×415nm。目前含有α裸病毒属（*Alphanudivirus*）、β裸病毒属（*Betanudivirus*）、δ裸病毒属（*Deltanudivirus*）和γ裸病毒属（*Gammanudivirus*）4属。该科病毒与杆状病毒科病毒源自共同的祖先，与唾液腺肥大病毒科病毒亲缘关系较近，主要侵染双翅目、鳞翅目、鞘翅目、直翅目昆虫和多种水生甲壳动物，经口服、交配或卵巢传播。

椰蛀犀金龟裸病毒（Oryctes rhinoceros nudivirus）是裸病毒科α裸病毒属的代表性病毒种。该病毒首次发现于椰蛀犀金龟，是一种广泛使用的生物杀虫剂，用于控制为害东南亚和太平洋群岛椰子树和油棕榈树的甲虫（Harrison et al.，2020）。

（四）线头病毒科

线头病毒科（*Nimaviridae*）的病毒粒子为有囊膜无包含体的大型椭圆形或杆状病毒，大小为（70～170）nm×（210～420）nm。病毒颗粒一端有一个尾状附属结构，长300～350nm。基因组为环状dsDNA，长280～307kb，编码至少90个功能蛋白。线头病毒科目前包括白斑病毒属（*Whispovirus*）1属。该科病毒广泛侵染水生甲壳纲动物，包括养殖或野生对虾、螯虾、龙虾、蟹等。

白斑综合征病毒（white spot syndrome virus）是线头病毒科白斑病毒属的唯一种。该病毒是对虾大规模死亡的最主要的病原体之一，具有传播广、致死快、致死率高等特点。1992年于东南亚地区首次暴发后，已蔓延全球主要对虾养殖区域（Wang et al.，2019）。

二、多分DNA样病毒科

多分DNA样病毒科（*Polydnaviriformidae*）是ICTV自2021年起对于一类不同于传统病毒的可移动基因，即原来被称为多分DNA病毒（polydnavirus）的重新命名，是一类具有共生阶段和侵染阶段两段生活史的特殊病毒样生物。在共生的寄生蜂宿主体内完成病毒的复制，组装形成成熟的病毒粒子；在侵染的鳞翅目昆虫宿主体内仅翻译病毒蛋白，不进行病毒的复制，表现出类病毒的特性，目前暂不属于任何病毒域。

多分DNA样病毒科成员的基因组由多个不同大小的环状dsDNA组成，大小为190～500kb及500kb以上；病毒粒子结构复杂，有囊膜包被；囊膜内包含有核衣壳，直径为34～70nm；每一个核衣壳包含一个环状dsDNA。病毒的基因组以原病毒的形式整合在共生宿主寄生蜂的基因组内，在寄生蜂雌蜂卵萼细胞的核内进行复制，形成病毒粒子。病毒粒子与寄生蜂的卵一起被注射进入鳞翅目昆虫体内，病毒基因组整合到侵染细胞的染色体上，利用宿主的转录系统和翻译系统进行转录和翻译，合成病毒蛋白，抑制宿主的免疫反应。在病毒蛋白的保护下，寄生蜂的卵在宿主幼虫体内顺利完成发育。

多分DNA样病毒科目前含有茧蜂样病毒属（*Bracoviriform*）和姬蜂样病毒属（*Ichnoviriform*）2属。毁侧沟茧蜂样病毒（*Bracoviriform demolitoris*）是茧蜂样病毒属的代表性病毒种。

本章小结

本章主要介绍了国际病毒分类委员会（ICTV）及其官网的主要资源；病毒种名和通用名的书写规范；昆虫病毒的主要分类方法；目前昆虫病毒的分类地位。根据ICTV分类系统，昆虫病毒可分为28个病毒科（包括19个RNA病毒科、9个DNA病毒科）、1个DNA样病毒及未分类病毒。这些昆虫病毒主要隶属于单链DNA病毒域（*Monodnaviria*）、核糖病毒域（*Riboviria*）、各异DNA病毒域（*Varidnaviria*），以及未知病毒域的纳尔达病毒纲（*Naldaviricetes*）和多分DNA样病毒科（*Polydnaviriformidae*）。

复习思考题

1. 简述ICTV的主要职责。
2. 阐述病毒双名法的正确书写规范并列举两个实例。
3. ICTV官网最重要的资源有哪些？简述如何通过病毒的通用名查找其相应的种名。
4. 请根据ICTV分类法列出杆状病毒、囊泡病毒、质多角体病毒、昆虫痘病毒、家蚕二分浓核病毒的完整分类地位。

第三章
杆状病毒的分子生物学

本章要点

○ **杆状病毒：** 是昆虫病毒中研究历史最长、应用最多的病毒。其具有独特的二相性复制周期，产生两种不同的子代病毒粒子，即包埋型病毒粒子和芽生型病毒粒子。两种病毒粒子虽然具有相同的核衣壳结构，但囊膜成分不同，因而行使不同的功能。包埋型病毒粒子介导杆状病毒的初级感染；而芽生型病毒粒子介导次级感染。

○ **初级感染：** 杆状病毒的初级感染也称口服感染，发生在昆虫中肠碱性环境下，至少由病毒编码的10种口服感染因子（PIF）所介导。除PIF5外，其他PIF形成一个口服感染因子复合物发挥功能。

○ **次级感染：** 杆状病毒的次级感染即全身性感染过程，涉及病毒与宿主细胞结合，病毒内吞与转运及在细胞核内完成组装后芽生型病毒粒子的释放。AcMNPV的GP64膜融合蛋白在芽生型病毒粒子的入侵过程中发挥了重要作用。

○ **基因组的复制和基因的转录调控：** 杆状病毒基因组为一条闭合环状dsDNA，其复制方式可能包含滚环复制和重组依赖性复制两种方式；其基因表达以级联调控方式进行。

○ **杆状病毒的装配：** 杆状病毒是将新合成的基因组通过ATP驱动的包装分子马达压缩入预先形成的衣壳内，进而形成核衣壳。在病毒感染早期，核衣壳从细胞核转运到细胞质，在细胞膜出芽获得囊膜形成芽生型病毒粒子；在感染晚期，由细胞核内的膜结构包裹核衣壳形成包埋型病毒粒子。

就昆虫病毒而言，对杆状病毒研究的历史最长，应用也最多。人类早期农业生产中所观察到的家蚕传染性疾病，近代利用杆状病毒有效控制几种害虫的实践，以及最近杆状病毒外源基因表达载体系统的发明和普及，都极大地激发了人们对杆状病毒的研究兴趣。20世纪80年代初至90年代末，杆状病毒分子生物学一度成为当代病毒学研究的热点。苜蓿银纹夜蛾核多角体病毒（Autographa californica nucleopolyhedrovirus，AcMNPV）是研究得最为深入的杆状病毒，若无特别说明，本章大部分知识点的介绍都来源于对该病毒的研究。

第一节　杆状病毒简介

一、研究简史

对昆虫罹患杆状病毒病最早的朴素认识来自我国桑蚕养殖业。1149年中国陈旉所著

《农书》中即有关于家蚕“高节”“脚肿”病的记载，即中国农民俗称的“脓病”。1637年宋应星所著《天工开物》强调，为避免脓病的迅速传染和流行，必须“急择而去之，勿使败群”（吕鸿声，1998）。

1856年，Cornalia和Maestri各自首先发现家蚕“脓病”病原是一种折光性强、多面体形状的颗粒，后被Bolle命名为多角体（polyhedron）。1906年，Fischer提出了“多角体病”（polyhedrosis）的名称。虽然早在1924年Komárek和Breindl就推测多角体内可能具有病毒粒子，但直到1947年Bergold才通过电子显微镜观察到多角体内的杆状病毒粒子（Summers，2006）。杆状病毒科（*Baculoviridae*）中“*baculo*”来源于拉丁文“*baculum*”，意为“棍棒”，指明该科病毒的最主要特征是，其病毒粒子形状像一个棍子（Harrison et al.，2018）。

目前已发现可被杆状病毒自然感染的昆虫有700多种，包括鳞翅目、膜翅目和双翅目昆虫。而其中约90%是鳞翅目昆虫，这是因为鳞翅目幼虫被杆状病毒感染后，呈现出较容易观察到的感染症状：行动迟缓、体节肿胀、体色变白、濒死时常行至植物顶端、死亡后常呈液化状态并倒挂于植物上（图3-1）。杆状病毒是很多昆虫自然种群密度的主要调节剂，当昆虫种群密度增大时就容易暴发病毒性疾病。因此，人们常在非正常死亡的幼虫尸体内分离到杆状病毒。

图3-1　宿主昆虫幼虫及其被杆状病毒感染的病征

二、病毒的形态结构

杆状病毒的病毒粒子（virion）包埋于包含体（occlusion body，OB）中。包含体由病毒编码的一种包含体基质蛋白结晶而成，可使病毒粒子抵抗大多数不良的自然环境而长期保持传染性。此外，被杆状病毒感染的虫子被鸟类捕食后，包含体通过鸟类胃肠道时也不会被消化，并保持感染性，从而促进了病毒的传播。根据大小和形状，包含体可分为两类：①多面体形，直径为0.6～2μm的称为多角体；②椭圆形，直径为0.2～0.4μm的称为颗粒体（granule）。因而根据包含体的形态和大小，杆状病毒可相应地分为核多角体病毒（nucleopolyhedrovirus，NPV）和颗粒体病毒（granulovirus，GV）。组成包含体的基质蛋白在NPV中称为多角体蛋白，在GV中称为颗粒体蛋白，两者是同源蛋白。有趣的是，除了杆状病毒，还有几科的昆虫病毒也能形成包含体，包括昆虫痘病毒（痘病毒科）、质多角体病毒（呼肠孤病毒科）。这表明包含体是有助于病毒传播的，该形态特征在不同昆虫病毒谱系中发生了趋同进化。

杆状病毒的病毒粒子具有囊膜。囊膜之上整合了一些功能蛋白，以帮助病毒更高效地侵染细胞。在一个感染周期中，杆状病毒可产生两种形态不同的病毒粒子：包埋型病毒粒子（occlusion-derived virion，ODV）和芽生型病毒粒子（budded virion，BV）。这种病毒粒子生成的二相性是杆状病毒有别于其他病毒的一个独一无二的特点。衣壳（capsid）内压缩了病毒的基因组，就形成了核衣壳（nucleocapsid）。包装在衣壳内的DNA通常呈同心环的卷轴式样，可被浓缩100倍，接近液晶密度。ODV和BV的核衣壳在形态上没有差异，但两者囊膜化的位置不同。ODV在细胞核内完成囊膜化，而BV在细胞膜处获得囊膜，这也导致两者的囊膜组成成分不同，进而造成两者行使不同的功能。ODV囊膜可包裹一个或多个核衣壳；而BV仅包裹一个核衣壳。

杆状病毒核衣壳的直径为30～60nm，长度为250～300nm，具极性，分为圆锥形头部、长柱形中部和平板形底部。最近中山大学的张勤奋课题组运用冷冻电镜技术解析了AcMNPV核衣壳的精细三维结构（Jia et al.，2023）。AcMNPV核衣壳的中部柱体由病毒主要衣壳蛋白（major capsid protein）VP39组成。核衣壳的头部和尾部均由三部分组成：外层、内层和中心区域（图3-2）。它们的外层形态相同，由病毒编码的AC104、AC142和AC109蛋白组成，覆盖于柱体外；内层由病毒编码的AC101和AC144蛋白组成。在尾部的中心区域有一个“塞子”结构，由AC101和AC144蛋白组成。头部中心区域存在一个“帽子”状结构，向远离病毒中心的方向突出，病毒基因组可通过该结构装配进衣壳（图3-2）。

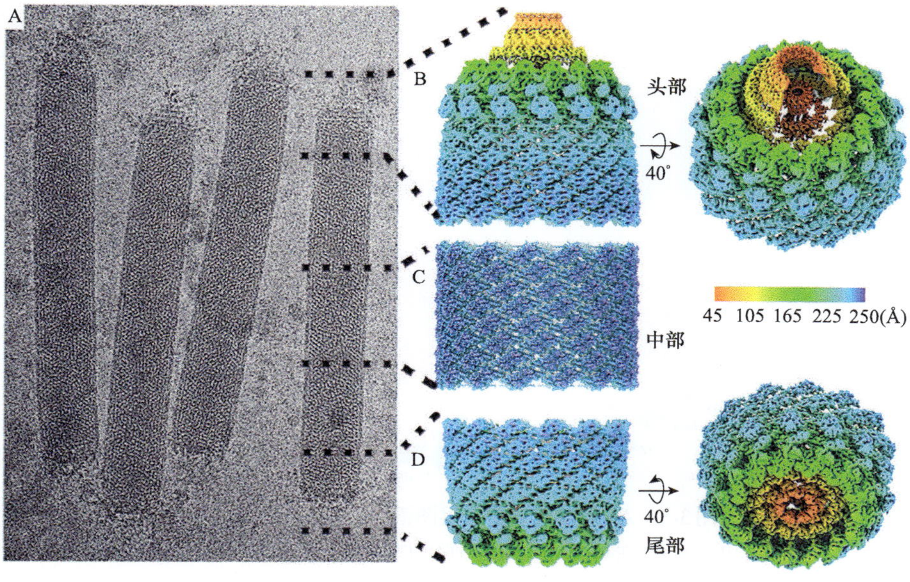

图3-2　AcMNPV核衣壳的结构（贾旭东博士提供）

A．AcMNPV ODV核衣壳的冷冻电镜显微照片；B．衣壳头部的三维重建，包括具有对称性的“帽子”状结构和头部，右边为头部的倾斜视图；C．衣壳中部圆柱体；D．衣壳底部，右边为底部的倾斜视图

三、基因组的结构

杆状病毒的基因组由一条共价闭环超螺旋的双链DNA分子构成。通过对近百种杆状病毒基因组的测序和注释分析，其基因组的基因排列和组成得以明晰。杆状病毒的基因组长80～180kb，有100～200个开放阅读框（open reading frame，ORF），所有ORF都以起始密码子ATG开头。ORF基本上均匀分布于两条链上，间距较短，时常重叠。非编码区占杆状病毒基因组的比例一般小于10%，主要包含基因的启动子序列、5′非翻译区和3′非翻译区及同源重复序列（homologous repeat，*hr*）。图3-3是AcMNPV的基因组图谱。

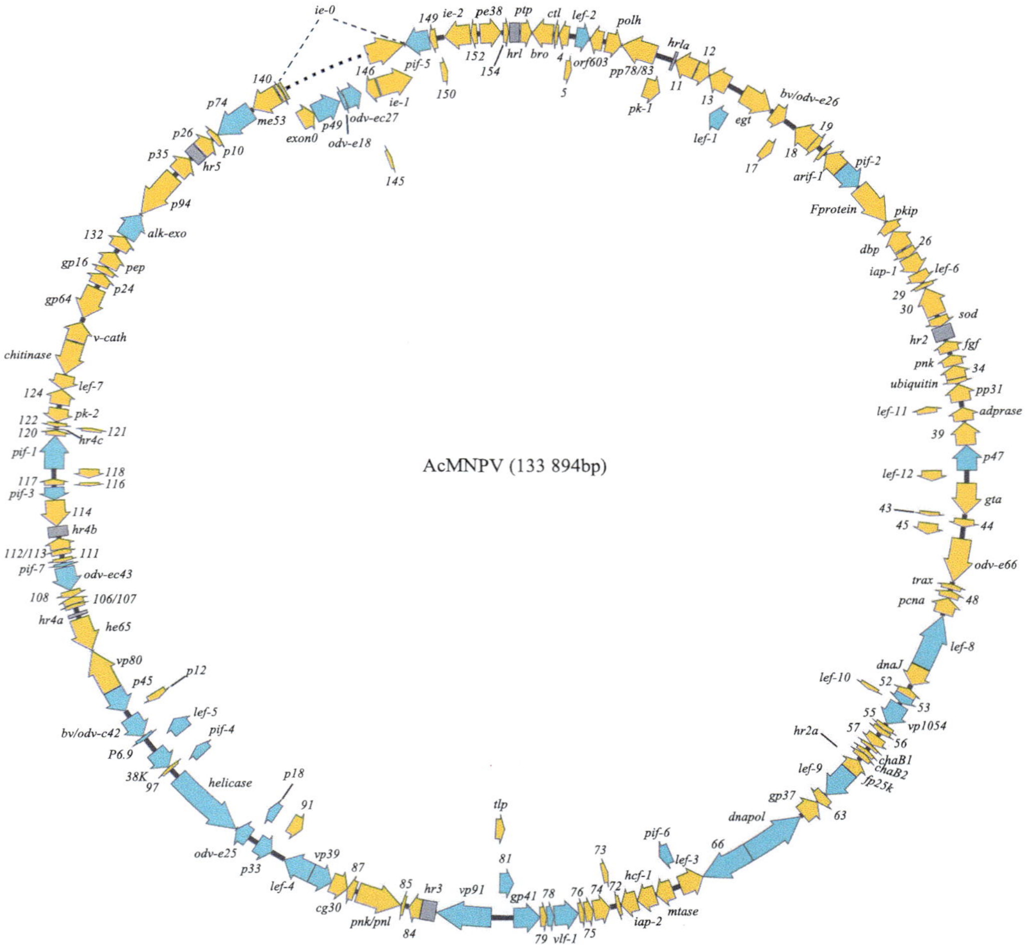

图3-3 AcMNPV的基因组图谱（陈宝定硕士提供）

用箭头标识注释ORF在基因组的位置和方向。杆状病毒核心基因以淡蓝色箭头显示，同源重复序列（*hr*）以灰色方块显示

在所有已测序的杆状病毒基因组中，有38个基因是共同存在的，因此它们被指定为杆状病毒核心基因（baculovirus core gene）。

大多数杆状病毒基因组包含同源重复序列，这些序列散布在基因组中的多个位置。以AcMNPV为例，其基因组共包含8个*hr*。不同种病毒*hr*的序列同源性较低，具有种的特异性。*hr*可作为早期基因表达的增强子和DNA复制的原点。

四、感染周期

（一）组织病理

杆状病毒的感染进程分为两个阶段：初级感染（primary infection）为中肠感染（midgut infection）；次级感染（secondary infection）为全身性感染（systemic infection）。

初级感染发生在昆虫中肠。当昆虫幼虫啃食植物叶片时，污染在植物上的包含体被摄入。在幼虫中肠的高pH环境下，OB被裂解并释放出其中的ODV。ODV的囊膜上有一系列病毒编码的蛋白质去帮助ODV通过膜融合方式侵入中肠上皮细胞，完成其初级感染，因此这些蛋白质被称为口服感染因子（*per os* infectivity factor，PIF）（详见本章第二节）。

在中肠上皮细胞中新合成的核衣壳行至中肠上皮细胞的基底膜处，出芽形成BV（详见本章第三节）。BV通过受体介导的内吞作用感染其他细胞，包括气管细胞、血细胞、脂肪体和肌肉等组织细胞，引起次级感染即全身性感染（图3-4）。

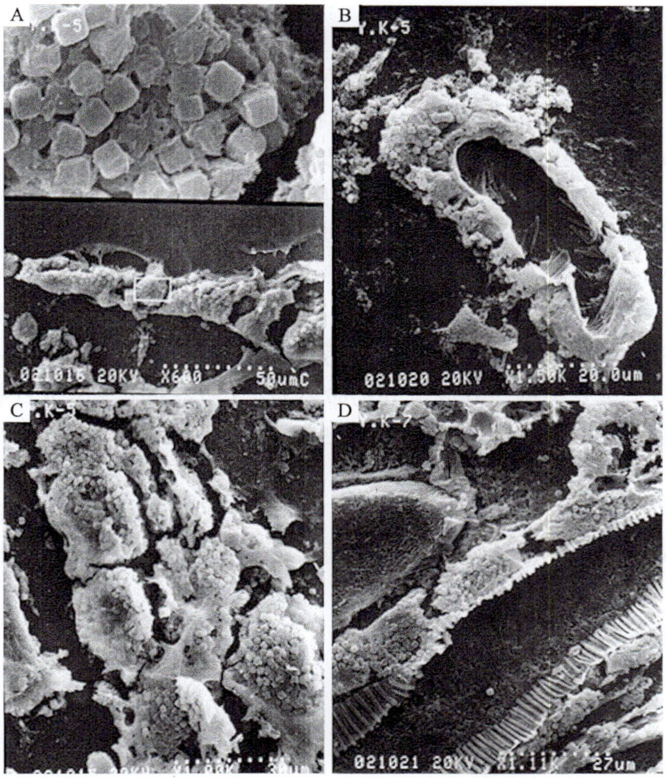

图3-4　杆状病毒的全身性感染

AcMNPV感染甜菜夜蛾幼虫组织切片的扫描电镜观察：A. 表皮，上半部分为下半部分中方框区的放大；B. 血管上皮；C. 脂肪体；D. 气管上皮。其中A～C为感染第5天，D为感染第7天

（二）细胞病理

ODV和BV感染细胞后，核衣壳通过核孔进入细胞核，随即释放病毒基因组DNA，并开始有序地进行基因转录和DNA复制（详见本章第四节）。感染后约6h，病毒DNA开始在细胞核内复制。随着病毒DNA增加，细胞核膨大、细胞变圆。为了高效地进行病毒DNA复制、基因转录和病毒核衣壳装配，病毒会占据感染细胞核中央，并逐渐形成一个电子密集的、类核染色质的网状结构区域，称为病毒发生基质（virogenic stroma，VS）。而宿主的染色质则被挤压至内核膜处。在感染早期，装配成熟的核衣壳穿过细胞核并被运输到细胞质，在细胞膜处出芽形成BV，BV再去感染相邻的细胞。在感染晚期，VS开始收缩，在VS与细胞核膜之间又形成了一个围绕VS的环带区（ring zone，RZ）。此时，核衣壳不出核而是被滞留于此，先排列在一些微囊泡之上，然后再被微囊泡包裹，形成ODV。这些微囊泡来源于内核膜，有大量PIF整合其上。ODV随即被包埋形成包含体。染病昆虫死亡后，随着组织细胞的破裂，虫尸液化，包含体会被释放到环境中，进行虫体间的水平传播（Williams and Faulkner，1997）。

由上可知，ODV和BV具有不同功能：ODV侵染宿主昆虫的中肠上皮细胞，负责病毒在昆虫与昆虫之间的传播；BV入侵多种组织细胞，负责病毒在组织及细胞之间的传播。

五、分类

根据对杆状病毒核心基因核苷酸序列的系统发育分析结果，杆状病毒科分为了4属：α杆状病毒属（*Alphabaculovirus*）、β杆状病毒属（*Betabaculovirus*）、γ杆状病毒属（*Gammabaculovirus*）和δ杆状病毒属（*Deltabaculovirus*）。

单粒包埋型和多粒包埋型核多角体病毒

α杆状病毒属成员是专性感染鳞翅目昆虫幼虫的核多角体病毒。其多角体内包含多个ODV。有些α杆状病毒的ODV内包含多个核衣壳，如AcMNPV，其英文简写里有字母M，是英文multiple（多）的首字母；而有些α杆状病毒的ODV内仅含有一个核衣壳，如HaSNPV，其英文简写里有字母S，是英文single（单）的首字母。α杆状病毒属又可进一步分为组Ⅰ和组Ⅱ两个主要类群，其成员分别命名为αⅠ杆状病毒和αⅡ杆状病毒。

β杆状病毒属成员是专性感染鳞翅目昆虫幼虫的颗粒体病毒。其颗粒体内仅含一个ODV，偶尔两个。每个ODV只含一个核衣壳。

γ杆状病毒属成员是专性感染膜翅目昆虫（叶蜂）的核多角体病毒。ODV含单核衣壳。由于不能形成BV，该属病毒只感染中肠。病毒可随被感染昆虫的腹泻排出体外，行粪口传播。

δ杆状病毒属成员是专性感染双翅目昆虫（蚊子）的核多角体病毒。

六、应用

在对杆状病毒的研究过程中，人们发现它们在控制天然昆虫种群方面发挥着重要作用。因此，一些杆状病毒作为农业和林业中化学杀虫剂的环保替代品，已被开发为用作控制害虫的生物农药，减少了对环境和非目标物种的不利影响（详见第九章）。

1983年12月，美国得克萨斯农工大学的Max Summers小组发表使用AcMNPV多角体蛋白基因启动子在昆虫细胞中表达人β干扰素（Smith et al.，1983）。仅仅几个月后，美国爱达荷大学Lois Miller小组就发表了类似论文，即利用重组AcMNPV表达大肠杆菌β-半乳糖苷酶（Pennock et al.，1984）。这两篇论文的发表标志着杆状病毒表达载体（BEV）系统的诞生。在以后40年里，基于杆状病毒的外源蛋白表达技术已经相当成熟。现在该系统不仅在实验室用于制备具有科学研究用的蛋白质，并商业化生产疫苗，用于人畜疾病的控制（详见第十章）。

第二节　杆状病毒初级感染

杆状病毒的初级感染起始于OB被昆虫摄食，因此该过程也被称为口服感染，大体分为两个阶段：①OB在碱性环境下溶解释放出ODV，随后ODV穿过围食膜；②ODV结合到靶细胞（柱状上皮细胞）上，并完成病毒囊膜与细胞膜的融合，进而释放核衣壳。在第一阶段中，肠道的碱性环境和蛋白酶共同作用使多角体溶解释放出ODV，病毒粒子需要穿过围食膜屏障，而病毒编码的病毒增强素（viral enhancin）、ODV囊膜蛋白ODV-E66及GP37在一定程度上可降解围食膜，增大围食膜的孔隙，使ODV得以穿过围食膜。在第二阶段中，病毒囊膜蛋白和宿主因子共同作用介导了ODV入侵柱状细胞。目前对宿主因子的报道较少，病毒的受体仍有待发现。相对而言，病毒编码的入侵因子报道较多，近年来越来越多的ODV囊膜蛋白被发现对口服感染是必需的，它们被称为口服感染因子（PIF）。

一、昆虫中肠的理化环境

昆虫中肠是杆状病毒建立初级感染的位置。鳞翅目昆虫肠道分为前肠、中肠和后肠。前肠负责食物的摄取、储存和物理加工，内衬一层含有几丁质的角质层。中肠是消化食物和吸收营养的主要场所，缺乏角质层，但含有一层由几丁质、黏多糖、蛋白质组成的围食膜。围食膜将中肠上皮和肠道内容物隔开，在一定程度上减少了食物对上皮细胞的摩擦损害并阻碍微生物。后肠也由角质层组成，也起到营养吸收的作用。中肠的细胞组成主要分为三类：柱状细胞、杯状细胞和再生细胞。柱状细胞是中肠组织中数量最多的细胞，具有极性，靠近肠腔一侧是突出的微绒毛，主要负责摄取食物营养。杯状细胞则负责离子转运，和中肠的pH调控相关。再生细胞靠近基底膜，可复制并分化成柱状细胞和杯状细胞。

昆虫长期以植物为主要食物来源，而植物释放的单宁酸会交联各种蛋白质组分，从而降低食物消化利用率。为了适应食性，昆虫进化出富含钾离子泵的杯状细胞，使中肠处于碱性环境（pH 9～12）。在碱性条件下，单宁酸交联物会被溶解。这种碱性环境不仅利于昆虫对食物的消化吸收，还能充当抵抗大部分病原物的化学屏障。然而杆状病毒却能适应这种碱性环境，并利用碱性环境完成对宿主昆虫的侵染。首先，利用碱性环境释放病毒粒子。OB在自然环境中很稳定，但在碱性环境下溶解释放出病毒粒子。其次，碱性环境可能更有利于ODV入侵宿主细胞。早期的电镜观察显示，ODV囊膜和柱状细胞微绒毛囊膜直接融合，将核衣壳释放进入细胞。在柱状细胞刷状缘囊泡（brush border membrane vesicle，BBMV）作为感染模型的研究中发现，ODV在碱性pH下膜融合效率更高（Horton and Burand，1993）。

二、杆状病毒口服感染因子及口服感染因子复合物

杆状病毒的口服感染依赖于ODV囊膜上一系列的PIF，目前发现有10种，分别是PIF0（Ac138）、PIF1（Ac119）、PIF2（Ac22）、PIF3（Ac115）、PIF4（Ac96）、PIF5（Ac148）、PIF6（Ac68）、PIF7（Ac110）、PIF8（Ac83）、PIF9（Ac108）（Rohrmann，2019），这些PIF分子质量大小为7～96kDa。阻断PIF的表达不影响BV的系统感染和OB的成熟，但ODV对虫体的口服感染能力却完全丧失。*pif*基因在杆状病毒中高度保守，与目前已知的病毒入侵蛋白或膜融合蛋白没有序列上的同源性。

研究发现这些PIF（除了PIF5）形成一个约500kDa的蛋白复合物，即PIF复合物。PIF复合物由9种PIF蛋白组成（图3-5A）（Wang et al.，2019）。在中肠碱性和富含蛋白酶的环境中，完整的PIF复合物具有一定的蛋白酶耐受性，推测其在保护口服感染因子免受中肠蛋白酶降解方面发挥了功能。

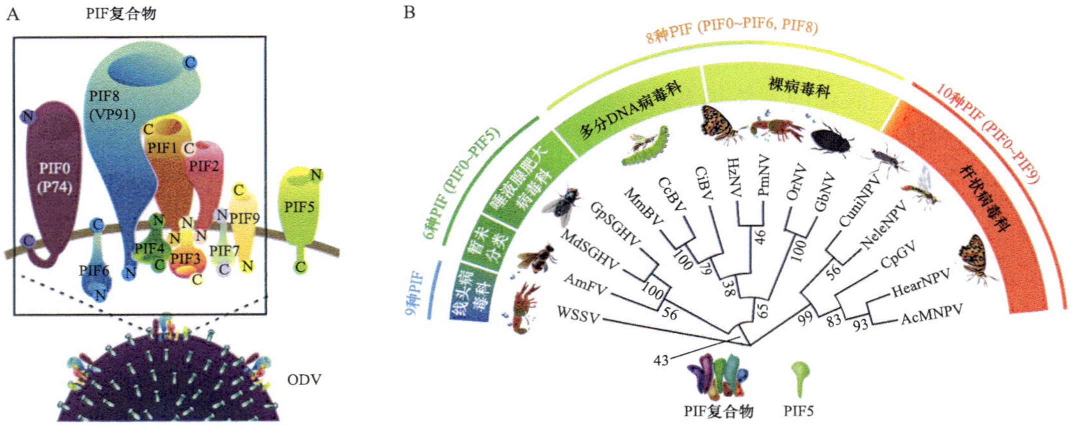

图3-5 杆状病毒PIF复合物（A）和PIF的进化分布（B）

尽管有研究显示PIF0、PIF1和PIF2在口服感染中参与特异性的吸附，但这些结论是运用缺失PIF的病毒在中肠体内实验得到的，由于这3个PIF都是PIF复合物的核心组分，一旦缺失复合物则不能形成，而只有完整PIF复合物才能耐受OB内碱性蛋白酶的降解，所以早前研究结论应该修正为PIF复合物参与了特异性的吸附。目前不知道ODV的膜融合是由哪个或哪几个PIF介导的。

PIF5是目前唯一不参与复合物的PIF，在感染细胞和ODV上其丰度明显高于其他PIF。其缺失突变体仍保留了较低的口服感染能力（缺失*pif5*重组病毒ODV的半致死剂量比野生型的高200倍）。目前口服感染因子中，仅有PIF5的结构已经被解析。结构和功能研究发现，PIF5分子内部具有紧密的相互作用，使之能抵抗中肠碱性环境下的蛋白酶酶解。然而PIF5在口服感染过程中的具体功能仍有待发掘。推测在口服感染过程中，PIF5和PIF复合物功能彼此独立，但在共同协调作用下病毒才能有效完成入侵。

三、PIF同源物的进化分布

PIF同源物不仅存在于杆状病毒中，在其他无脊椎动物大dsDNA病毒中也存在。这些病毒包括感染甲壳动物的白斑综合征病毒（white spot syndrome virus，WSSV），感染采采蝇和家蝇等的唾液腺肥大病毒（salivary gland hypertrophy virus），感染鞘翅目、膜翅目和鳞翅目昆虫及甲壳动物的裸病毒（nudivirus），感染寄生蜂的多分DNA病毒（polydnavirus），以及感染蜜蜂的蜜蜂丝状病毒（Apis mellifera filamentous virus，AmFV）（Wang et al.，2017）。这些大DNA病毒具有3亿多年的进化历史，分属不同的病毒科。PIF同源物的分布如图3-5B所示，PIF0～PIF5是所有病毒共有的，PIF6～PIF9目前仅在部分病毒中发现。最近研究发现与在杆状病毒进化关系较远的WSSV中也存在一个由至少8个PIF组成的PIF复合物及单独存在的PIF5，并且PIF复合物在WSSV的入侵中发挥作用（Wang et al.，2022），暗示着复杂的PIF复合物在多种感染节肢动物的大DNA病毒的共同祖先中就已经存在，提示PIF介导的口服感染是一个古老而经典的病毒入侵机制。

口服感染因子在多种无脊椎动物大DNA病毒中保守存在，其中包括对虾、蜜蜂、家蚕等有益动物的重要病原。以WSSV为例，该病毒是对虾白斑综合征的病原，患病对虾表现出厌食、白斑等症状，死亡率高达95%以上，给全球对虾养殖业造成了严重的经济损失，然而目前尚缺乏有效的防治手段。PIF是WSSV口服感染的关键因子，将来以PIF为靶标开发病毒干预策略，具有重要的潜在经济价值。此外，口服感染因子作用机制的深入揭示，有望为筛选和改良杆状病毒杀虫剂奠定重要基础。杆状病毒在疫苗生产、基因治疗中有广泛的应用前景，在基因组中去掉编码PIF的基因，将不影响杆状病毒在细胞水平的产量，同时将提供更大容载量的表达载体，具有重要的应用潜力。

第三节　杆状病毒的入侵及出芽

杆状病毒经口服感染在中肠上皮细胞中复制组装后形成芽生型病毒粒子（BV），随后进行次级感染，即BV定向转运至基底膜经气管系统和血淋巴快速扩散至其他组织，起始虫体系统性感染。

一、BV与细胞的结合

病毒入侵过程中首先要与宿主细胞表面的附着因子或受体结合。BV囊膜来源于宿主细胞膜，含有少量的病毒蛋白。以AcMNPV为例，其BV囊膜中含有14个病毒编码的蛋白质，包括Ac75、Ac76、Ac78、Ac93、BV/ODV-E26、Ac23/F-like、GP64、GP37、ODV-E18、ODV-E25、P33、P48、PIF4和泛素。其中，主要囊膜蛋白为GP64（存在于AcMNPV等杆状病毒中）或F（存在于其他一些杆状病毒中）。GP64编码基因存在于所有α Ⅰ杆状病毒的基因组中，但在一种β杆状病毒，即小蔗螟颗粒体病毒（Diatraea saccharalis granulovirus）的基因组中也有其同源基因。而功能性F蛋白的编码基因则存在于α Ⅱ杆状病毒及大多数β杆状病毒与δ杆状病毒的基因组中。目前，尚未在γ杆状病毒中发现GP64或F的同源蛋白。尽管α Ⅰ杆状病毒也存在F的同源蛋白（Ac23/F-like），但该类蛋白由于缺乏弗林蛋白酶（furin）酶切位点而不具有膜融合活性。在AcMNPV中，敲除*ac23*对感染性BV的形成没有显著影响，仅发现含有单个核衣壳的ODV数量显著增加。

目前，人们对杆状病毒BV入侵细胞的分子机制了解甚少，其有限的认识主要来源于对病毒囊膜蛋白GP64或F的功能研究。以AcMNPV为例，GP64介导BV与宿主或非宿主细胞结合，如鳞翅目或非鳞翅目昆虫细胞或哺乳动物细胞，但其可能的受体分子尚不清楚。早先的研究认为，GP64可能结合细胞表面的酸性磷脂或某一种/某一类蛋白质。近期的研究发现，BV能够结合缺乏蛋白质成分的人工脂质体（liposome），并且增加脂质体中的酸性磷脂成分可显著促进BV与脂质体的结合。此外，磷脂酶处理降低哺乳动物细胞中的磷脂合成显著降低BV与该类细胞的结合，暗示脂质膜中的磷脂成分可能在BV与靶细胞的结合过程中发挥关键作用。此外，昆虫细胞表面的硫酸乙酰肝素（heparan sulfate，HS）和硫酸软骨素（chondroitin sulfate，CS）等糖胺聚糖（glycosaminoglycan，GAG）修饰对杆状病毒入侵具有重要作用。与AcMNPV一样，家蚕核多角体病毒（Bombyx mori nucleopolyhedrovirus，BmNPV）也是利用GP64介导BV与宿主细胞结合，去除家蚕细胞BmN表面的HS和CS，可显著降低BmNPV与处理细胞的结合。

研究表明，GP64为Ⅰ型膜蛋白，其C端的胞内区非常短（仅有7～8个氨基酸）。AcMNPV GP64与宿主细胞膜的结合功能域可能位于其N端的160个氨基酸区域内，其中该区域内的两个融合肽（fusion peptide或fusion loop：78～89位氨基酸与149～156位氨基酸）在GP64与人工脂质体的结合中具有重要作用。突变融合肽区域内的疏水性氨基酸或保守的组氨酸残基显著影响GP64与脂质膜的互作及GP64诱导融合孔（fusion pore）的形成。类似的现象存在于弹状病毒科的水疱性口炎病毒（vesicular stomatitis virus，VSV）糖蛋白G介导病毒与宿主细胞膜结合的过程中，推测该类病毒膜融合蛋白，如GP64、VSV糖蛋白G的融合肽与靶细胞的互作在病毒与宿主细胞的结合过程中发挥一定的作用。

二、病毒内吞及转运

杆状病毒BV与宿主细胞结合后经由网格蛋白（clathrin）介导的内吞途径（clathrin-mediated endocytosis，CME）进入细胞。在经典的CME途径中，细胞膜内陷形成的小泡被网格蛋白包裹并由发动蛋白（dynamin）（一种GTP酶）解离形成囊泡。该类囊泡被转运至早期内吞体（early endosome，EE）进行转运物质分选。随后，一些物质经多囊泡体（multivesicular body，MVB）和晚期内吞体（late endosome，LE）等内吞体成熟途径进一步被转运至溶酶体降解，而另外一些分选的物质则在早期内吞体通过Rab4或Rab11介导的循环内吞途径被转运至细胞膜。在成熟过程中，内吞体的环境逐渐酸化，其pH通常由EE的pH 6.0左右降低到LE的pH 5.5。早期的研究发现，采用抑制剂干扰内吞体的pH条件可影响AcMNPV BV入侵宿主细胞。考虑到在离体培养系统中，GP64或F诱导膜融合的低pH条件一般为pH 5.5～5.7，推测BV囊膜与内吞体膜融合释放核衣壳进入细胞质的事件可能发生在晚期内吞体。近期的量子点标记结合透射电镜观察提示BV在宿主细胞内吞途径中的转运可能涉及早期内吞体、多囊泡体及Rab11依赖的循环内吞体。

在内吞途径转运过程中，内吞体的低pH可激发BV膜融合蛋白GP64或F的构象发生改变，促使其融合肽伸展与内吞体膜互作，并可能介导内吞体膜与BV囊膜融合，释放核衣壳进入细胞质。研究表明，在杆状病毒入侵过程中，GP64和F均具有受体结合和膜融合功能，但二者的三级结构和构象变化机制存在较大差异。其中，F蛋白的三级结构与Ⅰ型病毒膜融合蛋白类似，而GP64的三级结构（融合后结构）被划归为Ⅲ型病毒膜融合蛋白家族。

大量的功能性替换研究结果表明，虽然GP64和F在结构和形态上存在明显差异，但不同种杆状病毒的F和AcMNPV GP64一般可进行功能性替换，推测F为杆状病毒较古老的膜融合蛋白形式，而GP64则可能为αⅠ杆状病毒在杆状病毒进化晚期，即α杆状病毒分化之后，从哺乳动物病毒获得的膜融合蛋白。

研究发现，AcMNPV GP64以三聚体形式存在，单体分子间以二硫键（Cys_{24}-Cys_{372}）连接。在诱导膜融合的过程中AcMNPV GP64形成约由10个单体聚合而成的大分子复合物，并且其诱导形成的融合孔呈稳定开放状态。此外，低pH诱导的GP64构象变化可能具有可逆性，而组氨酸的质子化可能在维持GP64构象稳定及调控低pH诱导的构象变化过程中具有重要作用。目前，由于缺乏GP64在中性pH条件下的三级结构（融合前结构），关于低pH激发GP64构象转变的分子机制尚不明确。

通常情况下，病毒借助宿主细胞的微管系统将其核衣壳转运至细胞核复制。与大多数病毒不同，杆状病毒入侵过程中在细胞内的转运并不依赖于微管。研究表明，AcMNPV ORF9编码的P78/83蛋白含有WASP（Wiskott-Aldrich syndrome protein）结构域。P78/83似乎定位于病毒核衣壳的基底端（basal end），但最新的冷冻电镜分析并未在AcMNPV核衣壳上鉴定到该蛋白。当核衣壳释放进入细胞质后，P78/83激活Arp2/3复合体，后者促进肌动蛋白在核衣壳底端聚合，进而推动核衣壳转运。

在正常的生理代谢过程中，细胞核利用位于核膜的核孔复合体（nuclear pore complex，NPC）与细胞质进行物质和信息交流。NPC是由30多种不同的核孔蛋白（nucleoporin，Nup）组成的环状结构，直径约125nm、长度约70nm，其中间孔道直径约为50nm。通常情况下，NPC允许直径小于9nm的离子和小分子及分子质量小于40kDa的蛋白质通过。同时，NPC也可以选择性允许直径小于39nm的较大物质通过。该选择性通常由核输入蛋白（importin）或核转运蛋白（karyopherin）识别靶蛋白分子上的核定位信号（nuclear localization signal，NLS）或核输出信号（nuclear export signal，NES）控制。杆状病毒BV核衣壳直径为30～60nm，长度为250～300nm。1971年Summers在透射电镜下观察发现，粉纹夜蛾颗粒体病毒的核衣壳停驻在粉纹夜蛾中肠上皮细胞NPC的细胞质一侧，衣壳里面不含有基因组DNA，推测病毒DNA已释放进入细胞核。随后的研究发现，多种杆状病毒的核衣壳在入侵过程中可通过NPC进入细胞核释放基因组DNA进行复制。近期的电子断层扫描成像技术发现，在AcMNPV侵染的非洲爪蟾卵母细胞中，核衣壳首先停留并结合NPC细胞质侧面的纤丝，随即NPC环状结构重排并延伸长度，而后完整的核衣壳通过NPC进入细胞核。综合已有的研究，杆状病毒在进化过程中形成了两种不同的入核策略：①核衣壳停驻在NPC细胞质一侧将基因组DNA通过NPC释放进入细胞核；②核衣壳穿过NPC进入细胞核后释放基因组DNA。对不同的杆状病毒而言，这两种策略可能具有特异性，即β杆状病毒采用第一种策略入核，而α杆状病毒普遍采用第二种策略入核（Au and Pante，2012）。目前，对于杆状病毒入核机制的认识大多数来源于透射电镜观察描述，关于这类“巨大”的分子结构如何通过宿主细胞NPC，特别是病毒如何诱导NPC结构重排的分子互作机制尚缺乏深入认识。

三、病毒出芽

杆状病毒在细胞核内的病毒发生基质（VS）中完成其基因组DNA复制和核衣壳组装。子代病毒核衣壳被转运至邻近核膜的环带区（RZ）。研究发现，在病毒复制的早期阶段，Ac101（C42）、Ac102（P12）、Ac152等病毒蛋白协助病毒编码的类WASP蛋白P78/83和G肌动蛋白（G-actin）进入细胞核。随后，这些蛋白协同Ac34激活Arp2/3复合体，后者促进肌动蛋白聚合形成F肌动蛋白并结合到核衣壳的一端，推动核衣壳转运至环带区（图3-6）。

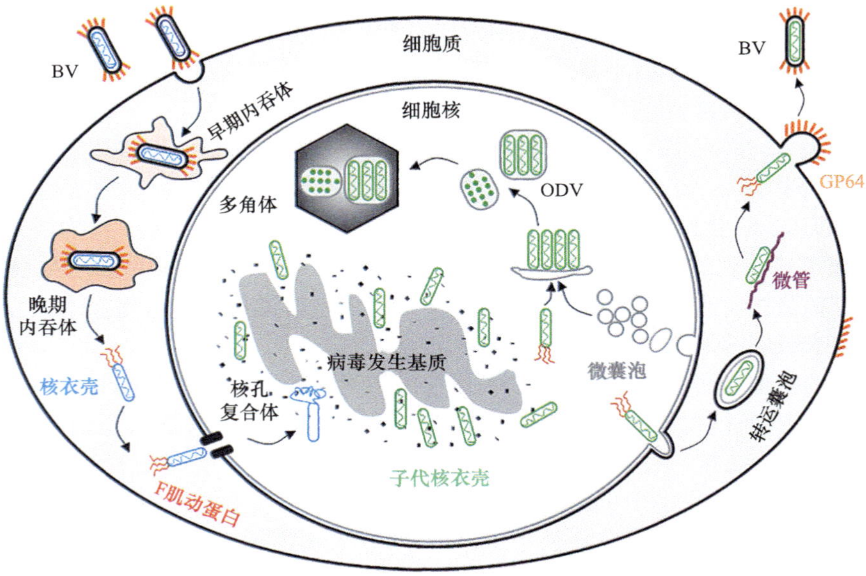

图3-6　杆状病毒入侵与出芽

目前，核衣壳出细胞的机制，即核衣壳穿越核膜释放进入细胞质及从细胞膜出芽形成BV的分子机制尚不清楚。研究表明，在核衣壳开始由细胞核转运之前，囊膜蛋白GP64或F在内质网和高尔基体中折叠修饰，并率先被转运至细胞膜的特定区域，如脂筏（lipid raft）。随后，核膜包裹着核衣壳向外出芽释放形成转运囊泡（transport vesicle）。进入细胞质后，在未知的作用机制下，包裹核衣壳的囊泡丢失，该过程可能涉及昆虫细胞中介导囊泡融合的可溶性*N*-乙基马来酰亚胺敏感因子结合蛋白受体（SNARE）或AAA-ATP酶TER94。研究发现，在细胞质中失去核膜包被的裸露核衣壳可能在F肌动蛋白的推动下沿着微管进一步被转运至细胞膜特定区域包裹上GP64或F，最终出芽释放形成成熟的BV。

子代核衣壳出核形成BV的事件发生于病毒感染的早期。在病毒感染较晚时期，另一部分子代核衣壳滞留在细胞核内被内核膜或核膜内陷形成的核内微囊泡包裹形成ODV，最后被多角体蛋白晶体包裹形成多角体。

第四节　杆状病毒的基因组复制及基因转录

一、杆状病毒基因组的复制

DNA的复制是通过顺式作用元件和反式作用因子之间的配合来实现的。因此，鉴定复制起点（origin of replication，*ori*）序列及参与DNA复制的病毒编码蛋白和宿主蛋白，并阐明它们的作用，是了解杆状病毒基因组的复制机制的关键。

（一）复制起点

病毒DNA复制起点

复制起点是指基因组中一段对DNA复制起始具有功能的序列。

在AcMNPV中，发现了两类复制起点。一类是同源重复序列（*hr*），另一类是非同源重复序列的复制起点（non-*hr*）。non-*hr*序列在AcMNPV基因组中仅有一个拷贝，但也包含直接或倒置重复、回文序列，富含AT。此外，AcMNPV的早期启动子序列也被鉴定为具有复制起点活性。目前还不清楚这些序列中的哪一个是体内复制起始的优选位点。当然，DNA复制也可能在任何解开的序列上启动，从而为复制复合体提供一个入口。杆状病毒反式激活蛋白IE-1是一个极早期转录基因的产物，可与*hr*结合，可能参与促进DNA复制相关蛋白进入这些位点。同样，RNA聚合酶Ⅱ会导致早期启动子序列的解链。non-*hr*可能提供参与DNA解链的特异性较低的序列（Rohrmann，2019）。

（二）参与DNA复制的蛋白质

一般而言，对于大多数在细胞核中复制的病毒，它们既使用宿主编码的蛋白质，也使用自己编码的蛋白质来完成病毒DNA复制。DNA复制是一个有序的过程，其可能的顺序是：①复制启动蛋白与复制起点相互作用；②复制起点序列解开；③解旋酶（helicase）进入，破坏双螺旋中碱基之间的氢键，并定向解开DNA，形成复制叉；④单链DNA结合蛋白（single-stranded DNA binding protein，SSB）结合DNA以保持单链结构；⑤DNA聚合酶（DNA polymerase）和引发酶（primase）进入复制叉；⑥引发酶合成RNA引物并引发DNA聚合酶介导的DNA链合成。

通过对温度敏感突变体的表型观察和瞬时复制检测等的研究，人们鉴定了参与杆状病毒DNA合成的基因。有6个基因被鉴定为对瞬时DNA复制至关重要，它们分别编码DNA聚合酶、解旋酶、LEF-1（引发酶）、LEF-2（引发酶辅助因子）、LEF-3（单链DNA结合蛋白）、IE-1（反式激活蛋白）。此外，还有一些基因的编码蛋白对病毒DNA复制具增效作用，如DBP（另一种SSB）、ME53（与VS形成有关）、LEF-7（DNA损伤修复）、PCNA（细胞周期调控）、LEF-11（未知功能）。

虽然AcMNPV有大多数DNA复制的基因，但是基于DNA复制的一般模型，还有两个重要基因不存在于病毒基因组中，即拓扑异构酶（topoisomerase）基因和DNA连接酶（DNA ligase）基因。随着解旋酶向前推进，DNA链的解开将导致DNA链中的扭曲或拓扑异构体的数量增加，阻碍解旋酶的前行。拓扑异构酶可切开并重新连接DNA链，缓解DNA螺旋。DNA连接酶是半保留复制时所产生的冈崎片段相互连接所必需的。有研究表明，病毒可能使用宿主编码的这两种酶（Rohrmann，2019）。

（三）复制方式

杆状病毒基因组以何种复制方式完成其基因组扩增仍不清楚。有证据表明，杆状病毒复制产生的DNA大于单位长度的基因组，而这样的DNA可以通过滚环复制或重组依赖性复制两种方式产生。

1. 滚环复制 之所以有人认为杆状病毒基因组机制为滚环复制，是因为在瞬时复制检测中，含有复制起点质粒的新复制产物呈现出该质粒单位长度倍数的DNA片段，这表明进行了滚环复制。目前尚不清楚质粒在多大程度上反映了病毒基因组复制，因为它的容量比杆状病毒基因组要小很多，复杂性也较低。然而，有证据表明，AcMNPV可能以这种方式复制其基因组（Oppenheimer and Volkman，1997）。

2. 重组依赖性复制 当含有复制起点质粒与AcMNPV DNA共转染时，发现质粒DNA被复制成为高分子量连接体，其中一些连接体在病毒基因组的各种位置整合，这表明滚环复制和重组依赖性复制都可能参与了杆状病毒DNA复制。

重组依赖性复制是许多病毒复制其DNA的一种复杂但常见的模式。所有杆状病毒都编码一种名为碱性核酸酶（AN）的蛋白质，它是λ噬菌体重组系统中λ-REDα外切酶的同源物。AN与单链DNA结合蛋白LEF-3形成稳定的复合物，并具有5′→3′核酸外切酶和核酸内切酶活性。LEF-3已被证明在体外促进链交换，提示AN-LEF-3复合物可能参与了杆状病毒基因组的重组（Rohrmann，2019）。

二、杆状病毒基因的级联表达

病毒感染细胞后，一般采取两种方式使转录集中于病毒基因：①选择性地抑制宿主细胞转录或消除宿主mRNA；②病毒编码的转录激活因子与其自身的增强子序列相互作用，使与增强子结合的转录因子和病毒基因启动子区域紧密接近，在某些情况下可将病毒基因的表达水平提高数千倍。

许多DNA病毒的基因转录呈现出一种时序性的级联表达模式。在此模式下，首先合成的病毒蛋白往往包含个别重要的转录因子，可激活一组病毒基因的转录；而该组被激活基因产物也包含一些转录因子去完成下一组病毒基因的转录激活。以此类推，直到级联转录完成。这种转录模式使病毒复制成为一个受到精细调控的过程，每个组别的基因执行病毒复制相应阶段所需的功能。

杆状病毒感染也选择性地下调了宿主基因的转录水平，但其确切的机制尚不清楚。在AcMNPV感染粉纹夜蛾细胞后，大多数宿主转录物在感染后6～48h减少至感染细胞总转录物含量的10%左右。但是，大约有6%的宿主基因转录物丰度在感染后0～6h上调（虽然它们的转录在之后逐渐降低）。这些宿主基因编码的蛋白质应该是病毒完成其复制所需要的，包括宿主RNA聚合酶Ⅱ、促分裂原活化的蛋白激酶（mitogen-activated protein kinase，MAPK）等（Rohrmann，2019）。

与其他大型DNA病毒相似，杆状病毒基因转录行级联表达模式。以病毒DNA复制起始为分界点，可分为早期基因（early gene）和晚期基因（late gene）。早期基因的表达先于DNA复制，因此不受DNA合成抑制剂的影响。早期基因的转录由宿主RNA聚合酶Ⅱ完成，而晚期基因的转录由具α鹅膏蕈碱（一种可抑制RNA聚合酶Ⅱ的毒素，分离自毒蘑菇鬼笔鹅膏）抗性的病毒编码的RNA聚合酶完成。

杆状病毒基因在感染周期的早期还是晚期表达，一般可以通过基因的启动子序列来预测。大多数早期基因包含一个保守的CAGT基序，该基序与昆虫细胞的基因转录调控序列一致，可被宿主RNA聚合酶Ⅱ识别。CAGT基序包含转录起始位点，其上游约30bp处常具有一个TATA盒，TATA盒是决定转录起始位点的主要元件。晚期基因的启动子存在一个独立进化而来的、非常典型的（A/T/G）TAAG基序，转录起始位点是TAAG基序的第一个A。

（一）早期基因的转录

早期基因可进一步分为极早期基因（immediate early gene）和滞早期基因（delayed-early gene）。在病毒感染后30min即可检测到极早期基因的转录。其转录不依赖其他病毒基因产物，但依赖宿主细胞转录因子。AcMNPV的极早期基因包括*ie0*、*ie1*、*ie2*、*me53*和*pe38*，它们的编码产物都具有反式激活蛋白功能。滞早期基因的转录需要一种或多种极早期基因产物激活，发生在病毒感染后5～7h。早期基因还主要编码与病毒DNA复制及晚期基因转录相关的蛋白质。*hr*在病毒感染早期，可行使增强子角色。研究表明，*hr*与IE-1结合可以将IE-1反式激活的水平提高1000倍。

（二）晚期基因的转录

晚期基因主要编码BV和ODV的结构蛋白。杆状病毒晚期基因的转录依赖于其自身编码的RNA聚合酶。该聚合酶包含4个亚基，即LEF-8、LEF-9、LEF-4和P47。LEF-8和LEF-9分别与细菌和真核生物的RNA聚合酶的两个最大亚基，即β亚基和β′亚基，具有显著的相似性。LEF-4是mRNA加帽酶。P47比较独特，尚未发现与其他物种的RNA聚合酶亚基有关。

很多病毒依赖于宿主蛋白实现复制和转录。然而，病毒感染细胞常下调其聚合酶表达。为了减轻低水平宿主RNA聚合酶可能引起的影响，某些病毒可编码自己的RNA聚合酶。细菌病毒，如T7，在感染早期利用宿主的RNA聚合酶，而在感染后期使用自己的RNA聚合酶。某些真核DNA病毒，如痘病毒，也编码自身RNA聚合酶，但它们是在细胞质中复制的。由于与细胞核分离，这些病毒无法随时利用细胞蛋白协助其高效转录。而杆状病毒是唯一使用这种细胞RNA聚合酶和病毒RNA聚合酶组合，并在细胞核中复制的DNA病毒。杆状病毒编码自身RNA聚合酶的进化历史尚不清楚。

（三）极晚期基因的转录

当感染进入极晚期时，多角体蛋白基因/颗粒体蛋白基因和*p10*基因高效表达，两者因而被归为极晚期基因（very late gene）。多角体蛋白/颗粒体蛋白构成OB基质；而P10形成纤维状结构，可能参与OB包膜的组装和感染细胞核的裂解。这两个基因的启动子序列下游含有一段富含AT的序列，被称为“burst sequence”。该序列与一个约30kDa的蛋白质相互作用，引起其控制基因在极晚期超量转录。此30kDa蛋白质由病毒编码，命名为极晚期因子1（very late factor 1，VLF-1）。利用这种极晚期基因的超表达，人们建立了杆状病毒昆虫细胞表达系统来大量表达外源蛋白（见本书第十章）。

第五节 杆状病毒的装配

一、核衣壳的装配

衣壳的预组装模式是一些大的dsDNA病毒的共同特征。将DNA包装到预先形成的衣壳中是一个耗能过程，并且需要ATP驱动的包装分子马达来实施。

杆状病毒基因组装配进入衣壳的分子机制至今仍未清楚。杆状病毒的基因组在细胞核内VS的高电子致密区中复制。根据电子显微镜观察，新合成的基因组DNA会在VS的边缘被压缩包装至预先组装好的衣壳前体中，进而形成成熟的核衣壳。目前发现有12个病毒基因是核衣壳装配所必需的，包括*vp1054*、*vlf-1*、*38k*、*vp39*、*bv/odv-c42*、*bv/odv-ec27*、*p6.9*、*ac53*、*ac83*、*pk1*、*ac142*和*ac109*。分别敲除这些基因后，虽然病毒基因组的复制不受影响，但在细胞核内可见大量的空衣壳结构，表明将病毒基因组DNA包装进空前体衣壳的步骤不能完成。

识别病毒基因组DNA而不是宿主DNA是核衣壳装配的前提。病毒一般先对基因组中一段特定核苷酸序列（即装配元件）进行识别，之后再启动包装。特定的序列将确保只有病毒DNA才能被包装。目前对杆状病毒基因组中潜在的装配元件少有报道。最近有研究发现，在α杆状病毒的基因组中，一段富含AT、长约200bp的保守序列是杆状病毒基因组的核衣壳装配必需元件（nucleocapsid assembly-essential element，NAE）。NAE是首个在大型环状DNA病毒中发现的参与病毒基因组装配的顺式作用元件（Huang et al.，2017b）。

二、杆状病毒ODV的囊膜化装配

在细胞核的VS中装配好的核衣壳随后在宿主F肌动蛋白和一系列病毒蛋白的作用下被转运到VS和核膜之间的环带区（RZ）。核内病毒粒子的装配和多角体的形成在此区域进行。子代核衣壳有两种去向：在病毒感染的早期，不超过16%的核衣壳从细胞核转运到细胞质，随后在细胞膜出芽获得囊膜形成BV；余下的核衣壳滞留在细胞核内，在感染的晚期，由细胞核内的膜结构包裹形成ODV。

ODV的核衣壳组成和BV基本相同，但其囊膜的组成与BV不同。与BV相比，ODV的囊膜更为致密，含有的饱和脂肪酸更多。此外，BV囊膜的主要蛋白质为膜融合蛋白GP64或F；而ODV囊膜则含有一系列的口服感染因子。两种病毒粒子囊膜蛋白组成的差异导致它们的组织特异性不同及在杆状病毒感染周期中行使的功能不同：BV通过GP64或F识别感染除中肠以外的其他组织，如气管、血淋巴、脂肪体和肌肉的细胞，以及离体培养的细胞，负责病毒在虫体内不同组织间的传播和离体培养时细胞间的传播；而ODV经宿主昆虫口服进入中肠，在口服感染因子复合物的介导下通过膜融合入侵中肠上皮细胞，负责病毒在昆虫与昆虫之间的传播（Blissard and Theilmann，2018）。

ODV与BV获得囊膜的途径也不同。与大多数囊膜病毒相类似，BV的囊膜源于细胞膜；而ODV的囊膜则源于核内微囊泡。关于核内微囊泡的来源最初存在两种假说，其一认为核内微囊泡是由杆状病毒诱导细胞新合成的；其二认为核内微囊泡来源于宿主细胞核膜，即由病毒蛋白修饰过的核膜向核基质方向内陷、出芽而成。目前越来越多的证据支持第二种假说，并推测杆状病毒可能通过调节宿主细胞核内钙离子浓度来促进核膜出芽形成核内微囊泡（Braunagel and Summers，2007）。

ODV在细胞核内的装配包括一系列复杂的步骤。首先，ODV囊膜的整合膜蛋白在内质网合成后需要被转运到内核膜。ODV囊膜的整合膜蛋白通常具有内核膜分选基序（inner nuclear membrane-sorting motif，INM-SM），它们在宿主的核输入蛋白Importin-α及病毒蛋白的作用下从内质网沿着外核膜转运到内核膜（Braunagel and Summers，2007）。随后，这些被病毒蛋白修饰的核膜向核质方向内陷、出芽形成核内微囊泡。核膜出芽形成核内微囊泡的机制尚未揭示，目前已知有多个病毒蛋白参与其中，包括Ac75、Ac76、Ac93、P48和Ac106，缺失这些蛋白质的编码基因导致病毒在感染的细胞中不能形成核内微囊泡，最终导致ODV无法形成。其中的Ac76是整合膜蛋白，而Ac75通过与Ac76的互作定位于核膜，从而发挥功能（Shi et al.，2018；Wei et al.，2014）。最后，由这些核内微囊泡包裹滞留在核内的核衣壳形成ODV。从电镜观察结果可推测ODV获得囊膜的过程大体如下：成束的核衣壳通过其顶端吸附到核内微囊泡上；吸附了多束核衣壳的囊泡变形、破裂，形成单位膜；断裂后的单位膜翻转并包裹吸附在其上的核衣壳；初步形成的ODV通过膜内陷把互不平行的核衣壳束分割开，最终形成不同的ODV（Shi et al.，2015）。

三、杆状病毒包含体的形成

核多角体的形成过程

在宿主细胞核中装配好的ODV被蛋白质晶格包埋形成包含体（occlusion body，OB）（图3-7）。α杆状病毒属、γ杆状病毒属和δ杆状病毒属的病毒由多角体蛋白包埋ODV形成核多角体，称为核多角体病毒；而β杆状病毒属病毒由颗粒体蛋白包埋ODV形成颗粒体（granule），称为颗粒体病毒。编码多角体蛋白和颗粒体蛋白的基因为同源基因，该基因非常保守，在除δ杆状病毒属的黑须库蚊核多角体病毒（Culex nigripalpus NPV，CuniNPV）外的杆状病毒中均存在。感染后期，在病毒编码的几丁质酶和组织蛋白酶的协同作用下，幼虫虫体液化并释放出包含体。包含体在自然环境中非常稳定，能使包埋在其中的病毒粒子免受热和紫外线的伤害，从而对病毒粒子起到保护作用，有利于病毒在自然界中的传播。

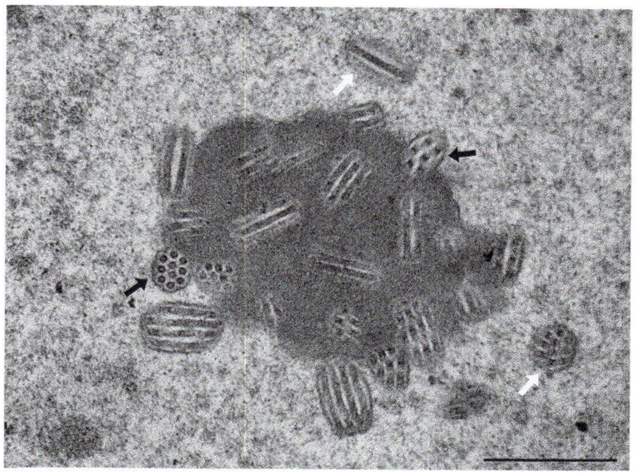

图3-7 透射电镜观察正在形成中的核多角体

白色箭头所指为游离的ODV，黑色箭头所指为正在包埋进多角体的ODV；比例尺为500nm

多角体和颗粒体的超微结构大体相似，由多角体或颗粒体蛋白呈立方体排列，形成天然的晶体结构。多角体表面覆盖有一层电子致密的、光滑且无缝的结构，称为多角体膜（polyhedron envelope，PE）。多角体膜由PE蛋白和糖类所组成，可提高多角体的稳定性。杆状病毒的极晚期蛋白P10是多角体膜正确组装所必需的，从病毒中缺失PE或P10蛋白的编码基因都将导致产生的多角体表面粗糙，且出现因病毒粒子丢失而产生的孔洞

（Rohrmann，2019）。多角体晶格的形成不依赖ODV的装配，在一些无法形成ODV的重组病毒中，能观察到不含病毒粒子的空多角体（Rohrmann，2019）。

本章小结

杆状病毒专性感染鳞翅目、膜翅目和双翅目昆虫，是很多昆虫自然种群密度的主要调节剂。其基因组为一条80～180kb的dsDNA，在细胞核中复制合成，并通过ATP驱动的包装分子马达压缩入预先形成杆状衣壳。病毒粒子具囊膜，在一个感染周期可产生两种不同类型的子代病毒粒子，即包埋型病毒粒子和芽生型病毒粒子。在病毒感染早期，核衣壳从细胞核转运到细胞质，在细胞膜出芽获得囊膜形成芽生型病毒粒子；在感染晚期，核衣壳由细胞核内的膜结构包裹形成包埋型病毒粒子。包埋型病毒粒子负责初级感染，在碱性环境下，由其囊膜上的口服感染因子（PIF）介导与昆虫中肠细胞的膜融合；芽生型病毒粒子负责次级感染，由其囊膜上的膜融合蛋白介导与宿主细胞的结合和内吞。

复习思考题

1. 试描述杆状病毒的结构，并说明各结构的功能。
2. 简述杆状病毒的生活史。
3. 什么是杆状病毒的口服感染因子？
4. 简述杆状病毒次级感染过程。
5. 简述杆状病毒的基因调控机制。

第四章
昆虫抗病毒免疫系统

本章要点

○ **RNAi抗病毒反应：** RNAi是昆虫中主要的抗病毒天然免疫机制。Dicer蛋白识别病毒复制或转录产生的dsRNA，将其剪切为大小约为21个核苷酸的siRNA，随后siRNA被AGO2蛋白识别并加载，组装为RNA诱导沉默复合物，最终siRNA以碱基互补配对的方式介导沉默复合物靶向降解病毒基因组，达到清除病毒的目的。RNAi既可以在局部细胞产生抗病毒作用，也可以在昆虫中产生系统性免疫。

○ **黑化反应：** 黑化反应是昆虫中重要的体液免疫防御机制，由一系列丝氨酸蛋白酶级联反应组成，最终产生激活形式的酚氧化酶，催化酚类物质转化形成黑色素。黑化反应可以有效诱导细胞免疫反应，如吞噬作用、结节形成和黑色素包囊形成，起到隔离杀死病原体的作用。同时，黑色素形成过程中产生的毒性中间产物可以有效灭活病原体。

○ **抗菌肽：** 抗菌肽是昆虫受到外界胁迫时产生的免疫效应分子，具有抗菌、抗病毒、抗真菌、抗寄生虫等多种生物活性。昆虫免疫系统通过模式识别受体来感知病原微生物的病原相关分子模式，如细菌脂多糖、肽聚糖、磷壁酸及真菌β-1,3-葡聚糖等，进而启动一系列信号转导途径如Toll和免疫缺陷（IMD）信号通路等来传递免疫信号，诱导抗菌肽基因的表达。抗菌肽通常具有很强的细胞膜渗透能力，能够破坏病原微生物细胞膜和细胞壁，导致细胞破裂死亡。

昆虫是地球上种类最多的动物类群之一，生活在各种各样的环境中，其抵御病毒入侵和感染的免疫系统，对昆虫的生存起到关键作用。然而，与高等动物相比，昆虫的免疫系统有其独特的特点和机制。昆虫无T淋巴细胞和B淋巴细胞，无免疫球蛋白及完整的补体系统，缺乏特异的抗原抗体反应，其主要依赖于天然免疫系统来防御病毒感染。这种独特的免疫特点，使得昆虫免疫系统一直是研究的热点。

第一节　昆虫抗病毒免疫系统概述

一、昆虫免疫系统介绍

与脊椎动物不同，昆虫主要依赖于其高度发达的天然免疫系统来防御病原体的入侵。这种先天的免疫系统是机体在长期演化过程中逐渐形成的自然防御机制，对多种病原的侵染都有效，且没有明显的选择性，还可以稳定地遗传（Buchon et al.，2014）。

昆虫的免疫系统主要包括屏障结构、细胞免疫和体液免疫。屏障结构包括外骨骼、骨质气管和肠道围食膜等，它们构成了阻止病原物入侵的第一道防线。当病原物突破这道防线后，昆虫会通过特定的模式识别受体（pattern recognition receptor，PRR），如肽聚糖识别蛋白（peptidoglycan recognition protein，PGRP）、β-1,3-葡聚糖识别蛋白（β-1,3-glucan recognition protein，βGRP）及清道夫受体（scavenger receptor）等，来识别病原体（Akira et al.，2006）。一旦病原体被特异性识别，昆虫会激活下游的免疫反应，包括RNA干扰（RNA interference，RNAi）抗病毒反应、黑化反应及抗菌肽产生等。体液免疫主要依赖血淋巴细胞中的各种抗菌肽和蛋白质，它们通过破坏微生物细胞壁、破坏微生物细胞膜通透性、阻止微生物分裂及抑制代谢毒物的生成等方式来对抗病原物（Söderhäll，2010）。细胞免疫主要通过不同种类血细胞介导的吞噬作用、凝集或包被作用来对抗病原物。昆虫的体液免疫和细胞免疫是相互关联的。许多体液免疫因子会影响血细胞的功能，而血细胞产生的酶也会影响体液免疫。

二、昆虫体液免疫

昆虫体液免疫因子可分成两大类：一类是正常虫体内本身存在的先天因子，如凝集素（lectin）、抑血细胞聚集素（hemolin）和酚氧化酶原（prophenoloxidase，PPO）等。PPO通路也称为黑化反应通路，是昆虫免疫防卫中重要的组成部分。黑化反应可有效诱导细胞免疫反应，直接杀灭病原体。酚氧化酶原主要存在于昆虫血淋巴中。

另一类是经人工或自然诱导后产生的免疫因子，主要为抗菌肽（antimicrobial peptide，AMP）。抗菌肽是一种小分子多肽，由昆虫体内的IMD或Toll等免疫信号通路所控制，是昆虫体液免疫的主要效应因子。抗菌肽主要由脂肪体合成，也有由血细胞合成的。昆虫抗菌肽的产生，是在外界因素诱导下发生的生物效应。这些诱导因子既可以是致病性的细菌，也可以是一些不造成感染的物理和化学的因素，如超声波、射线、生理盐水、多肌胞苷酸等。不同的诱导源作用后，都能在昆虫血淋巴中检测到相似的抗菌肽。抗菌肽是非专一性的免疫应答产物。目前人们已经从不同的生物中发现了超过8000种抗菌肽，其中约有400种是昆虫抗菌肽，并且已经建立相关的数据库。这些抗菌肽不仅可以杀死革兰氏阳性菌和革兰氏阴性菌，还对真菌、病毒，甚至原生动物和癌细胞具有杀伤活性。

三、昆虫细胞免疫

昆虫血淋巴中的血细胞是免疫系统的重要组成部分，具有免疫防御作用。这些血细胞来源于中胚层衍生的干细胞，并通过形态学、功能和分子标记分化为特定的谱系。这些血细胞在开放式的血腔中自由漂浮，或附着于各种组织和器官上。它们参与多种生理功能，在昆虫的新陈代谢、变态和天然免疫中起着至关重要的作用（Evans and Wood，2014）。血细胞具有吞噬作用和免疫性，能保护虫体免受寄生物的危害。昆虫血细胞所起到的免疫功能主要包括吞噬作用、结节作用和包囊作用。当昆虫受到病原真菌等外源物入侵时，发挥吞噬作用的血细胞会将其吞噬或合成抗菌肽来清除，同时也会伴随黑化反应。当病原物体积更大时，如原生动物、线虫、寄生物等，细胞不能将其吞噬，则需通过形成结节与包囊将其清除。昆虫吞噬和包囊反应的一个显著表现是黑色素化。当色素出现在病原体破坏表皮的角质层表面时，也出现在侵入宿主血腔的生物体表面及其附近。这些反应有助于昆虫抵抗外源物的入侵，保护自身免受伤害。除了吞噬和包囊反应外，昆虫血细胞还参与其他免疫反应。例如，当昆虫受到细菌感染时，血细胞会释放炎症因子，引发炎症反应。

第二节 昆虫的RNA干扰抗病毒免疫

一、RNA干扰通路介绍

RNA干扰（RNA interference，RNAi）是一种由小RNA（small RNA）介导的基因表达调控和抗病毒免疫机制，在所有真核生物中高度保守。早在1990年，科学家Jorgensen等在研究牵牛花的花青素时就发现外源转入的基因能抑制植物中内源基因的表达。直至1998年该基因沉默背后原因才被破解。美国科学家Craig C. Mello和Andrew Z. Fire在秀丽隐杆线虫（*Caenor-habditis elegans*）中发现将双链RNA（double-stranded RNA，dsRNA）注入线虫体内后可抑制序列同源基因的表达，并证实这种抑制主要作用于转录之后，所以RNAi又称为转录后基因沉默（post-transcriptional gene silencing，PTGS）。他们也因此获得了2006年的诺贝尔生理学或医学奖。

RNA干扰：诺贝尔奖的故事

自发现以来，RNAi在昆虫相关科学研究中发挥了重要作用。最初对昆虫RNAi的研究是在模式昆虫黑腹果蝇（*Drosophila melanogaster*）中进行的。首个证明RNAi功能的昆虫即果蝇。在接下来的几年中，在许多昆虫物种中都发现了RNAi的功能。

根据小RNA的不同，RNAi可分为三大类：一种由干扰小RNA（small interfering RNA，siRNA）介导；一种由微RNA（microRNA，miRNA）介导；一种由以Piwi互作RNA（Piwi-interacting RNA，piRNA）介导（Ding，2010）。

siRNA是一大类长度为20～23个核苷酸（nt）的短双链RNA，带有2个核苷酸的3′端悬垂，具有5′-磷酸和3′-羟基端。siRNA的前体主要来源于两种形式。一种是内源的siRNA编码基因转录形成的长的dsRNA，另一种是外源短的发卡RNA（short hairpin RNA，shRNA），如病毒感染。这两种前体RNA能被RNAi途径关键蛋白Dicer识别并切割，产生成熟的siRNA。由于siRNA来源于完全互补配对的前体RNA，因此其能与靶标mRNA完全互补配对，介导靶mRNA的降解。siRNA通路主要在抗病毒免疫中发挥作用。

miRNA是一类长度为21～23个核苷酸的单链RNA分子，这类分子具有5′-磷酸和3′-羟基端。它们的主要来源是内源miRNA编码基因。在细胞核中，这些基因通过RNA聚合酶Ⅱ的作用被转录成具有茎环结构的初级转录物，这个转录物称为初始miRNA（pri-miRNA）。随后，pri-miRNA会被具有RNA聚合酶Ⅲ活性的Drosha蛋白识别并切割，进而产生次级转录物RNA，这个转录物称为前体miRNA（pre-miRNA）。接着，pre-miRNA会被转运出核，然后在细胞质中被具有RNase Ⅲ活性的Dicer蛋白识别并切割，最终形成双链miRNA。在双链miRNA中，一条链被称为指导链（guide strand），它可以被加载到AGO蛋白中，进而形成RNA诱导沉默复合物（RNA-induced silencing complex，RISC）。而另外一条链被称为搭载链（passenger strand），它在RISC组装过程中会丢失，其功能尚不明确。最终，RISC在指导链的作用下，以序列特异性的方式来抑制相关基因的翻译和表达。

piRNA是长度为23～36个核苷酸的单链RNA，主要在生殖细胞中被发现。piRNA主要来源于piRNA基因簇，可以分为单链簇和双链簇，主要以重复序列的方式存在。其主要功能为转座调控。在真核生物中，许多与转座相关的元件和序列对细胞的正常生长至关重要。当它们出现紊乱时，会对细胞产生一系列影响，如DNA损伤等。此时，piRNA通过与Piwi蛋白结合，可以对转座子进行调控，避免转座子失调对基因造成损害。成熟的piRNA多为反义链，聚集在细胞质中，并在甲基化酶HEN1蛋白的作用下被甲基化修饰，并与Piwi蛋白结合形成复合体，最后对转座子进行调控。与siRNA和miRNA不同的是，piRNA的产生不需要Dicer的参与，但它们的作用方式相似。piRNA通路主要参与果蝇的生长发育。

果蝇中经典RNAi通路的特征最为显著。下面以模式动物黑腹果蝇为例，简述昆虫RNAi的发生过程。黑腹果蝇的基因组编码两个Dicer蛋白和5个Argonaute（AGO）蛋白，分为AGO亚家族（AGO1和AGO2）和PIWI亚家族（AGO3、Aub和Piwi）。

在果蝇siRNA途径中，Dicer2与含有串联dsRNA结合结构域的Loquacious的PD异构体（Loqs-PD）结合，将外源或内源双链RNA（dsRNA）加工成约21个核苷酸的小干扰RNA（siRNA）。由Dicer2和dsRNA结合蛋白（dsRBP）-R2D2组成的蛋白复合物将双链siRNA装入AGO2。随后，siRNA双链中的一条链（搭载链）被AGO2切割并移除，生成成熟的siRNA诱导沉默复合物（siRISC），用于切割与剩余指导链siRNA互补的靶RNA（Guo et al.，2019）。

在果蝇的miRNA途径中，miRNA编码基因首先在细胞核中由Drosha和Pasha结合进行加工，生成pre-miRNA。随后，pre-miRNA从细胞核输出，与Dicer1、Loqs-PA和Loqs-PB结合，进一步加工成约22个核苷酸的成熟miRNA。成熟的miRNA与AGO1、GW182和其他辅助蛋白组装成miRNA诱导沉默复合物（miRISC），用于靶基因的沉默和翻译抑制。

在果蝇的piRNA途径中，piRNA几乎只存在于果蝇的性腺组织中。piRNA簇的RNA转录物被加工成初级piRNA，初级piRNA与Piwi或Aub组装成piRNA诱导沉默复合物（piRISC），然后定位到细胞核中，直接转录沉默转座子。

二、RNAi抗病毒免疫通路

当昆虫受到病毒感染时，可通过siRNA途径展现出最强大的抗病毒免疫反应。利用病毒产生的dsRNA（由病毒基因组/RNA或复制中间体形成的病毒dsRNA结构）产生病毒来源的siRNA（vsiRNA），并作用靶向病毒RNA进行降解，从而抑制病毒复制（van Mierlo et al.，2011）。尽管在昆虫抗病毒免疫中，miRNA和piRNA的作用尚未完全明了，但在埃及伊蚊细胞中，已经证实可以从登革病毒2型（dengue virus 2，DENV2）3′非翻译区相应的亚基因组RNA中产生miRNA。这种特定的miRNA靶向抑制病毒*NS1*基因的表达，最终产生抗病毒效应。此外，来自病毒的piRNA已在被多种不同虫媒病毒感染的蚊子细胞中观察到。例如，在应对塞姆利基森林病毒（Semliki forest virus，SFV）时，piRNA途径具有抗病毒作用。

弗洛克豪斯病毒（Flock House virus，FHV）在感染黑腹果蝇细胞中积累的siRNA为证明动物细胞中能诱导RNAi的现象提供了首个实验证据。这一发现对于理解动物宿主中病毒的感染机制具有重要意义。FHV siRNA能在病毒感染细胞后，通过与病毒基因组RNA和亚基因组RNA结合并诱导其降解，抑制病毒的复制和扩散。

后续研究表明，在果蝇中，正义ssRNA、负义ssRNA、dsRNA病毒及DNA病毒都可以通过Dicer2产生vsiRNA和抗病毒RNAi。此外，在蜜蜂、蚕、叶蝉和菜青虫中也发现，多种RNA病毒感染后，均能产生类似的vsiRNA。这表明诱导抗病毒RNAi是昆虫病毒感染的一个保守特征。有趣的是，尽管苍蝇、蚊子和叶蝉的vsiRNA主要是21个核苷酸长度的，但在家蚕中和蜜蜂中分别产生20个核苷酸和22个核苷酸的vsiRNA。在家蚕和叶蝉中，敲除基因或使用RNAi敲除方法可以消除抗病毒功能及其同源蛋白的抗病毒功能。

细胞对病毒的局部RNAi反应称为细胞自主RNAi，然而，宿主对病毒的耐受性通常涉及RNAi信号从细胞到宿主的传播。在昆虫模型果蝇中首次观察到了系统性抗病毒RNAi反应。病毒来源的dsRNA在感染细胞中触发了RNAi自主免疫，随后在未感染细胞中观察到了RNAi免疫，这证明了RNAi信号的复制和传播。后来的研究表明，果蝇血细胞能从感染细胞中吸收dsRNA，并利用内源性转座子逆转录酶产生病毒衍生的互补DNA，即vDNA。这些vDNA为次生病毒vsiRNA的合成提供了模板，这些vsiRNA被分泌到类似外泌体的囊泡中，从而产生系统性免疫力。

在感染RNA病毒期间，有缺陷的病毒基因组可作为合成vDNA和环状vDNA（cvDNA）的模板，这一过程由Dicer2的DEXD/H螺旋酶结构域调节。这些vDNA提供了次级vsiRNA的来源，从而将RNAi信号从感染细胞传递到非感染细胞。当这些vDNA作为内源性病毒元件（endogenous viral element，EVE）整合到宿主基因组中时，就能建立长期的抗病毒免疫。在埃及蝇中，基于piRNA的免疫依赖于EVE的获得，EVE产生的反义piRNA优先加载到Piwi4上以抑制病毒复制。

局部RNAi不仅能够诱导病变细胞中的次级RNAi反应，产生系统性抗病毒免疫，还可以与其他抗病毒免疫相关途径相结合。例如，Dicer与Vago蛋白发生相互作用，而Vago是一种可以诱导JAK（Janus激酶）-STAT（信号转导及转录激活蛋白）信号通路的配体。因此，与基于肽识别的细胞免疫和体液免疫不同，基于核酸的反应可以加速抗病毒防御。这样，昆虫就能够通过RNAi和非RNAi途径之间的相互作用，组织起更加复杂的抗病毒免疫。

三、RNAi抗病毒免疫反应的分子机制

dsRNA的产生、Dicer切割作用及RISC降解作用是抗病毒RNAi的三个主要过程。如图4-1所示，第一阶段，病毒基因组RNA复制产生dsRNA。病毒进入宿主细胞后，首先以其基因组RNA作为模板合成新的基因组RNA，这个过程中会产生中间体dsRNA。dsRNA的形成会诱发第二阶段的切割。第二阶段是Dicer对dsRNA进行切割，产生21nt的vsiRNA。Dicer的保守dsRNA结合结构域识别dsRNA，并在Loqs-PD的辅助结合作用下，形成Dicer-Loqs-PD复合物，该复合物能够紧密结合dsRNA。随后，Dicer的RNase Ⅲ活性将病毒的dsRNA切割成vsiRNA。因此，Dicer既是dsRNA感受器，又是dsRNA加工器。需要注意的是，果蝇中有两种Dicer，Dicer1产生miRNA，Dicer2产生vsiRNA和内源性siRNA。第三阶段是vsiRNA与AGO2装配形成RISC，然后靶向降解病毒的基因组RNA。在RISC装配前，甲基化酶HEN1会对vsiRNA的3′端进行甲基化修饰。然后在Dicer2-R2D2复合物辅助作用下，vsiRNA和AGO2才能装配成有功能的RISC。RISC依靠AGO2

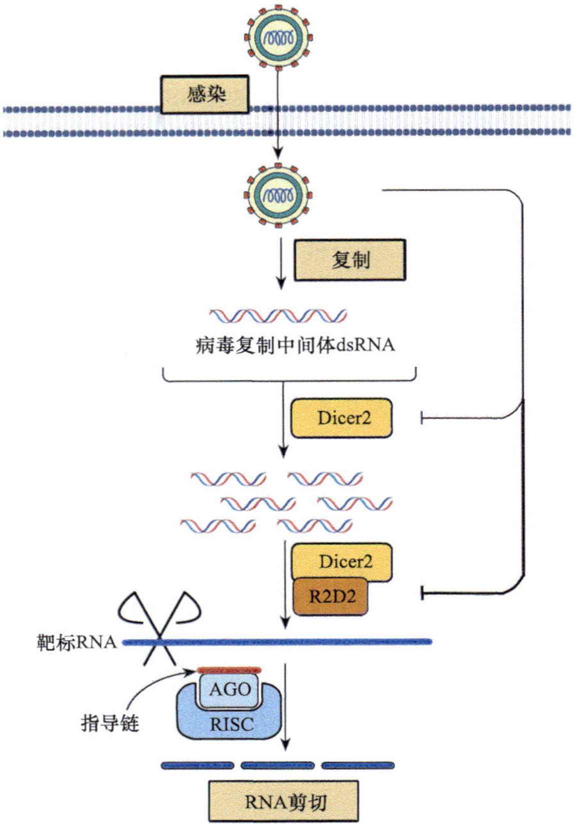

图 4-1 RNAi 抗病毒反应模式图

当病毒感染细胞后，病毒的复制中间体 dsRNA 被 Dicer2 蛋白识别并切割为 vsiRNA，随后在 Dicer2-R2D2 复合物的帮助下，vsiRNA 和 AGO2 蛋白结合并加载为 RISC，RISC 以 vsiRNA 中的指导链为向导，以碱基互补配对的形式靶向降解病毒 RNA

和 vsiRNA 的协调发挥功能，其中单链的 vsiRNA（指导链）作为分子向导，靶向结合与之互补配对的病毒基因组 RNA。随后，AGO2 利用自身 Piwi 结构域的 RNA 酶活性将病毒基因组 RNA 降解。这样，宿主细胞利用自身固有的 RNAi 相关蛋白，经过一系列分子过程，成功地将病毒的 RNA 降解，实现了对病毒的清除。

四、昆虫病毒拮抗 RNAi 免疫反应的分子机制

在与宿主博弈的过程中，昆虫病毒进化出了拮抗 RNAi 抗病毒免疫反应的分子机制，包括逃逸病毒 dsRNA 识别、抑制 Dicer 酶活性，以及阻止 siRNA 的运输和 RISC 降解靶标（Bonning and Saleh，2021）。

（一）逃逸病毒 dsRNA 识别

病毒可编码 RNAi 抑制子（viral suppressor of RNAi，VSR）逃避宿主细胞对 dsRNA 的识别，从而避免触发 RNAi 免疫反应。例如，家蚕核多角体病毒和草地贪夜蛾核多角体病

毒等编码具有类似dsRNA结构的顺式作用元件，与宿主细胞中的dsRNA竞争同Dicer的结合，从而降低dsRNA被切割成siRNA的概率。蚊子传播的登革病毒通过不断突变其基因组，使得每次感染时产生的病毒都具有一定程度的基因差异，从而使免疫系统难以识别和清除。此外，某些昆虫病毒利用宿主细胞的降解途径来加速自身RNA的降解，从而降低dsRNA在细胞内的存在时间，或利用宿主细胞的转运蛋白将自身RNA从细胞核运输到细胞质，从而避免在细胞核中被切割成dsRNA。例如，棉铃虫核多角体病毒通过利用宿主细胞的蛋白酶体降解途径，加速自身RNA的降解，从而降低dsRNA在细胞内的存在时间。

（二）抑制Dicer活性

昆虫病毒编码VSR抑制Dicer的活性，从而减少siRNA的产生。例如，登革病毒的NS3蛋白能够抑制宿主细胞中的Dicer活性，从而减少siRNA的产生。

（三）阻止siRNA的运输和RISC降解靶标

某些病毒能够阻止siRNA的运输和降解，从而避免触发RNAi免疫反应。例如，多种病毒编码VSR与RISC-siRNA复合物结合，防止其进入细胞质中的运输和降解过程；同时，VSR还可以抑制细胞内的核酸酶活性，从而降低vsiRNA被降解的概率。某些病毒甚至可以利用宿主的RNAi机制来促进其自身的复制。例如，豇豆花叶病毒的P20蛋白及烟草花叶病毒的P19蛋白可以与宿主细胞中的AGO蛋白结合并将其重定向到宿主的mRNA上，促进宿主mRNA的降解，从而为病毒复制创造有利条件。

第三节　昆虫的黑化反应及抗病毒作用

一、黑化反应介绍

黑化反应作为无脊椎动物中重要的体液免疫，是一种普遍存在的防御机制，广泛参与表皮硬化、卵壳变色、伤口愈合及免疫反应等多个生理过程。黑化反应由一系列丝氨酸蛋白酶级联反应（serine proteinase cascade）组成，介导对酚氧化酶原（PPO）的剪切、产生激活形式的酚氧化酶（phenoloxidase，PO），进一步催化酚类物质转化形成黑色素（melanin）。一方面，黑化反应可有效诱导细胞免疫反应，如吞噬作用、结节形成和黑色素包囊形成，起到隔离并杀死病原体的作用；另一方面，黑色素形成过程中产生的毒性中间产物醌类物质、自由基等对细菌、病毒和寄生蜂等病原体均有直接灭活效应。由于昆虫为开放式的血液循环，大部分组织暴露在血淋巴中，而病原体从表皮入侵后直接进入血淋巴，因而血淋巴是昆虫最主要的免疫组织之一，黑化反应的主要场所之一也是昆虫血淋巴。因而，本节主要讨论的是昆虫血淋巴中的黑化反应及其与病毒的互作关系。

二、酚氧化酶原激活通路及其负调控机制

黑化反应通路也称为PPO激活通路，主要由模式识别受体（PRR）、丝氨酸蛋白酶（serine proteinase，SP）、丝氨酸蛋白酶同源物（SP homologue，SPH）、酚氧化酶（PO）

和丝氨酸蛋白酶抑制剂（serpin）组成，其中最为核心的是酚氧化酶。昆虫血淋巴中游离的和免疫细胞表面的PRR主要包括肽聚糖识别蛋白（PGRP）、β-1,3-葡聚糖识别蛋白（β GRP）、C型凝集素（C-type lectin，CTL）、革兰氏阴性菌结合蛋白（Gram-negative bacterial binding protein，GNBP）、脂多糖-葡聚糖结合蛋白（lipopolysaccharide and glucan binding protein，LGBP）等，PRR结合病原微生物表面或分泌的靶标分子后，可以启动黑化反应通路。此外，组织损伤及病原微生物入侵后释放的酶也可激活黑化反应（Galko et al.，2004）。

目前对于PPO激活通路的研究，主要集中在烟草天蛾、黄粉虫、果蝇、蚊虫、棉铃虫中。在烟草天蛾和黄粉虫中，通过生化的方法对PPO激活的级联反应开展了深入研究。尤其是模式物种烟草天蛾中，阐明了多条PPO激活级联通路，包括HP14-HP21-PAP2/3、HP14-HP21-HP5-HP6-PAP1及HP14-HP2-PAP2。黄粉虫中具有一条由MSP-SEP-PAP介导的完整的三步酶联反应，同样可以激活PPO（Kim et al.，2008）。在果蝇、埃及伊蚊和冈比亚按蚊中，主要通过遗传学的方法证明了一些cSP（具有发夹结构域的丝氨酸蛋白酶）在PPO激活中的作用。在棉铃虫中，最近的研究揭示了棉铃虫体内两条独立的黑化反应级联通路：SP41-cSP1-cSP6和cSP10-cSP4-cSP8。cSPH11及cSPH50在两条通路中均发挥辅因子的作用（Wang et al.，2020）。棉铃虫病毒的黑化通路与烟草天蛾的较为相似，提示鳞翅目昆虫黑化通路的保守性。此外，一种革兰氏阳性菌，藤黄微球菌（*Micrococcus luteus*）或者其肽聚糖刺激后的血淋巴能够特异性地激活cSP10-cSP4-cSP8通路，提示该通路在棉铃虫防御革兰氏阳性菌的感染中发挥着重要作用（Wang et al.，2022）。

由于黑化反应非常高效，需要受到一类负调控因子即丝氨酸蛋白酶抑制剂（serpin）的精准控制，避免过度激活而造成"自损"。serpin一般由350～500个氨基酸组成，分子质量为45～50kDa。一般来说，serpin由3个β折叠和7～9个α螺旋组成。serpin具有一种独特的自杀裂解机制，能够与黑化反应通路中的丝氨酸蛋白酶相互作用形成不可逆的共价复合物，从而抑制靶标蛋白酶的活性。serpin在其C端含有一个反应中心环（reaction center ring，RCL），能够充当相应靶标蛋白酶的诱饵，在其发挥抑制作用时占据中心位置。RCL中特定位点（P1）的氨基酸能够被剪切，之后serpin和靶标蛋白酶将被困在共价复合物中，从而抑制黑化反应通路的激活。

昆虫中serpin基因的数目有较大差异。例如，在家蚕中发现了34个serpin基因，果蝇中有29个，赤拟谷盗（*Tribolium castaneum*）中有31个，烟草天蛾中有32个serpin基因，而西方蜜蜂（*Apis mellifera*）中只有7个，冈比亚按蚊中有18个，埃及伊蚊中含有23个。除本身含有的基因数量外，serpin本身还可以通过转录后的选择性剪切形成不同的剪切变体，从而发挥不同功能。棉铃虫的转录组学研究共鉴定到了22个serpin分子（Xiong et al.，2015），其中，16个serpin预测具有信号肽，可能分泌到血淋巴中发挥作用。

三、黑化反应的抗病毒作用

黑化反应在昆虫宿主抵御病毒等病原体的侵染过程中发挥广谱免疫作用。研究表明，埃及伊蚊的黑化反应对于SFV的感染是必需的；干扰斑节对虾的酚氧化酶活性极大地削弱了宿主抵御对虾白斑综合征病毒（WSSV）感染的能力。在杆状病毒研究中发现，一种具有广谱宿主域的杆状病毒——苜蓿银纹夜蛾核多角体病毒（AcMNPV）在感染敏感宿主昆虫宿主烟芽夜蛾（*Heliothis virescens*）和半敏感昆虫美洲棉铃虫（*Helicoverpa zea*）的效率相差1000倍。其中，病毒初始感染中肠和气管上皮的效率并没有显著差异；然而在烟芽夜蛾中病毒可进一步有效感染血细胞及其他组织，但在美洲棉铃虫中却无法有效感染血淋巴细胞，这是因为美洲棉铃虫产生了黑化反应和包囊现象。因此，血淋巴黑化反应限制了杆状病毒在半敏感昆虫体内中的传播和增殖。

四、病毒拮抗黑化反应的分子机制

病毒在与宿主长期共进化的过程中，发展出不同的策略来拮抗黑化反应。寄生蜂在产卵时，同时将卵和毒液内的多分DNA病毒（polydnavirus，PDV）注射进宿主体内，PDV有多种方式使卵逃逸宿主的黑化反应而顺利孵化出寄生蜂幼虫。美国佐治亚大学Michael Strand的研究团队先后报道了PDV通过编码两个蛋白Egf1.0和Egf1.5，靶向其宿主烟草天蛾PPO直接的激活酶PAP1和PAP3，从而干扰它们对PPO的剪切激活，抑制黑化反应对PDV及寄生蜂的灭活（Beck and Strand，2007）。微红盘绒茧蜂（*Cotesia rubecula*）毒液中的Vn4.6和Vn50蛋白，可抑制PO酶活。菜蛾盘绒茧蜂（*Cotesia vestalis*）PDV表达的C端亮氨酸/异亮氨酸富含蛋白（C-terminal leucin/isoleucin-rich protein，CLP）在寄生早期抑制宿主的黑化反应。对虾白斑综合征病毒则依赖其编码的一个非结构蛋白WSSV453，通过靶向PPO上游的激活酶（pmPPAE2），抑制其宿主对虾的黑化反应。水稻条纹病毒（rice stripe virus）利用NS3蛋白占据PPO的剪切位点，抑制其传播媒介灰飞虱PPO的激活。总之，在与宿主的共进化过程中，病毒产生了可以有效拮抗宿主黑化反应的机制，从而有利于病毒在宿主体内的复制。

杆状病毒感染可以克服宿主的免疫反应，建立系统性感染，最终杀死昆虫。其中，棉铃虫病毒是控制棉铃虫危害的一种重要生物农药，也是杆状病毒中研究得最为深入的代表种之一。棉铃虫病毒感染全面抑制宿主免疫基因的表达。通过蛋白质组学分析发现病毒感染抑制了棉铃虫黑化反应通路中多个丝氨酸蛋白酶的表达；而黑化反应通路中的两个负调控分子serpin-9和serpin-5的表达被上调，提示它们在病毒抑制宿主黑化反应中发挥重要作用。进一步的生化实验和体内RNA干扰实验揭示，serpin-9和serpin-5分别通过靶向丝氨酸蛋白酶cSP4和cSP6来阻断黑化反应通路的激活。因此，棉铃虫病毒通过“双重保险”的机制来抑制宿主的黑化反应：一方面整体性地抑制黑化反应通路中丝氨酸蛋白酶的表达水平；另一方面特异性“劫持”宿主的负调控因子，实现对黑化反应的全面抑制（Yuan et al.，2017）。

最近，杆状病毒编码的拮抗黑化反应的关键蛋白也被揭示出来。2019年，发表于*Nature*的一篇文章报道了痘病毒编码的核酸酶poxin可以通过水解2′,3′-cGAMP（环鸟苷酸-腺苷酸），抑制胞内cGAS-STING免疫通路。然而，一些昆虫病毒和昆虫宿主的poxin同源物P26预测有信号肽和潜在的蛋白酶活性位点，推测其可能在拮抗胞外抗病毒天然免疫中发挥作用。研究发现，棉铃虫病毒的P26蛋白在病毒感染后的昆虫血淋巴中高表达，该蛋白通过靶向黑化反应通路中重要的辅因子procSPH11/procSPH50抑制棉铃虫的黑化反应。进一步发现，来自寄生蜂及不同杆状病毒的多种分泌型P26/poxin普遍具有抑制胞外黑化反应和抑制胞内cGAS-STING通路的双重功能。因此，P26/poxin在病毒-宿主的长期共进化过程中，演化出抑制胞外黑化反应和胞内cGAS-STING免疫通路的双重功能（Yin et al.，2022）（图4-2）。

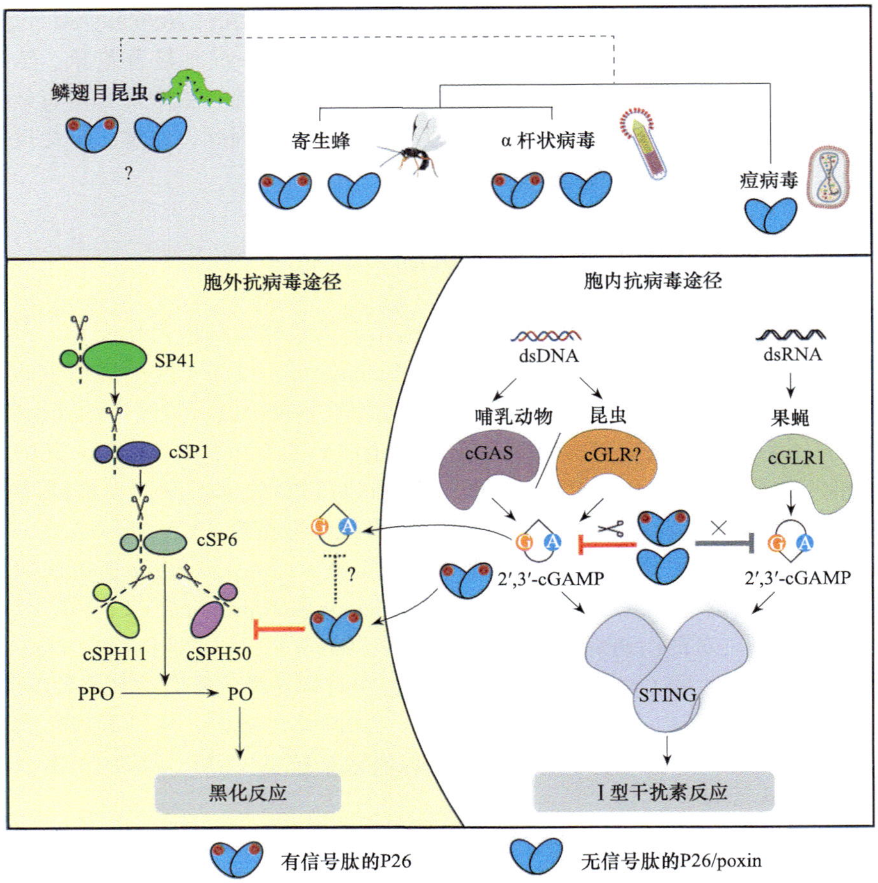

图4-2 P26/poxin抑制胞内和胞外天然免疫反应的双重功能模式图（改自Yin et al.，2022）

第四节 昆虫抗菌肽及抗病毒作用

一、昆虫抗菌肽介绍

（一）昆虫抗菌肽的发现

抗菌肽是生物体受到外界胁迫时产生的一类用于抵御外界侵害的免疫效应分子，是天然免疫的重要组成部分，生物体内编码抗菌肽的基因高度保守。昆虫抗菌肽是一类广泛存在于昆虫体内的小分子肽类物质，具有抗菌、抗病毒、抗真菌、抗寄生虫等多种生物活性，对昆虫抵御外来病原物的反应十分重要。20世纪90年代初，科学家开始对昆虫血淋巴中的抗菌肽进行深入研究，并首次从蜜蜂中发现了一种具有抗菌活性的肽类物质，命名为蜂毒肽（melittin）。随后，科学家在其他昆虫体内也发现了类似的抗菌肽，如天蚕素（cecropin）、防御素（defensin）等。这些抗菌肽具有广谱抗菌活性，可以抵抗多种微生物的感染（Yi et al.，2014）。

现在从昆虫中分离的抗菌肽已达200余种，其主要来源于膜翅目、鳞翅目、双翅目和鞘翅目昆虫的脂肪体、淋巴血、毒囊等部位。

（二）昆虫抗菌肽的结构和分类

昆虫抗菌肽属于小分子肽家族，它们的分子质量通常在200～600Da。根据其结构特征，可以将昆虫抗菌肽分为以下几类。

1. α螺旋抗菌肽 这类抗菌肽的结构与人体内源性抗菌肽相似，通常由10～40个氨基酸组成，具有一个或多个α螺旋结构。α螺旋结构是由多肽链的氨基酸残基形成的，在空间中呈螺旋状排列。α螺旋抗菌肽主要针对革兰氏阳性菌，通过破坏细菌膜的完整性或抑制细菌酶的活性来发挥作用，一些常见的α螺旋抗菌肽包括乳铁蛋白、溶菌酶和防御素。

2. 富含脯氨酸抗菌肽 这些抗菌肽通常由60～120个氨基酸组成，富含脯氨酸。脯氨酸是一种特殊的氨基酸，它的侧链可以形成一个环状结构，这使得其在蛋白质结构中起到稳定作用。富含脯氨酸抗菌肽主要针对革兰氏阴性菌，通过破坏细菌膜的完整性和干扰细菌信号转导途径来发挥作用，富含脯氨酸抗菌肽包括BN1、BN2和IM4。

3. 富含甘氨酸抗菌肽 这些抗菌肽通常由30～50个氨基酸组成，富含甘氨酸，甘氨酸是一种非极性氨基酸，它的侧链非常小，这使得它在蛋白质结构中起到稳定作用。富含甘氨酸抗菌肽具有广谱抗菌活性，对多种细菌和真菌都有抑制作用，富含甘氨酸抗菌肽包括Gromm1、Gromm2和Gromm3。

4. 其他类型抗菌肽 除了上述几类抗菌肽，还有许多其他类型的昆虫抗菌肽，它们具有不同的结构特征和抗菌活性。这些抗菌肽可能由不同的氨基酸组成，也可能具有不同的结构特征，如β折叠、环状结构等。这些不同类型的抗菌肽可能针对不同的细菌种类或发挥不同的作用机制。

二、昆虫抗菌肽的作用机制

昆虫抗菌肽主要是通过与微生物细胞膜或细胞壁相互作用实现的。这些抗菌肽通常具有很强的细胞膜渗透能力，能够破坏微生物细胞膜和细胞壁，导致细胞破裂死亡。例如，天蚕素和防御素是两种常见的昆虫抗菌肽，它们可以与细菌细胞膜上的特定部位结合，形成孔洞或通道，导致细胞内容物的泄漏和细胞死亡。一些抗菌肽还可以抑制微生物的蛋白质合成、DNA复制等关键生物学过程，从而抑制其生长和繁殖。例如，蜜蜂抗菌肽（apidaecin）可以与细菌的50S核糖体亚基结合，阻止氨酰tRNA的结合，从而抑制蛋白质的合成；蜂毒肽（melittin）可以插入细菌的细胞膜，与DNA和RNA结合，阻止其复制和转录过程；天蚕素可以与细胞膜上的特定受体结合，激活细胞内的信号通路，诱导细胞凋亡；蜜蜂抗菌肽可以刺激宿主的免疫细胞释放炎症介质，增强宿主对细菌的抵抗能力。此外，某些昆虫抗菌肽可以抑制细菌的代谢途径，如脂肪酸合成和氧化磷酸化过程，从而影响其生长和繁殖，与抗生素协同作用，增强抗菌效果。例如，天蚕素可以增强青霉素对耐药细菌的杀菌效果。

具有抗病毒能力的抗菌肽也被称为抗病毒肽，其通过靶向病毒生命周期不同阶段，在昆虫中起到重要抗病毒作用。例如，粉纹夜蛾幼虫葛佬素（gloverin）可直接破坏芽生型病毒的包膜结构，从而抑制苜蓿银纹夜蛾核多角体病毒。家蚕C型溶菌酶可限制家蚕核多角体病毒的复制及子代病毒的毒力。此外，越来越多的研究表明，昆虫抗菌肽也具有抑制哺乳动物病毒的潜力。例如，蜂毒肽（melittin）可以抑制人类免疫缺陷病毒（HIV）、呼吸道合胞病毒及甲型流感病毒等多种病毒。天蚕素（cecropin）通过降低病毒的基因表达，从而抑制HIV复制；天蚕素还能抑制单纯疱疹病毒Ⅰ型和Ⅱ型及胡宁病毒。

总之，昆虫抗菌肽是一类具有重要生物学功能的分子，它们在昆虫的天然免疫系统中起到关键作用。了解昆虫抗菌肽的结构和分类有助于我们更好地理解这些分子的功能和作用机制，以及开发新的抗菌药物或生物农药。

三、昆虫抗菌肽的产生机制

昆虫抗菌肽的基因表达受到严格调控。当昆虫受到微生物感染时，免疫系统会通过感知外来抗原激活免疫反应，进而诱导抗菌肽基因的表达。这个过程需要一系列信号转导途径和转录因子的参与，具体过程主要包括感知微生物抗原、信号转导及转录、基因表达调控及抗菌肽分泌。

（一）感知微生物抗原

昆虫的免疫系统通过模式识别受体（PRR）来感知病原微生物的病原体相关分子模式（pathogen associated molecular pattern，PAMP），如细菌脂多糖（lipopolysaccharide，LPS）、肽聚糖（peptidoglycan，PGN）、脂磷壁酸（lipoteichoic acid，LTA）及真菌β-1,3-葡聚糖等。PRR被分为不同的类别，包括肽聚糖识别蛋白（PGRP）、β-葡聚糖识别蛋白（βGRP）、革兰氏阴性菌结合蛋白（GNBP）及凝集素等（Ferrandon et al.，2007）。其中，PGRP是被研究较为深入的PRR之一，它在昆虫免疫系统中扮演着多种角色。通过与不同的PAMP结合，PGRP可以激活不同的信号通路，如Toll通路、IMD通路等，从而引发昆虫的免疫反应。例如，PGRP-SA-GNBP1复合物可以识别赖氨酸型肽聚糖（Lys-type PGN），激活Toll通路；而PGRP-SD则可以作为革兰氏阳性菌受体，与PGRP-SA-GNBP1复合物有部分功能冗余；另外，PGRP-SD还可以识别二氨基庚二酸型肽聚糖（DAP-type PGN），激活Toll通路。不同的PGRP在昆虫免疫系统中扮演着不同的角色，对昆虫的免疫反应起着重要的调控作用。

（二）信号转导及转录

感知微生物抗原后，昆虫免疫系统会启动一系列信号转导途径来传递免疫信号。这些信号转导途径主要包括Toll、IMD、JAK-STAT、激酶级联反应、MAPK通路等。这些通路能够传递免疫信号到昆虫细胞核内，诱导抗菌肽基因的表达。下面主要介绍IMD和Toll两种信号通路。

1. IMD信号通路 IMD信号通路主要负责识别DAP-type PGN，以应对革兰氏阴性菌的感染（Kaneko et al.，2004）。这一过程是通过PGRP-LCa与PGRP-LCx异二聚体及细胞内的全长PGRP-LE识别单体PGN，而PGRP-LCx同源二聚体则识别聚合的PGN，从而激活IMD信号通路。如图4-3所示，在识别PGN信号后，形成了一个由IMD、Fas相关死亡结构域蛋白（FADD）及与胱天蛋白酶8（caspase8）同源的Dredd组成的复合物。被激活后，Dredd裂解IMD，为E3泛素化连接酶Iap2创建一个新的结合位点，使IMD被K63多泛素化并激活。这导致TAB2-TAK1复合体的形成和激活，继而激活IκB激酶（IKK）复合体——Key和Ird5。Relish的N端被IKK复合体磷酸化从而被激活。Relish是IMD通路中一种NF-κB样转录因子，它被Dredd水解，C端部分（Rel-49，IκB样片段）被留在细胞质中，而被IKK活化的N端部分（Rel-68，具有Rel同源域）进入细胞核内，激活*AMP*基因的转录。

2. Toll信号通路　Toll信号通路主要应对真菌及革兰氏阳性菌感染（Lemaitre and Hoffmann，2007）。该通路是由一系列识别和响应微生物感染的蛋白质所组成。革兰氏阳性菌被PGPR-SA-GNBP1复合体或PGPR-SD识别。这些识别信号被模块化丝氨酸蛋白酶（modSP）整合，然后激活革兰氏阳性菌特异的丝氨酸蛋白酶（Grass），进而激活丝氨酸蛋白酶级联反应，最终导致Spätzle加工酶（SPE）被激活。SPE是一种类似于哺乳动物白细胞介素-17（IL-17）的细胞因子，以非活性的前体（proSpz）形式存在。如图4-4所示，在SPE被激活后，它会被裂解为Toll的活性配体。有两种模型可以解释SPE与Toll的结合：一种认为1个SPE二聚体与2个Toll形成复合物，另一种则认为2个SPE二聚体与

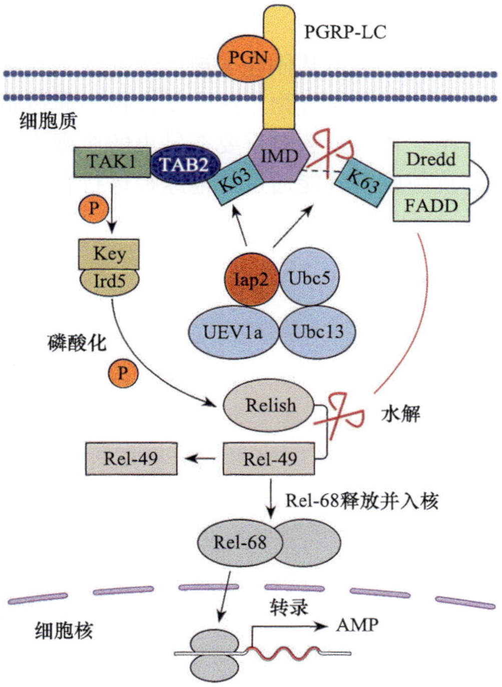

图4-3　IMD信号通路模式图

PGRP-LC识别PGN后，形成IMD-FADD-Dredd复合物。Dredd裂解IMD并创造出Iap2的结合位点，Iap2与E2泛素化连接酶UEV1a、Ubc13及Ubc5组成的复合物识别该位点，促使IMD发生K63多泛素化。K63多泛素化的IMD被激活，导致TAB2-TAK1复合体的形成和激活，继而激活IKK复合体（Key和Ird5），激活的IKK复合体磷酸化Relish，其被Dredd水解，C端部分Rel-49留在细胞质中，N端部分Rel-68进入细胞核内，激活*AMP*基因的转录

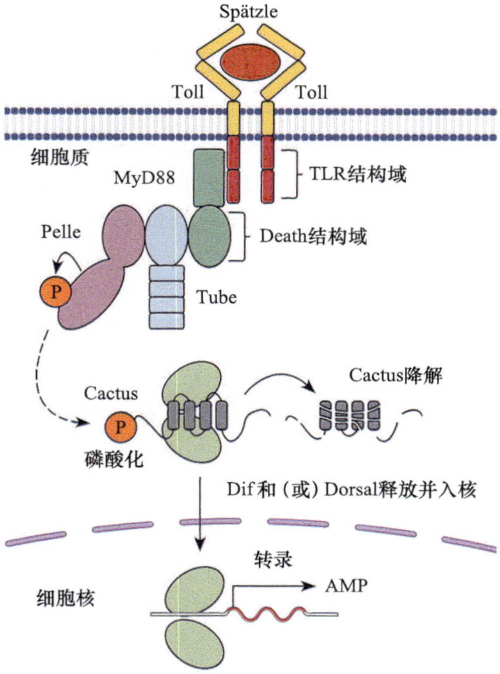

图4-4　Toll信号通路模式图

Spätzle被激活后，裂解为Toll的活性配体，并使Toll激活。激活后的Toll招募MyD88-Tube-Pelle形成异源三聚体复合物，导致Cactus的磷酸化和降解，从而释放Dorsal和（或）Dif，并转运至细胞核，激活相关基因的转录

2个Toll形成复合物。Dorsal是一种Rel蛋白，和Dif（Dorsal-related immunity factor）一样，都是NF-κB转录因子。而Cactus是一种IκB因子，与Dorsal和/或Dif结合，从而抑制两者的核定位及活性。Toll激活后，信号经过MyD88-Tube-Pelle异源三聚体复合物传导，导致Cactus的磷酸化和降解，从而释放Dorsal和/或Dif。这些蛋白质转运至细胞核，并激活相关基因（如*AMP*基因）的转录。

（三）基因表达调控

昆虫抗菌肽转录产物为前体mRNA（pre-mRNA），然后通过核糖体的作用进行翻译，生成昆虫抗菌肽的前体蛋白（precursor protein）。前体蛋白在细胞内经过一系列的修饰和切割过程，形成成熟的昆虫抗菌肽。这个过程可能包括去除信号肽、切割成活性肽段等。除了转录因子，还有其他因素可以影响昆虫抗菌肽的基因表达。例如，一些miRNA可以调节抗菌肽基因的表达水平。此外，环境因素（如温度、湿度等）和营养状况也可以影响抗菌肽的合成，这些因素的综合作用可以精细调控抗菌肽的表达水平，以应对不同环境和微生物挑战。

（四）抗菌肽分泌

成熟的昆虫抗菌肽通过细胞质运输系统（如内质网、高尔基体等）被运输到细胞膜附近。在细胞膜上，昆虫抗菌肽与特定的转运蛋白结合，形成复合物。这个复合物会通过胞吐作用被释放到细胞外，进入体液中，发挥抗菌作用。一些抗菌肽需要在昆虫的血细胞或脂肪体中合成后才能分泌到外部环境中。而另一些抗菌肽则可能通过其他途径进行合成和分泌，且有细胞膜和细胞器的参与，以及特定的转运蛋白和修饰酶的作用。

本章小结

昆虫体液免疫和细胞免疫系统发挥关键抗病毒作用。当病毒感染时，与体液免疫和细胞免疫相关的免疫信号通路随之激活，主要包括RNAi反应、黑化反应、Toll信号通路、IMD信号通路等，产生各种效应分子及免疫应答反应，抵御病原物的感染与复制。RNAi是昆虫中主要的抗病毒天然免疫机制。Dicer蛋白识别病毒复制或转录产生的dsRNA，将其剪切为大小约为21个核苷酸的vsiRNA，随后被AGO2蛋白识别并加载组装为RISC，靶向降解病毒基因组。RNAi既可以在局部细胞产生抗病毒作用，也可以在昆虫中产生系统性免疫。黑化反应是昆虫中重要的体液免疫防御机制，由一系列丝氨酸蛋白酶级联反应组成，激活后产生活化形式的酚氧化酶，催化酚类物质转化形成黑色素。黑化反应通过吞噬作用、结节形成和黑色素包囊形成，起到隔离杀死病原体的作用。同时，黑色素形成过程中产生的酚类毒性中间产物可以有效灭活病原体。Toll和IMD信号通路通过感知病毒PAMP，进而启动一系列信号转导，最终诱导抗菌肽基因的表达。抗菌肽通常具有很强的细胞膜渗透能力，能够破坏病原微生物细胞膜和细胞壁，具有抗菌、抗病毒、抗真菌、抗寄生虫等多种生物活性。

复习思考题

1. 简述昆虫免疫系统组成及其功能。
2. 详述昆虫RNAi通路如何抵御病毒感染。
3. 黑化反应如何激活并发挥抗病毒作用?
4. 简述抗菌肽的结构、分类和作用。

第五章
昆虫病毒感染及其病理

本章要点

○ **昆虫病毒病理：**昆虫病毒感染宿主所引起的病理变化及其致病机制，包括病毒如何在虫体、组织及分子层面与宿主相互作用，造成宿主的疾病、死亡、生理功能紊乱、行为异常等。昆虫病毒病理既是昆虫病理学的重要组成部分，也是更好利用病原微生物防治害虫的必要基础研究之一。

○ **囊泡病毒及其病理：**囊泡病毒是一类主要感染鳞翅目夜蛾科幼虫的昆虫病毒，病毒粒子呈杆状、卵状或尿囊状，基因组为环状dsDNA，因感染后的宿主细胞会产生许多囊泡而得名。宿主幼虫感染囊泡病毒后表现为行动迟缓、生长缓慢乃至停滞、血淋巴呈乳白色混浊状，典型特性为“急性致病、慢性致死”。

○ **细胞病理学：**研究细胞感染病毒后的形态学和功能变化。研究方法包括通过获得昆虫细胞样本，进行涂片或者直接观察，利用显微镜观察和识别细胞形态、结构和特征，或者通过免疫组织化学等技术检测细胞中特定抗原和抗体从而判断细胞的性质和功能状态。

○ **组织病理学：**通过光学显微镜、电子显微镜、免疫组织化学等多种技术，研究昆虫感染病毒后的组织变化过程，以更全面、深入地理解病毒感染宿主的本质和机制。

昆虫病毒感染是一个涉及病毒与昆虫宿主之间相互作用的复杂过程。昆虫病毒种类繁多，如杆状病毒科、痘病毒科、囊泡病毒科等，且各自拥有独特的感染机制和病理表现。总体而言，昆虫病毒感染后，昆虫往往会出现行为异常、生长迟缓、发育受阻、生殖能力下降等症状。此外，感染病毒的昆虫还可能表现出体表颜色的改变、组织液化和坏死等病理变化。本章将对昆虫病毒病理进行简单概述，然后主要以昆虫囊泡病毒为例证，来介绍昆虫病毒感染及其病理这个涉及多学科领域的复杂问题。

第一节　昆虫病毒病理概述

昆虫病毒在感染过程中，可能会引发宿主一系列病理变化。这些变化可能包括昆虫组织的损伤、生理功能的紊乱及行为异常等。例如，病毒可能会破坏昆虫的消化系统，影响其正常进食和营养吸收；或者干扰昆虫的神经系统，导致其运动失调或行为异常。有些病毒可造成昆虫的死亡，如核多角体病毒等，因而它们被广泛用于鳞翅目、双翅目等害虫的防治。但昆虫病毒在昆虫体内并不是都可以造成宿主病变或死亡，通常宿主与这些病毒之间保持的是一种共存的关系。部分昆虫还能长期携带多种病毒，这些病毒对宿主没有明显的影响或不影响宿主的生长繁殖（Flegel，2007）。而且，某些宿主体内的一些病毒对宿主还会产生积极的影响。另外，一些媒介昆虫可以携带和传播动植物病毒或者人类病毒。

一、昆虫病毒病理的早期研究

世界上最早关于昆虫病毒病的文献记载，出自我国1149年出版的《农书》，其中有关于家蚕“高节”“脚肿”病的记载。1856年，两个意大利科学家发现了家蚕核多角体病毒的包含体结构。1926年首次对颗粒体病毒进行了描述。1933年，Ishimori在家蚕中发现了一种新的在细胞质中的多角体病毒，后来被确认为质多角体病毒。此后电子显微镜技术的运用，极大地促进了人们对昆虫病毒的认识。

20世纪初，欧洲云杉叶蜂（*Gilpinia hercyniae*）传入北美，成为加拿大东北部地区为害云杉的重要害虫。面对不断暴发的农林害虫，有人非常及时地提出利用昆虫病毒来防治农林害虫的设想，昆虫病理学家的研究因而获得资助。经过不懈努力，终于在芬兰发现一种对云杉叶蜂特异性很强的病毒。经人工引入加拿大的害虫种群后，该病毒迅速在种群中流行，对害虫造成重大打击。据记载，1938年在加拿大东部大约有12 000平方英里①的云杉受到该害虫的危害；而到了1945年，云杉叶蜂种群不再暴发，没有严重的凋叶现象。事实上，资料表明，病毒仍然存在于害虫种群中并且持续地起到控制作用。这一成功的事例，促使人们更加深入地进行昆虫病毒的研究，并开始尝试利用昆虫病毒来防治其他种类的害虫。在这种观念指导下，人们更多地致力于探索病毒的作用方式及复制周期。至此，昆虫病理学进入了一个新阶段。

加利福尼亚州立大学伯克利分校的Steinhaus为昆虫病理学发展做出重要贡献。他研究了苜蓿银纹夜蛾的“肿病”，证实幼虫感染NPV后会导致虫体液化，并于1949年出版了专著《昆虫病理学原理》（*Principles of Insect Pathology*）。1959年，他创刊了《病理学杂志》（*Journal of Pathology*），后来改名为《无脊椎动物病理学杂志》（*Journal of Invertebrate Pathology*），并出任第一任主编。其第一期第一篇文章刊登了Bergold和Suter提供的完美的NPV和CPV的电子显微镜照片。1963年，Steinhaus编辑出版了两卷《昆虫病理学》。

二、虫体、组织、分子层面上的昆虫病毒病理研究

（一）昆虫病毒感染的个体表征

不同的昆虫病毒感染可在虫体水平上造成不同的个体表征。例如，核多角体病毒的包含体被宿主幼虫食入后，在中肠中被溶解，染病幼虫初期从外表看不到明显的病症，直至濒死前可观察到以下主要病症：幼虫体节肿胀发亮，体色变淡，且行为不安定，常转移到植物的顶端，以腹足倒悬而死，呈倒“V”形。此时虫体发软，表皮易碎，触之即破，流出混浊的乳白色或褐色、无臭味，且含有大量多角体的浓稠液体。

质多角体病的外部病征与核多角体病的很不相同。在质多角体病发病初期，外部病征

---

① 1平方英里≈2.59km²

不明显，随着病情的发展，宿主的体形与对照相比逐渐变小；食欲衰退；头、胸、腹三部分变化明显，失去正常比例；有的刚毛特长；体色变化明显，萎缩；虫尸的体壁完好，不像核多角体病液化解体现象。内部病变主要在中肠，可见乳白色褶皱，严重时整个中肠呈乳白色。浙江农民把家蚕质多角体病称为“干白肚”，就是对该症状的确切描述。质多角体病的外部病征，因昆虫种类不同，感染龄期不同，也有一定差别。

宿主幼虫感染囊泡病毒后则表现为行动迟缓、生长缓慢乃至停滞、血淋巴呈乳白色混浊状（Huang et al.，2012），典型特性为“急性致病、慢性致死”（Huang et al.，2017a）。

不过，并非所有的昆虫病毒感染都会造成宿主昆虫的个体表征，很多昆虫病毒的感染并不表现出明显的症状，通常宿主与这些病毒之间保持的是一种共存的关系。

（二）昆虫病毒感染的组织和细胞病变

组织病理是昆虫病毒病理学研究的重要组成部分。利用组织切片、免疫组织化学等技术可观察到病毒感染后的主要靶器官及在虫体内的传播过程。例如，苹果蠹蛾颗粒体病毒在感染幼虫组织时，首先侵染中肠组织；在感染幼虫1d后，由最初中肠转移到脂肪体细胞进行侵染；2d后开始侵染体壁等其他组织。

利用光学显微镜和电子显微镜技术，可以观察到病毒感染后宿主细胞的病变，以及病毒的形态发生过程。例如，小菜蛾颗粒体病毒感染宿主后第1天，对照组中浆血细胞呈圆形或椭圆形，易延展，珠血细胞呈圆形；感染组中浆血细胞发生病变，较少延展，有些胞核中有颗粒，有些失去了光滑完整的轮廓，外部边缘皱褶或扭曲，胞核不均质，有些细胞聚集并可观察到拟绛色血细胞。第2天，对照组中浆血细胞有的呈纺锤形，表面光滑，大小不一，有些呈椭圆形，胞核中具有稀疏发亮的小颗粒；感染组中浆血细胞胞核不规则，其中含有较多深色或是发亮的颗粒，有些具有多核。第3天起，感染组中浆血细胞聚集在粒血细胞周围，粒血细胞常数个成堆，易破碎，释放出内含物。第4天，小菜蛾幼虫表现出病症，血淋巴渐变为乳白色，愈见混浊，浆血细胞变圆、变大，胞核变大段较致密。粒血细胞及其中的颗粒也变大。第5天，细胞内出现了颗粒浓集成大颗粒或块状的现象，无法辨别血细胞类型。第6天，多数血细胞裂解释放出颗粒。第7天，大部分血细胞破裂，细胞内部空泡化，并伴随大量圆形黑色致密细小颗粒出现。

对于昆虫病毒感染所引起的细胞病变和病毒形态发生的研究，更多的是利用体外培养的敏感昆虫细胞系开展的。由于这部分内容不是本章的重点，此处略过。

（三）昆虫病毒感染的分子病理

昆虫病毒感染的分子病理是指从分子水平上揭示昆虫病毒感染导致个体、组织、细胞病理变化的机制。随着昆虫病毒分子生物学研究的进展，以及技术手段的更新，不少昆虫病毒感染的分子机制得以揭示。例如，杆状病毒所导致的虫体液化现象，是由病毒所编码的组织蛋白酶基因和几丁质酶基因共同作用的结果；杆状病毒导致的染病昆虫上爬到植株顶部死亡的树顶症可能与病毒编码的蜕皮激素尿苷二磷酸-葡糖基转移酶相关；蜜蜂残翅病毒能直接入侵蜜蜂大脑，引起蜜蜂的行为变化；质多角体病毒的感染局限在中肠，是因为中肠柱状上皮细胞中存在其特异性的受体等。

由于本书第三章、第七章、第八章分别对杆状病毒、家蚕病毒、蜜蜂病毒等进行了详细的介绍，因此，本章主要以囊泡病毒为例，介绍昆虫病毒病理的研究方法和研究进展。

第二节 囊泡病毒及其感染幼虫的典型症状

一、囊泡病毒简介

囊泡病毒（ascovirus）最早于1976年分离自美国加利福尼亚州的甜菜藜夜蛾（*Scotogramma trifolii*）幼虫体内（Federici，1978），并于20世纪80年代初被正式命名（Federici，1983）。*asco*在拉丁文中意为“出泡”，名字来源于其感染宿主细胞时的独特病理学反应。囊泡病毒科（*Ascoviridae*）包含有囊泡病毒属（*Ascovirus*）和图尔病毒属（*Toursvirus*）2属，共4种病毒（Asgari et al.，2017）。其病毒粒子为被覆囊膜的棒杆状、尿囊状或卵圆形，呈不规则对称性，直径约为130nm，长200～400nm；具有环状dsDNA基因组，大小为100～200kb，编码110～200个蛋白质。在细胞质内由脂质包裹成囊泡状，其DNA复制在宿主细胞质内完成（Asgari et al.，2017）。囊泡病毒属主要感染鳞翅目昆虫的幼虫，图尔病毒属也感染膜翅目昆虫。

二、囊泡病毒感染幼虫的典型症状

囊泡病毒主要感染草地贪夜蛾（*Spodoptera frugiperda*）、棉铃虫（*Helicoverpa armigera*）、甜菜夜蛾（*S. exigua*）、斜纹夜蛾（*S. litura*）等夜蛾科重要农业害虫和葱邻菜蛾（*Acrolepiopsis assectella*）等邻菜蛾科害虫（Bigot et al.，1997）。宿主幼虫感染病毒后表现为行动迟缓、生长缓慢乃至停滞、血淋巴呈乳白色混浊状（图5-1），典型特性为“急性致病、慢性致死”。尽管在野外条件下分离并确诊囊泡病毒比较困难，但在室内饲养过程中，感病幼虫在群体饲养中能较易被发现，且可通过血淋巴的颜色判定确认。在幼虫的感染过程中，含有病毒粒子的囊泡在宿主细胞中积累到一定程度时，宿主细胞被裂解，最后组织

图5-1 健康与感染囊泡病毒的甜菜夜蛾幼虫对比

图中从左至右显示的分别是0日龄、3日龄、6日龄甜菜夜蛾幼虫，上为健康幼虫，下为感染囊泡病毒的幼虫，较健康幼虫而言，感病幼虫发育显著迟缓

器官膜破裂，含有病毒粒子的囊泡（virion-containing vesicle），即光学显微镜下发亮的小体，从被感染的组织中释放到幼虫血淋巴中，使之变成乳白色（Federici and Govindarajan，1990）。与其他的昆虫病毒相比，囊泡病毒最特别的一点就是其独有的细胞病理学反应，即感染后含病毒粒子囊泡的形成过程与细胞凋亡相似（Asgari，2006）。在野外，囊泡病毒口服感染率极低，主要依靠寄生蜂的产卵行为进行传播扩散。

第三节　囊泡病毒感染的细胞及组织病理学特征

病毒感染会引起细胞和组织的病理变化，这些病理学特征，可以通过电子显微镜（电镜）和光学显微镜（光镜），结合免疫荧光等技术进行观察和记录。本节以囊泡病毒为例，介绍病毒感染后的细胞及组织病理学特征。

一、电镜观察囊泡病毒感染引起的细胞病变

囊泡病毒对宿主细胞的感染过程，在活体感染的细胞水平上观察，始于细胞核的急剧增大，伴随一系列的细胞核膜内陷（invagination），然后是细胞的增大（一般会增大到健康细胞的5～10倍）（Asgari，2006）。随着细胞核的继续增大、内陷，细胞膜等宿主细胞原有结构增大、内陷的部分逐渐相互连接，将原宿主细胞割裂形成20～30个封闭的小室，成熟的病毒粒子被包含在这些小室中，最后变成直径为500～1000nm的含有病毒粒子的囊泡，也称为病毒囊泡（Huang et al.，2012）。这些病毒囊泡一般会留在被感染的组织中，直到基底膜破裂（Federici and Govindarajan，1990）；病毒囊泡积累到一定程度后，被感染的细胞膨大显著，涨破被感染组织的基底膜，大量死亡细胞的碎片因此流入血淋巴。总体大致分为4个过程（图5-2）：①宿主细胞质的均质化。细胞中原本的大脂肪液滴会被分割成无数个小液滴，其他的细胞器（包括线粒体）等几乎均匀分布于整个细胞质中。②宿主细胞质的重区域化。细胞质被重新划分成若干个部分，每个部分均有典型的病毒发生基质形成，病毒粒子开始合成并被运输到邻近的小脂肪液滴中。③初级囊泡的形成。随着脂肪液滴中病毒粒子的增多，小液滴被撑大，相邻的小液滴重新融合形成含有大量病毒粒子的大脂肪液滴，即囊泡病毒的初级囊泡，同时病毒发生基质中的能量物质开始供给不足，逐渐从细胞质中脱离，形成空腔。④囊泡的成熟与释放。初级囊泡继续成熟，携带部分病毒发生基质一起从细胞质中脱落，最后进一步褪去没有“营养价值”的病毒发生基质，形成成熟的囊泡。细胞系的病毒感染（体外感染）产生的病毒粒子、病毒囊泡数、感染过程的迅速程度远远不及宿主幼虫的活体感染（Asgari，2006）。因此，体外感染被用于研究囊泡病毒的细胞病理学反应，使研究者更清晰、直观地掌握病毒粒子、病毒囊泡的形成。病毒囊泡形成的过程在所有囊泡病毒感染中均有发生，但是在不同囊泡病毒中，这些过程也有一些区别。某些囊泡病毒，如草地贪夜蛾囊泡病毒（Spodoptera frugiperda ascovirus，SfAV）、粉纹夜蛾囊泡病毒（Trichoplusia ni ascovirus，TnAV），其割裂平面是从线粒体和一些小型生长质膜开始的，经膨大的细胞外围延伸进入细胞内部（Bideshi et al.，2005）；但另外一些囊泡病毒，如烟芽夜蛾囊泡病毒（Heliothis virescens ascovirus，HvAV），其割裂平面最先是从细胞边缘向内，逐渐割裂宿主细胞（Huang et al.，2012）。在不同感

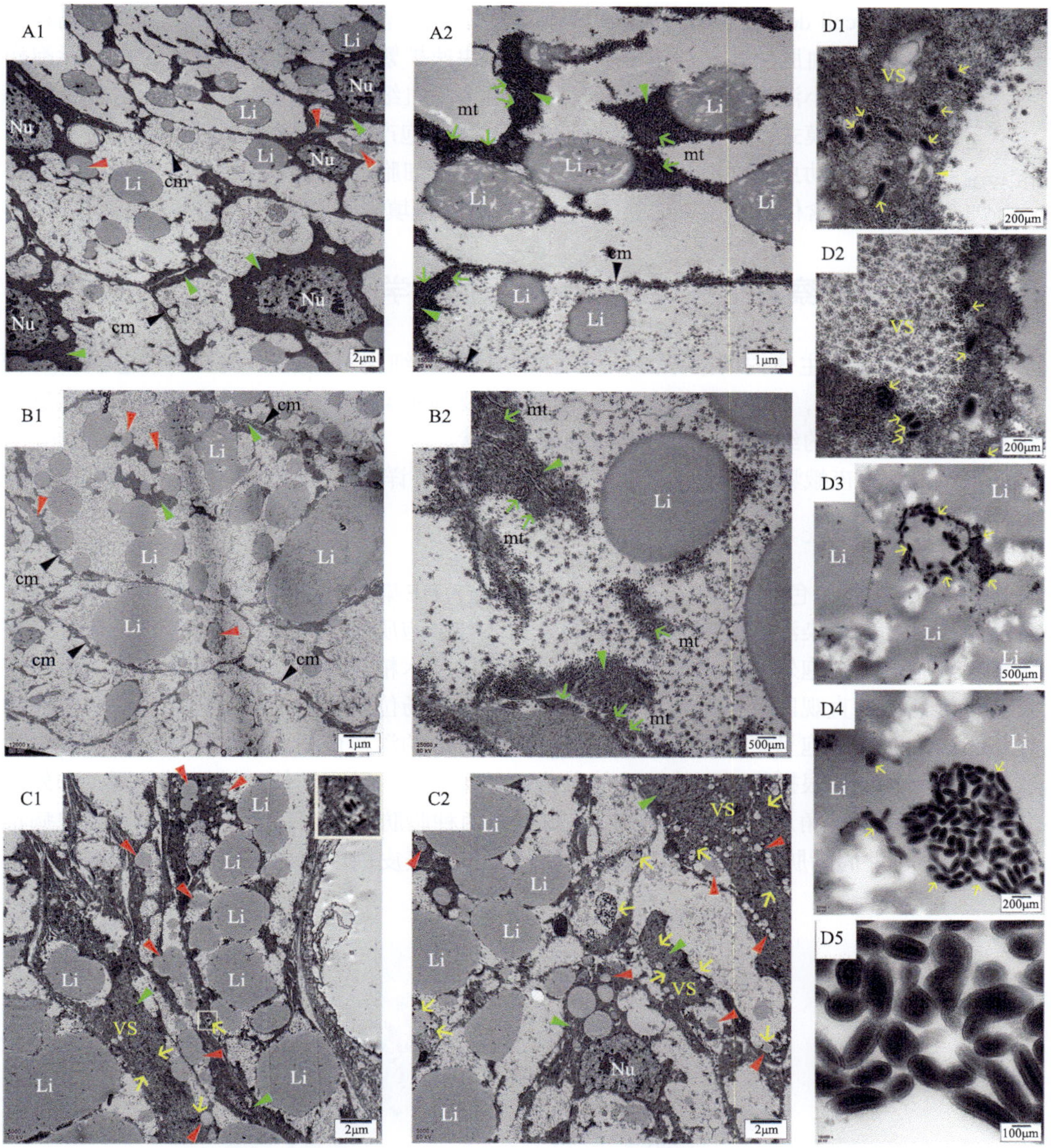

图5-2　囊泡病毒细胞病理学主要阶段（引自Yu et al.，2023）

A．健康甜菜夜蛾脂肪体细胞，放大4000倍（A1）和15 000倍（A2）；Nu．细胞核；Li．脂质包含体。B．烟芽夜蛾囊泡病毒感染甜菜夜蛾后24h时的脂肪体，放大12 000倍（B1）和25 000倍（B2）。C．烟芽夜蛾囊泡病毒感染甜菜夜蛾后96h时的脂肪体，放大5000倍（C1和C2）。D．烟芽夜蛾囊泡病毒感染甜菜夜蛾后96h时的脂肪体，放大倍数分别为6000倍（D1和D2）、30 000倍（D3）、50 000倍（D4）、150 000（D5）。绿色三角．致密沉积区域；绿色箭头．线粒体（mt）；黑色三角．细胞膜（cm）；红色三角．脂滴；黄色箭头．病毒粒子在致密沉积物中生成；VS．病毒发生基质

染阶段，如低龄幼虫的感染与高龄幼虫的感染过程中，病毒囊泡的形成过程也有所差别（Federici and Govindarajan，1990）。

囊泡病毒进入宿主幼虫的血腔后，利用浆血细胞或脂血细胞的吞噬作用进入血细胞内。脂血细胞在感染囊泡病毒后，会启动类似细胞焦亡或细胞坏死的调节性细胞死亡（regulated cell death，RCD），快速地将未包装成大囊泡的含有病毒粒子的小液滴释放到血腔中，开启囊泡病毒的初步快速扩繁。这些被释放到血腔中的囊泡病毒小液滴在血腔中循环并进入更多的血细胞或脂肪体组织，开启常规的感染模式——抑制宿主细胞RCD的大囊泡产生模式。这样循环往复，直到宿主幼虫的血腔被大量的含有囊泡的血细胞、来源于珠血细胞的含有囊泡的包含体碎片及不成熟的初级囊泡等结构填满。

昆虫血细胞感染HvAV-3h毒株96h后的形态变化

二、光镜观察囊泡病毒感染的组织病理学特征

囊泡病毒在宿主体内的感染是一种巧妙利用宿主细胞不同RCD类型的“急慢性”转换的过程（Yu et al.，2023）。作为囊泡病毒最主要的感染组织，宿主幼虫的脂肪体在感染过程中均含有完整的细胞核，未见典型的凋亡症状。

下面以烟芽夜蛾囊泡病毒3h株（HvAV-3h）为例，详细介绍病毒感染组织的病理特征。

（一）苏木精-伊红染色法

苏木精-伊红染色（hematoxylin-eosin staining，HE染色）法是观察细胞形态和病理的常用方法，苏木精染液主要使细胞核内的染色质与细胞质内的核糖体着紫蓝色；伊红染液主要使细胞质和细胞外基质中的成分着红色。利用苏木精和伊红对健康甜菜夜蛾的组织切片进行染色，可直观区分不同组织（图5-3）。幼虫中肠位于体腔中部，分层呈深紫色的密集细胞圈，肌肉细胞呈紫色片状组织，其中含有分散的深蓝色小点为细胞核，幼虫表皮呈淡粉色和暗紫色。根据位置可将脂肪体分为两种类型：内脏脂肪体（被肠道包围）和外周脂肪体（靠近表皮角质层），在甜菜夜蛾幼虫中两种脂肪体无明显的形态差异。囊泡病毒感染后96h，外周脂肪体出现明显破裂，散落分布在表皮周围，内脏脂肪体出现细胞形态

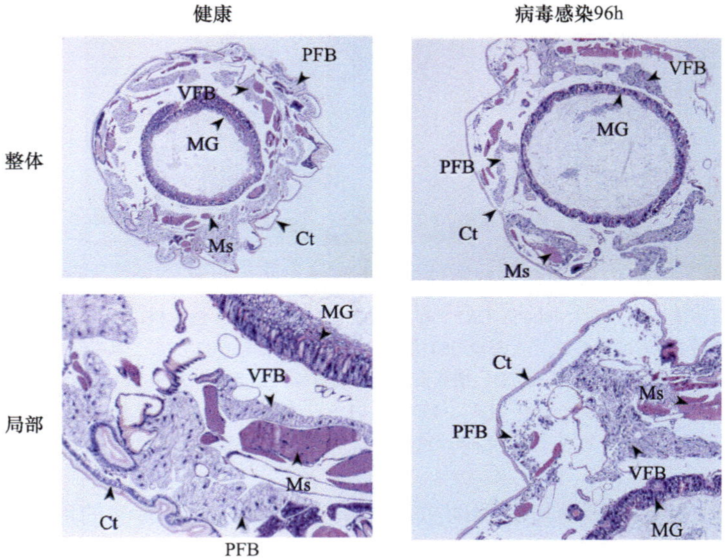

图5-3 烟芽夜蛾囊泡病毒感染甜菜夜蛾的组织病理学观察（引自Yu et al.，2023）

MG. 中肠；Ms. 肌肉；Ct. 表皮；VFB. 内脏脂肪体；PFB. 外周脂肪体

模糊、核内物质增多，但其结构完整，未见破裂。甜菜夜蛾肌肉组织未见明显病理改变。

（二）瑞特染色法

血淋巴涂片观察可以更好地了解病毒感染后昆虫幼虫血淋巴细胞的整体病理变化，通过瑞特染色（Wright stain）法，组织细胞的细胞质被染为红色，细胞核被染为蓝色或紫色，可以清楚地区分幼虫的原血细胞、浆血细胞和粒血细胞。如图5-4所示，健康甜菜夜蛾幼虫的原血细胞、浆血细胞、粒血细胞形态区别明显；在感染囊泡病毒后96h，视野内紫红色细胞碎片均匀分散在各类型血细胞周围。

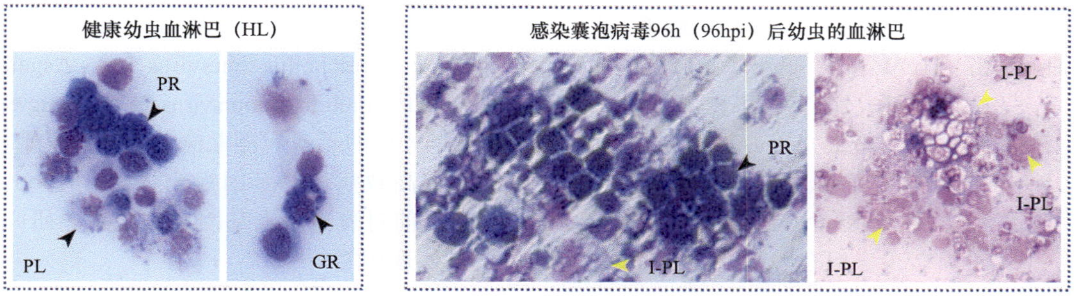

图5-4　烟芽夜蛾囊泡病毒感染和健康幼虫血淋巴图片观察（引自Yu et al.，2023）

PR．原血细胞，PL．浆血细胞，GR．粒血细胞；I-PL．HvAV-3h感染后的浆血细胞

（三）免疫荧光检测

免疫荧光检测（immunofluorescence assay，IFA）是利用荧光标记的抗体特异性地结合细胞或病毒的蛋白质分子，进而显示病毒感染的靶细胞的检测技术。图5-5显示了利用免疫荧光技术检测不同时间HvAV-3h感染甜菜夜蛾幼虫后的内脏和外周脂肪体病理变化的差异。病毒感染后24h（24hpi），细胞骨架（红色荧光）清晰可见，每个脂肪体细胞的细胞核（DAPI染色）清晰地包含在细胞内。脂肪体和肌肉组织的边缘呈现微弱的绿色荧光[病毒的主要衣壳蛋白（MCP）正在表达]。而感染后96h（96hpi），脂肪体的细胞骨架发生明显的变化。外周脂肪体几乎没有明显细胞结构，靠近表皮角质层的体腔内发出红色荧光。

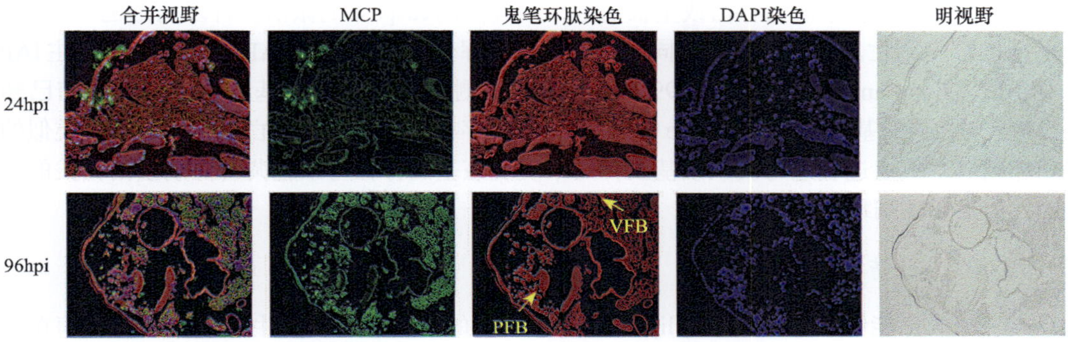

图5-5　烟芽夜蛾囊泡病毒感染甜菜夜蛾幼虫组织的免疫荧光观察（引自Yu et al.，2023）

第四节　囊泡病毒感染的分子病理学

一、囊泡病毒基因组学

囊泡病毒基因组大小在100～200kb，G+C含量为35%～55%，基因组编码区占基因组全长的80%以上，基因排列紧凑，具有重叠现象。目前已完成全基因测序的囊泡病毒共11株，包括草地贪夜蛾囊泡病毒1a毒株SfAV-1a、粉纹夜蛾囊泡病毒（Trichoplusia ni ascovirus，TnAV-6a、TnAV-6b）、烟芽夜蛾囊泡病毒（HvAV-3e、HvAV-3f、HvAV-3g、HvAV-3h、HvAV-3i、HvAV-3j）、美双缘姬蜂图尔病毒1a（Diadromus pulchellus toursvirus 1a）（Asgari et al.，2017）、枣瘿蚊图尔病毒2a（Dasineura jujubifolia toursvirus 2a）（Wang et al.，2020）。HvAV-3h是中国首次于2012年分离的囊泡病毒毒株，对甜菜夜蛾、斜纹夜蛾、棉铃虫、黏虫等重要害虫具有高致病性，基因组全长190 519bp，共有185个ORF（Huang et al.，2017a）。目前对囊泡病毒基因和功能蛋白研究较少，但有些基因可能与囊泡病毒感染的病理相关。

HvAV-3h
毒株基因组

（一）胱天蛋白酶

胱天蛋白酶（cysteine aspartic acid specific protease，caspase）以酶原形式存在于细胞质中，分为起始caspase和执行caspase。起始caspase被召集到死亡受体复合物中，随后发生水解活化，再通过异源活化的方式水解下游的执行caspase，将凋亡信号放大并向下传递（Thornberry and Lazebnik，1998）。SfAV-1a编码的执行caspase能在宿主细胞感染病毒后9h合成，能够单独诱导昆虫细胞的凋亡，加速细胞裂解产生凋亡小体。但作为一个SfAV-1a感染后9h就开始表达的蛋白质，SfAV-1a编码的执行caspase的强促凋亡功能似乎无法保证病毒拥有足够的资源及空间来完成自身的复制及装配（Bideshi et al.，2006）。此外，关于HvAV-3e编码的caspase-like蛋白功能的研究表明，该基因与细胞凋亡无关，而是与病毒的复制相关（Asgari et al.，2017）。

（二）凋亡抑制蛋白

凋亡抑制蛋白（inhibitor of apoptosis protein，IAP）是一类分布较为广泛的内源性细胞蛋白，主要作用于激活存活或生长信号，或者抑制caspase的激活。许多病毒也编码IAP来抵抗细胞凋亡。与宿主IAP不同，病毒IAP发挥作用时与宿主IAP结合，稳定宿主IAP的功能（Evan and Littlewood，1998）。目前已被测序的囊泡病毒基因组中均具有与已知IAP序列相似的基因。在HvAV-3e中，*orf28*基因存在于杆状病毒凋亡抑制蛋白基因类似的功能区域，但通过表达与沉默该基因，均未发现该基因存在与细胞凋亡抑制蛋白相关的功能，而是影响病毒的复制。

（三）脂肪酶

一些病毒能够编码脂肪酶（lipase）作为自身的致病因子，如牛痘病毒的脂肪酶在病毒的膜生成和膜融合方面发挥着重要的作用（Blasco and Moss，1991）。烟芽夜蛾囊泡病毒中也编码lipase同源的蛋白质，但HvAV-3e编码的lipase-like（ORF19）被证实不具备脂肪酶的活性，而具备促进病毒的复制和宿主细胞裂解的作用（Smede et al.，2009）。

（四）核糖核酸酶Ⅲ

核糖核酸酶Ⅲ（RNase Ⅲ）是广泛存在于真核生物、原核生物和一些病毒中的双链RNA特异性加工酶（dsRNA-specific processing enzyme），参与各种RNA合成过程，其中最重要的功能就是基因沉默（Régnier and Grunberg-Manago，1989）。*orf27*（HvAV-3e）编码RNase Ⅲ-like蛋白，该蛋白能够抑制宿主细胞的RNAi防御机制，在体外该蛋白能够调节自身的表达，对病毒的复制起着十分重要的作用（Hussain et al.，2010）。

二、囊泡病毒感染的转录组学分析

SfAV-1a感染草地贪夜蛾后的病毒转录分析显示，44个核心基因（囊泡病毒属共有的基因）和26个具有代谢功能的基因，在转录时间上具有一定的时空表达差异。按照病毒感染6h、12h、24h后开始转录的顺序将这些基因分为三类，即早期基因、晚期基因和极晚期基因。其中，早期基因预测具有核苷酸代谢、抑制细胞凋亡和与宿主相互作用的功能；晚期基因的功能主要包括核酸代谢、病毒组装、与宿主相互作用；而极晚期基因主要具有核酸代谢、病毒组装、脂代谢和与宿主相互作用的功能。

转录组学相关数据表明，甜菜夜蛾感染HvAV-3h后，宿主的基因在感染后6h开始下调，占差异基因总数的31.1%；在感染后6～12h，下调的差异基因数急剧增加至68.4%。这说明HvAV-3h感染宿主后在短时间内导致宿主基因的大量下调。差异基因主要与代谢相关，宿主的代谢机制在受到病毒感染后高度敏感，表皮相关基因被显著下调，表皮的合成受到影响。HvAV-3h感染还会导致宿主甜菜夜蛾幼虫体内营养物质代谢及几丁质酶的活性与转录、表达的紊乱（He et al.，2020）。另外这些差异基因也涉及昆虫体内几种典型的免疫相关途径，如Toll样受体信号转导途径和JAK-STAT信号转导途径，这两种途径对于入侵病原微生物的先天免疫应答起着非常重要的作用。

三、囊泡病毒感染的蛋白质组学分析

病毒粒子携带的蛋白质可能参与病毒感染过程中的多个环节。蛋白质组学分析发现HvAV-3h病毒粒子携带78个病毒蛋白，其中9种高丰度蛋白包括主要衣壳蛋白（ORF50）、主要病毒粒子DNA结合蛋白（ORF58）、DNA代谢蛋白（ORF57）、拟DEAD解旋酶（ORF13）、丝氨酸/苏氨酸蛋白激酶（ORF75）、ORF27、ORF55、ORF48和ORF152。在病毒粒子携带的78个病毒蛋白中，有28个蛋白质具有注释功能，推测它们参与了病毒复制和/或细胞感染过程，包括病毒装配、DNA/RNA代谢、糖和脂代谢、细胞信号转导、细胞内稳态和细胞裂解等。分析显示，19种病毒蛋白含有跨膜区，被预测为膜蛋白，其中组织蛋白酶B、乙酰转移酶、ORF48和ORF64是具有300个以上氨基酸的大蛋白。基于鳞翅目昆虫蛋白序列数据库，总共鉴定出87个HvAV-3h病毒粒子携带的宿主蛋白。蛋白质组学研究为深入揭示囊泡病毒的致病机制奠定了基础。

HvAV-3h毒株病毒粒子携带蛋白质分析

本章小结

昆虫病毒的感染过程是一个精细且复杂的生物学现象。随着病毒的扩散与增殖，宿主昆虫会逐渐显现出一系列明显的形态学、生理学和行为学症状。这些症状可能包括身体形态的异常变化、生理功能的紊乱及行为模式的改变。为了深入理解和揭示昆虫病毒感染的机制及其引发的病理变化，需要从个体、细胞和组织、分子等多个层面进行观察和研究。本章以囊泡病毒感染为例，介绍了囊泡病毒感染后，宿主细胞会产生许多囊泡并导致血淋巴呈乳白色混浊状；被感染幼虫出现行动迟缓、生长缓慢乃至停滞，表现出“急性致病、慢性致死”的典型特性。同时介绍了电镜技术、苏木精-伊红染色法、瑞特染色法、免疫荧光检测等方法在细胞及组织病理研究中的应用，以及功能基因组学、转录组学、蛋白质组学等技术在分子病理研究中的应用。

复习思考题

1．试举例细胞病理学和组织病理学研究的常用方法。
2．请简述昆虫囊泡病毒的基本特征及其主要感染的昆虫种类。
3．如何理解分子病理学中基因组学和蛋白质组学的作用?

第六章
病毒感染与昆虫的代谢、发育及行为

本章要点

○ **病毒感染与昆虫的代谢：** 病毒感染可影响宿主取食、能量代谢和解毒代谢。昆虫病毒主要通过调控基础代谢通路、激素分泌及肠道微生物等不同的途径影响昆虫的代谢。

○ **病毒感染与昆虫的发育：** 病毒感染可对宿主发育速度产生影响，使其加快或减慢。昆虫病毒主要通过干扰昆虫的激素分泌、基因表达和其他微生物组成等不同的途径和机制影响昆虫的发育。

○ **病毒感染与昆虫的行为：** 病毒感染可对宿主取食、交配、产卵、宿主寻觅和运动等行为产生影响。昆虫病毒通过影响昆虫神经系统、循环系统、免疫系统、细胞信号转导途径和/或基因表达等不同的途径操纵昆虫行为。

○ **茧蜂病毒-寄生蜂-鳞翅目昆虫的三维生态系统：** 茧蜂病毒是基因组整合在寄生蜂染色体上的一类特殊病毒，它们在雌性寄生蜂卵巢中形成有感染性的病毒粒子，随着寄生蜂产卵进入鳞翅目昆虫体内，通过表达的病毒蛋白抑制昆虫的免疫系统，促进寄生蜂的发育。

昆虫病毒在自然界中广泛存在，对昆虫的生态和进化有重要作用。昆虫病毒不仅能够导致昆虫的死亡，还能够对昆虫的发育、代谢和行为等方面产生影响。本章将介绍常见的昆虫病毒对宿主的影响及调控机制。

第一节　病毒感染与昆虫的代谢

昆虫的代谢也称为新陈代谢，一般是指昆虫体内所发生的用于维持生命的一系列有序的化学反应的总称，这些反应进程使得昆虫能够生长和繁殖、保持它们的结构及对外界环境做出反应。昆虫代谢包括物质代谢和能量代谢两个方面，物质代谢是指昆虫与外界环境之间物质的交换和昆虫体内物质的转变过程，能量代谢是指昆虫与外界环境之间能量的交换和昆虫体内能量的转变过程。在新陈代谢过程中，既有同化作用，又有异化作用：同化作用又叫作合成代谢，是指昆虫把从外界环境中获取的营养物质转变成自身的组成物质，并且储存能量的变化过程；异化作用又叫作分解代谢，是指昆虫能够把自身原有的一部分组成物质加以分解，释放出其中的能量，并且把分解的终产物排出体外的变化过程。代谢可以被认为是生物体不断进行物质和能量交换的过程，一旦物质和能量的交换停止，生物体的结构就会解体。维持全身能量平衡对所有生物至关重要，而病毒感染会干扰昆虫的正常代谢，影响昆虫自身的能量代谢和解毒代谢稳态，本节主要讨论病毒感染对昆虫代谢的影响及其机制和生理意义。

一、病毒感染对昆虫代谢的影响

昆虫代谢所需要的能量主要来源于环境，除一部分是光能、热能等外，大部分是食物中储存的化学能，而这一过程是通过取食行为来获得的。已有许多研究表明，病毒感染影响昆虫的取食行为。通过对棉铃虫感染棉铃虫核多角体病毒（HearNPV）后的取食量测定，发现在感染后的24h，感染病毒的幼虫取食量显著高于健康的棉铃虫幼虫，但是在感染后的48h，感染病毒的幼虫取食量则呈现显著减少的趋势（Tian et al.，2022）。茶尺蠖幼虫、菜粉蝶幼虫及粉纹夜蛾幼虫在饲喂病毒后，取食量和取食速率也发生了显著性的变化。以上结果表明病毒的感染能显著改变昆虫的取食行为，但变化的趋势存在差异，这可能是病毒和宿主特性不同所引起的。病毒感染后昆虫取食行为的变化，也为后续昆虫体内代谢过程的改变奠定了基础。

病毒感染影响昆虫的能量代谢。在人类中，病原体感染导致患者的碳水化合物、脂质和蛋白质代谢缺陷，引起能量消耗异常。同样，在感染不同病原体的果蝇中也发现了相似的现象，病原体感染通常会减少合成代谢，表现为甘油三酯和糖原等能量储存分子的减少，同时通过增强糖酵解和脂分解来诱导代谢。松毛虫核多角体病毒感染松毛虫后，导致松毛虫体内脂肪酸和甘油三酯水平下降，同时提高蛋白质和氨基酸水平，这反映了松毛虫为应对病毒感染而加速了脂肪分解和蛋白质合成。棉铃虫感染HearNPV后，葡萄糖和三磷酸腺苷（ATP）含量也发生了显著变化。与健康幼虫相比，棉铃虫幼虫在感病24h和48h后肠道中的葡萄糖水平显著升高，而ATP的含量显著降低。家蚕感染家蚕核多角体病毒（Bombyx mori nucleopolyhedrovirus，BmNPV）后，肠道中的氨基酸水平发生了显著变化，13种氨基酸在感病后含量显著上升。因此，病毒感染影响昆虫的糖、脂、蛋白质等物质的吸收和分解利用，影响三羧酸循环、ATP循环等生理过程。

病毒感染影响昆虫的解毒代谢。在昆虫生活过程中，有毒物质不可避免地会进入昆虫体内，此时需要昆虫将有毒物质迅速代谢为无毒物质，使机体保持正常状态而不受其害，这种代谢称为解毒代谢。HearNPV感染棉铃虫后对宿主昆虫体内代谢酶谷胱甘肽*S*-转移酶（GST）、过氧化物酶（POD）的活性产生了显著的影响。病毒感染棉铃虫后，宿主中肠细胞中代谢酶的活性均呈显著升高趋势，但随着时间的延长，病毒对酶活性产生了抑制作用。此外，病毒能抑制宿主血淋巴中与黑化反应相关的大多数级联成员的水平和活性酚氧化酶（PO）的活性，从而抑制黑化反应，攻击昆虫的防御系统（Yuan et al.，2017）。因此，病毒感染影响昆虫解毒代谢，从而影响昆虫的免疫系统，最终影响昆虫的生长发育。

二、病毒感染影响昆虫代谢的机制

病毒感染通过调节糖酵解、三羧酸循环等昆虫基础代谢途径影响昆虫代谢。对BmNPV和苜蓿银纹夜蛾核多角体病毒（AcMNPV）的研究表明，杆状病毒感染显著增加了宿主的耗氧量和三羧酸循环活性。在感染AcMNPV和BmNPV的细胞中，观察到代谢途径基因如柠檬酸合酶基因和丙酮酸脱氢酶基因，以及参与线粒体呼吸的基因的表达量增加。BmNPV感染家蚕细胞后，糖酵解基因*Treh*和*Eno*的表达量及ATP的产生增加。这也与AcMNPV感染的Sf-9细胞上的观察结果一致，感染后柠檬酸含量、三羧酸循环活性和ATP水平增加。通过对感染HearNPV棉铃虫的中肠进行转录组分析，发现病毒侵染改变了棉铃虫幼虫的糖代谢，通过降低三羧酸循环的活性而增加糖酵解酶的活性使虫体糖代谢失调，最终导致ATP的产生降低而代谢增强。对感染不同病原体的果蝇转录组分析，病原体感染主要影响参与代谢的基因表达，显著抑制了参与合成代谢的基因表达（Lee and Lee，2018）。这些研究表明，感染可以直接调节宿主代谢基因的表达，更倾向于使宿主代谢转向分解代谢。

病毒感染通过调节胰岛素通路影响昆虫代谢。单糖作为代谢中重要的能量来源，严格受到胰岛素信号通路的调控。该通路可以促进细胞对葡萄糖的摄取，从而降低血淋巴中的葡萄糖浓度，并调节脂肪、糖和蛋白质的代谢。病毒感染会影响昆虫的胰岛素信号通路，并由此影响昆虫的代谢。棉铃虫感染HearNPV后，胰岛素信号通路的MAPK（促分裂原活化的蛋白激酶）、mTOR（哺乳动物雷帕霉素靶蛋白）、PI3K（磷脂酰肌醇3激酶）和IR（胰岛素受体）等表达量显著上调，这些信号的上调引起能量代谢相关物质如海藻糖酶等均呈现出表达量显著上调趋势，从而加速糖代谢。由胰岛素信号改变引起的糖代谢变化，也会导致与脂代谢相关的物质如激脂激素（AKH）等的表达量发生改变，从而影响昆虫的脂代谢。此外，胰岛素信号通路可以影响昆虫的取食行为，用胰岛素处理感染HearNPV的棉铃虫能够显著增强感病幼虫的取食量（Tian et al.，2022）。

病毒感染通过调节昆虫肠道微生物影响昆虫代谢。肠道作为昆虫的重要组织之一，在昆虫取食、代谢等方面均能够发挥重要的功能作用，肠道中存在的共生微生物被广泛证明在昆虫的生长发育、免疫代谢及行为等方面均具有重要的调节作用。有研究通过16S rDNA测序和代谢组学分析发现，感染BmNPV后家蚕中肠菌群和代谢物发生了显著变化，病毒感染改变了肠道中代谢物的丰度，其中大多数途径与氨基酸、脂肪酸等代谢途径（如柠檬酸循环）有关。同样，在感染HearNPV的棉铃虫中也发现了类似的结果，棉铃虫幼虫感病后肠道中的微生物群落结构组成发生了显著变化，肠道微生物种群的数量和多样性等均显著低于正常的棉铃虫。其中，与能量产生和转换、氨基酸运输和代谢、次生代谢物生物合成等相关功能的微生物均在感病后呈现出不同程度的下降趋势，与三羧酸循环和脂肪酸生物合成相关的微生物受到显著的抑制，而糖酵解和丙酮酸氧化相关的微生物却在感病棉铃虫中显著富集。这些结果表明病毒的侵染可能通过改变肠道微生物的结构影响昆虫的能量和氨基酸等代谢。

病毒感染通过调节昆虫解毒代谢通路影响昆虫代谢。HearNPV感染棉铃虫对宿主昆虫的解毒代谢酶基因*GST*表达水平有显著影响，感染初期宿主细胞内*GST*基因表达呈显著升高趋势，但感染后一段时间染毒组的*GST*基因表达水平又呈现显著降低，说明病毒感染棉铃虫后对宿主昆虫的解毒代谢相关基因有调控作用。

三、病毒感染影响昆虫代谢的生理意义

病毒的侵染和复制及传播严重依赖宿主资源，需要大量的能量供应，宿主昆虫体内的能量分布和转移是影响病毒复制的重要因素。例如，给感染HearNPV的棉铃虫饲喂葡萄糖，与对照组相比病毒复制量显著增多且死亡速率显著加快。而饥饿处理则会抑制病毒的

复制，同时棉铃虫的死亡速率显著减缓。因此病毒诱导宿主昆虫的代谢活动改变，一方面为自身的增殖提供足够的能量，另一方面破坏昆虫自身的正常代谢，造成能量消耗、营养缺乏、组织损伤等生理紊乱，同时攻击解毒代谢防御系统，这些紊乱会影响昆虫的生长速度、体重、寿命等指标，甚至导致发育停滞或畸形，直至昆虫死亡，从而利于病毒的水平传播。

宿主也可以调节自身的代谢活动来限制病毒的传播，激活和重新分配能量来供给免疫系统是抗病毒反应所必需的，宿主的免疫系统也需要更高的能量供应来进行抗病毒免疫反应，新陈代谢对于建立有效的免疫反应来对抗入侵的微生物是必不可少的。为什么宿主在病原体感染期间会将代谢转向分解代谢？由于免疫反应是一个需要能量的过程，通过分解代谢产生能量可能有利于免疫系统对抗病原体，以及促进组织修复和抗逆性（Dolezal et al.，2019）。例如，果蝇被病原体感染后，免疫细胞释放腺苷作为激活代谢重新编程的信号，将能量分配从发育过程转移到免疫反应，从而抵抗病原物的侵染。因此，在病毒感染期间，昆虫也需要进行代谢调节，以此在适当的细胞或组织中及时准确地分配能量，从而满足进行强烈的免疫反应的能量需求实现自我保护。

第二节　病毒感染与昆虫的发育

一、病毒感染对昆虫生长发育的影响

病毒感染可以对昆虫的生长发育产生从无害到致死的不同程度的影响。病毒感染可以影响昆虫的生理功能，如代谢、消化、呼吸、神经、内分泌等。这些功能的紊乱会导致昆虫的生长速度、体重、体型、寿命等发生变化。

昆虫病毒能够对宿主发育速度产生影响，使其加快或减慢。杆状病毒侵染鳞翅目幼虫后会阻滞其发育；Partiti-like病毒也可延缓非洲黏虫发育速度，降低雌虫生殖力。相反，有的昆虫病毒则会对宿主产生有利作用并促进其发育。例如，浓核病毒DplDV能诱导蚜虫的羽化和迁飞。正常的蚜虫会根据环境条件和种群密度调节自己的形态，有些会长出翅膀，有些则不会。病毒感染的蚜虫更易长出翅膀，移动性增加并扩散至其他宿主植物上传播和复制病毒。棉铃虫浓核病毒2（Helicoverpa armigera densovirus 2，HaDV2）也能加快幼虫和蛹的发育进度。

昆虫病毒感染还可以改变宿主的发育性别，使其性别比例发生改变，出现雌雄同体或雌性化现象。这种影响可能与病毒对宿主性别决定机制的干扰有关。例如，病毒PpNSRV-1能够减少其宿主寄生蜂的雌性后代（Kageyama et al.，2023）。雌性后代的减少或许更有利于病毒传播。由于雄性可以与多个雌性交配，更高比例的雄性可以使病毒更广泛地扩散。有些病毒会特异性导致雄性死亡，如病毒DbMKPV1会导致雄性果蝇在胚胎形成晚期死亡。

二、病毒感染影响昆虫发育的机制

病毒感染对昆虫生长发育的影响取决于多种因素，包括病毒的类型、数量、传播途

径，也受到宿主种类、年龄、性别、营养状况和免疫系统的影响。同时昆虫的免疫系统会对病毒感染做出反应，导致炎症和组织损伤，进而影响发育。总的来说，昆虫病毒主要通过干扰宿主的激素分泌、基因表达和其他微生物组成等不同的途径和机制影响宿主的发育。

病毒改变宿主发育与其对宿主激素分泌的调节有关。激素是一类在低浓度下能产生生物效应的化学信使，它们通过结合特异性受体，调节下游基因的表达和功能。昆虫中最重要的两类激素是蜕皮激素（ecdysone）和保幼激素（juvenile hormone），它们在昆虫的生长、蜕皮、变态、生殖等方面起着关键作用。病毒感染可以通过多种方式干扰昆虫激素水平和受体表达，从而影响昆虫发育。例如，杆状病毒编码的蜕皮激素尿苷二磷酸-葡糖基转移酶（EGT）通过糖基化作用使宿主昆虫分泌的蜕皮激素失活以延长幼虫的取食时间，促进病毒的繁殖（Oreilly and Miller，1989）。因此推测杆状病毒基因组中*egt*的保留是其在鳞翅目昆虫靶宿主中长期进化的结果。BmNPV感染家蚕后，会降低家蚕血淋巴蜕皮激素水平。激素的变化会促进家蚕幼虫龄期延长和体重增大。除了蜕皮激素，昆虫病毒还会通过调控宿主保幼激素的水平以影响昆虫发育。例如，被痘病毒MySEV感染的4龄东方黏虫发育受到阻滞，大部分停留在6龄幼虫无法化蛹。这是由于该病毒能够编码保幼激素酸甲基化酶，该酶能够参与合成保幼激素，这使得染毒幼虫体内保幼激素水平升高，发育受阻。

不同的病毒还可以通过调控宿主的基因表达来影响其发育。例如，茧蜂病毒TnBV能够合成并分泌蛋白ANK，该蛋白会干扰宿主胰岛素通路相关基因的表达，从而导致寄生蜂发育受阻（Ignesti et al.，2018）。浓核病毒HaDV2能促进棉铃虫幼虫的发育，通过分析染毒后不同时间点的棉铃虫幼虫转录组发现：幼虫体内大量与酶活性、免疫反应、激素合成和寿命等多种功能相关的基因表达量发生显著改变。除此之外，AcMNPV也会导致宿主中肠中一些与消化、代谢、免疫和信号转导相关的基因表达发生改变。其中，蛋白酶、淀粉酶和脂肪酶的表达下调，可能会影响棉蚜的营养吸收和生长发育。另一些基因如胱天蛋白酶（caspase）基因、细胞色素c（cytochrome c）基因的表达上调，可能会促进棉蚜的细胞凋亡和应激反应，这些基因表达的改变可能会导致宿主的死亡或发育异常。特定的病毒蛋白会干扰宿主的发育性别，如病毒DbMKPV1的PVMKp1蛋白会导致雄性果蝇死亡，但该蛋白质并不能损伤性染色体的DNA，其下游基因及通路有待进一步揭示。

昆虫的发育过程也受到表观遗传修饰的调控。表观遗传修饰是指不涉及DNA序列改变的遗传信息传递方式，主要包括DNA甲基化、组蛋白修饰和非编码RNA等。病毒感染可以通过表观修饰改变昆虫基因表达，从而影响昆虫发育。例如，BmNPV感染家蚕后会导致家蚕中肠基因m^6A甲基化修饰增加（Zhang et al.，2020）。m^6A修饰是指mRNA腺苷N6位置的甲基化，是真核生物中最丰富的内部修饰。m^6A修饰降低会引起昆虫发育受阻，这暗示染毒后昆虫发育的改变与病毒引起宿主基因的甲基化修饰相关。

病毒调控昆虫发育的另一种方式是通过改变宿主体内的微生物组成和功能。昆虫体内存在着丰富多样的微生物群落，包括细菌、真菌和原生动物等，它们与昆虫形成了复杂的共生关系，影响着昆虫的营养、代谢、免疫、行为等方面。近年来一些文献报道了昆虫病毒会改变宿主的肠道菌群，如家蚕二分浓核病毒（BmBDV）会减少家蚕肠道菌群多样性（Kumar et al.，2019）；感染AcMNPV后甜菜夜蛾幼虫肠道内细菌物种数、细菌群落多样性和均一性高于正常幼虫的，真菌物种总数、群落丰富度、群落均一性低于正常幼虫的。

感染AcMNPV的4龄甜菜夜蛾幼虫与健康幼虫相比，其肠道内乳酸乳球菌丰度下降，这可能是影响宿主发育的原因。因为乳酸乳球菌可将乳糖发酵为乳酸并促进蛋白质水解，与营养水平息息相关；另外，乳酸乳球菌可激活胰岛素的信号以促进其发育历期。减少的乳酸乳球菌可能打破了幼虫消化与生长的平衡，导致相应生命活动被抑制。

综合以上内容，病毒感染影响昆虫发育的方式是复杂的，其中最常见的是干扰昆虫的激素分泌水平。除此以外，病毒还可以通过干扰或修饰其他基因表达、诱导细胞凋亡和改变微生物环境等多种途径调控昆虫发育，还有更多的机制有待进一步探索。病毒感染对昆虫生长发育的影响不仅关系到昆虫本身的生存和发展，也关系到人类和其他生物的健康和安全。因此，深入了解病毒与昆虫之间的相互作用机制，对于防治昆虫相关疾病和保护生物多样性具有重要意义。

三、病毒感染影响昆虫发育的生态学意义

病毒对昆虫生长发育的影响是复杂的，病毒和宿主昆虫之间不断上演着激烈的“军备竞赛”，最终相互适应以实现介体存活和病毒传播。昆虫病毒能够加快或延缓宿主发育速度，这不仅有助于病毒在最佳时机释放出新的病毒颗粒，也有助于宿主在最佳时机完成蜕皮或羽化。例如，蝇蛹金小蜂体内小RNA病毒1（Rondani’s wasp virus 1，RoWV-1）可侵染蝇蛹金小蜂宿主黑腹果蝇，并在果蝇体内大量增殖。其不仅能够提高黑腹果蝇的产卵量，还可延长其发育历期。这可保证寄生蜂获得更多宿主繁育后代进而发挥更好的控害作用。病毒改变宿主的性别比例，一方面有助于病毒增加感染率和遗传多样性，另一方面也可能有助于宿主调节种群密度和结构。

病毒感染对昆虫的生长发育产生的影响不仅关系到昆虫个体的生存和繁殖，还对生态系统的结构和功能产生影响。昆虫在生态系统中与植物、微生物和其他动物有着复杂的相互作用。病毒感染可能改变昆虫的生态位，从而影响其与其他生物的关系，包括掠食关系、共生关系和竞争关系等。这些变化可能会对整个生态系统的稳定性和功能产生连锁效应。

总之，深入了解病毒感染对昆虫发育的影响机制和生态学意义对于生态学、农业和生物多样性保护等领域都具有重要的意义。这些研究不仅有助于我们理解自然界中复杂的相互作用关系，还为昆虫病毒在害虫防治和农业生产中的应用提供了新的视角和策略。最终，这些知识有望为维护生态平衡和促进可持续发展做出重要贡献。

第三节　病毒感染与昆虫的行为

一、病毒感染对昆虫行为的影响

昆虫与病毒长期的协同进化过程中，染毒的宿主昆虫受到体内病毒的操纵，造成了宿主昆虫众多的行为变化，其中增加病毒适合度的表型变化（如增加传播能力或接触宿主的概率）被称为对昆虫的行为操纵。目前已报道病毒感染会引起昆虫取食、交配、产卵、宿主寻觅和运动等行为的改变，这些行为的变化对病毒传播的速度、时间和范围具有决定性的影响。

取食是昆虫生长和传播病毒所必需的，取食行为的改变会直接影响昆虫的传毒。在一些媒介昆虫的研究中，发现病毒可以通过改变宿主植物的营养含量、系统性抗性、过氧化物含量、次生代谢物的浓度等影响昆虫对染毒植株的偏好性，从而间接操控媒介昆虫的取食行为。此外，病毒还可以直接操控媒介昆虫的取食行为，如延长取食的时间、增加刺探的频率，甚至改变昆虫的食性，如杂食性昆虫西花蓟马的雌虫携带番茄斑萎病毒后，植食性逐步减少，而肉食性增加；雄虫带毒以后，刺探频率增加。在宿主昆虫的研究中，健康的舞毒蛾和烟芽夜蛾幼虫喜欢在宿主植物的背部叶片比较隐蔽的地方取食，但被舞毒蛾核多角体病毒和烟芽夜蛾核多角体病毒感染后喜欢上爬到植物的中上部取食；灰翅夜蛾在感染了核多角体病毒后会偏向取食蛋白质含量高的食物。

病毒感染会影响昆虫的交配行为，如拉克罗斯病毒会使感染蚊子的交配时间更早。病毒感染还会影响昆虫的产卵行为，大多数病毒对媒介昆虫的产卵量都具有促进作用，也有研究发现病毒不利于媒介昆虫繁殖，如番茄斑萎病毒对番茄植物的侵染会减少蓟马的产卵；媒介昆虫的产卵选择也受到植物的间接影响，媒介昆虫趋向于在健康植株或染病植株上产卵。

病毒感染会影响昆虫的宿主或宿主选择行为，登革病毒感染通过诱导蚊子对宿主气味产生更强的寻宿主反应，增加蚊子对宿主的接触，促进病毒向宿主的传播；无毒的烟粉虱通常趋向于染病植株，而携带番茄多皱病毒的烟粉虱趋向于健康植株。此外，病毒可通过增加宿主植物对媒介昆虫视觉和嗅觉的吸引力，间接操纵媒介昆虫对宿主选择行为。例如，叶片黄化是多数病毒侵染植株所引发的普遍病症，而高饱和度的黄色对多数媒介昆虫都具有很强的吸引作用，是病毒通过宿主植物视觉上吸引媒介昆虫获毒的重要方式。病毒还会通过改变宿主挥发物的释放量与组成，增加对媒介昆虫嗅觉上的吸引，改变对宿主的选择行为。

病毒感染会引起昆虫运动及其他行为的改变。其中一个比较典型的例子是杆状病毒感染宿主秋千毛虫（舞毒蛾幼虫），引起染毒毛虫的极度活跃行为和死亡前的爬高行为。杆状病毒改变病虫行为的最早描述可以追溯到1891年，Hofmann发现鳞翅目舞毒蛾的幼虫被一种未知的病原感染后，这些幼虫都死在树木裸露的部分，而未被感染的幼虫一般都藏在隐蔽地方，这种现象在德语中被命名为wipfelkrankheit，也就是通常所说的“树顶病”（图6-1A）。随后研究发现与健康毛虫相比，受感染毛虫产生上爬行为在高处死亡，病毒扩散率更高。利用感染甘蓝夜蛾核多角体病毒的甘蓝夜蛾幼虫对杆状病毒诱导的宿主行为变化首次进行量化研究，发现相同时间下受感染幼虫的移动距离是未感染幼虫的3～5倍，大部分幼虫在暴露较多的植物叶片顶端死亡（Gasque et al.，2019；Goulson，1997）。此外，在媒介昆虫中，发现登革病毒感染使得带毒蚊子活跃度增加了50%，这可能和节律有关；大麦黄条点花叶病毒感染可以通过有效提高媒介昆虫灰飞虱的活跃度，增加传毒概率。瓢虫茧蜂诱导其瓢虫宿主（七星瓢虫）的守卫行为很可能与一种病毒DcPV的感染有关；蜜蜂残翅病毒（deformed wing virus，DWV）感染蜜蜂，会导致学习能力和攻击性的变化。

二、病毒感染影响昆虫行为的机制

在物种相互作用过程中，分子水平上的相互操纵是自然存在的现象。病毒可能通过神

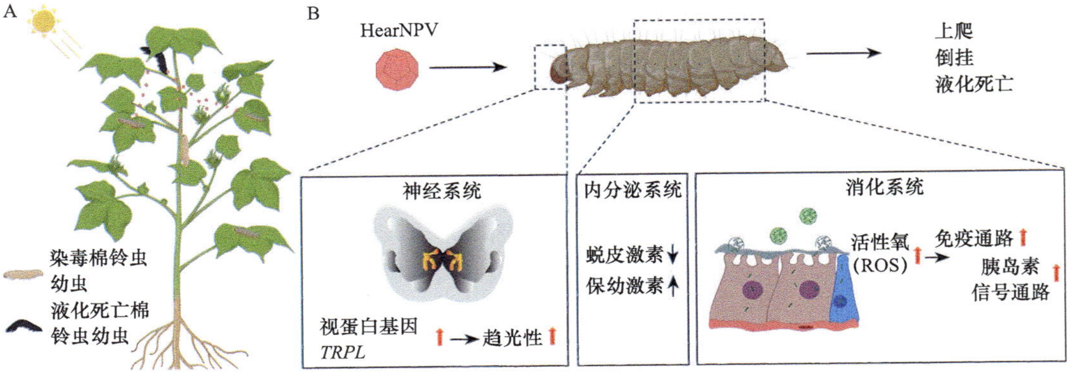

图6-1 棉铃虫核多角体病毒通过不同分子机制调控染毒棉铃虫的上爬行为

A. 染毒棉铃虫幼虫上爬行为示意图；B. HearNPV感染调控棉铃虫幼虫上爬行为的分子机制

经系统、循环系统、宿主的免疫系统或细胞信号转导途径和/或基因表达直接或间接地操纵宿主行为（图6-1B）。

病毒可以通过侵入宿主神经系统直接操纵宿主行为。例如，茧蜂寄生引起宿主瓢虫的守卫行为，可能与一种病毒DcPV侵入瓢虫大脑，特别是神经胶质细胞有关；蜜蜂残翅病毒（DWV）感染直接侵入蜜蜂大脑，引起其学习能力和攻击性的变化。研究发现病毒能够突破血脑屏障，侵入媒介昆虫的神经系统，从而影响昆虫在视觉或嗅觉上的感知能力，如番茄黄化曲叶病毒可以直接侵入烟粉虱的中枢神经系统抑制嗅觉神经元上的嗅觉受体（OR）和其他神经元跨膜受体的表达，通过直接影响中枢神经系统的功能，影响对宿主的分辨能力，从而影响烟粉虱的宿主选择能力。

病毒可以通过宿主循环系统影响宿主行为。血淋巴中神经递质、激素等代谢组分的变化，对突破血脑屏障影响神经系统具有重要作用。有的病毒通过利用现有的神经化学途径（激素或神经递质），或通过刺激/抑制分泌物来增加其浓度影响宿主行为。HearNPV可以通过影响宿主棉铃虫体内蜕皮激素和保幼激素的水平调控宿主的上爬行为（Zhang et al., 2018），同时染毒宿主体内神经递质酪胺和多巴胺水平的变化也在其中发挥着重要作用。

有些病毒可以影响宿主免疫反应，免疫系统的信号转导会导致一系列的神经功能障碍，间接操纵宿主行为。病毒侵染通过病原体相关分子模式（PAMP）或损伤相关分子模式（DAMP）能够激活先天免疫细胞，如巨噬细胞（macrophage）、嗜中性粒细胞（neutrophil）和树突状细胞（dendritic cell）等，从而产生多种促炎性细胞因子（proinflammatory cytokine），这些促炎性细胞因子跨过血脑屏障后与神经元和胶质细胞（尤其是小胶质细胞）上的受体结合，从而导致神经系统生理状态发生变化，产生病态行为。在许多昆虫病毒中发现，病毒侵染宿主昆虫后，能够通过免疫系统引发一系列的病态行为，包括活动力下降、消极、交配减少、感官辨识能力下降等。例如，棉铃虫核多角体病毒的感染可导致棉铃虫幼虫糖的积累并激活免疫反应，而葡萄糖含量的增高能够改变能量代谢过程调控感病幼虫的上爬行为。

病毒还可以通过影响宿主的细胞信号转导途径和/或基因表达操纵宿主行为。一个明显的例子是杆状病毒，该病毒的感染诱导昆虫的上爬行为，这种行为变化是由于病毒基因编码EGT，导致蜕皮激素失活，阻止昆虫幼虫蜕皮。因此，幼虫继续以叶子为食，在叶子上死亡并液化，将病毒粒子传播到其他叶子上，促进传播。病毒所编码EGT的基因是大约7000万年前水平基因转移的结果。此外，也有研究表明棉铃虫核多角体病毒感染上调了宿主感光信号通路相关基因*HaBL*、*HaLW*和*TRPL*的表达，宿主因为趋光而爬至树梢顶端死亡（Liu et al.，2022）。

核多角体病毒调控棉铃虫上爬行为的生态学意义及分子机制

三、病毒感染影响昆虫行为的生态学意义

病毒感染对昆虫行为的影响复杂多样，这种行为改变对病毒有利还是有利于宿主没有明确的定论。有研究报道宿主行为的改变增加了病毒粒子的传播范围，如在对棉铃虫核多角体病毒与棉铃虫相互作用的研究中发现，染毒棉铃虫幼虫死亡前攀爬至植物的顶端液化死亡，可以增加病毒粒子的传播范围，感染更多的健康幼虫，有利于病毒本身。也有研究认为病毒感染的鳞翅目昆虫上爬至植物顶端是宿主本身的免疫反应，会抑制病毒的复制和毒性，利于宿主自身或者同类种群存活，有利于宿主。

寄生行为在自然生态系统中无处不在，它是寄生物与宿主在长期进化下的力量对抗——寄生物借助宿主营养进行发育生长，宿主不断提升自身抵抗力以防御外来物的入侵。在此过程中，两个物种相互作用，协同进化，演变出多样化的寄生策略，对病毒所操纵的行为机制解析是深入了解昆虫和病毒互作关系，开发害虫防控新技术基础，将是害虫生态调控的一个重要手段。

第四节　茧蜂病毒-寄生蜂-鳞翅目昆虫的三维生态系统

昆虫病毒对宿主及生态的影响是多方位的，这在多分DNA病毒（polydnavirus）中表现得尤为明显。多分DNA病毒是在寄生蜂中发现的一种特殊的病毒，它们的基因组整合在寄生蜂的染色体上，在雌性寄生蜂卵巢中形成有感染性的病毒粒子；随着寄生蜂产卵，病毒粒子进入鳞翅目昆虫体内感染宿主细胞，表达毒力蛋白抑制宿主的免疫反应，从而使寄生蜂的卵得以正常发育。因此，多分DNA病毒-寄生蜂-鳞翅目昆虫之间形成一个十分独特的三维生态系统，拓展了人类对病毒在自然界中作用的认识。多分DNA病毒包括茧蜂病毒（bracovirus）和姬蜂病毒（ichnovirus），其中，茧蜂病毒的研究较为深入。本节将以茧蜂病毒（图6-2）为主来介绍相关的研究进展。

一、茧蜂病毒的生活周期及形态结构

多分DNA病毒的感染周期包括发生在寄生蜂和鳞翅目昆虫中的两个不同的阶段：病毒粒子的产生仅仅存在于寄生蜂体内，而感染细胞却发生在鳞翅目宿主体内。多分DNA病毒的基因组稳定地整合在寄生蜂的基因组中，包括：①原病毒片段（proviral segment），它们在寄生蜂的卵巢中复制产生环状dsDNA，并被包裹进有感染性的病毒粒子中，大多数原病毒片段以串联排列的方式分布在寄生蜂的染色体上；②组装形成病毒粒子的结构基因，这部分基因来源于祖先裸病毒（nudivirus），因此也称为裸病毒基因，它们仅存在于寄生蜂的染色体上，不被包裹进病毒粒子中。一半以上的裸病毒基因集中分布在寄生蜂染

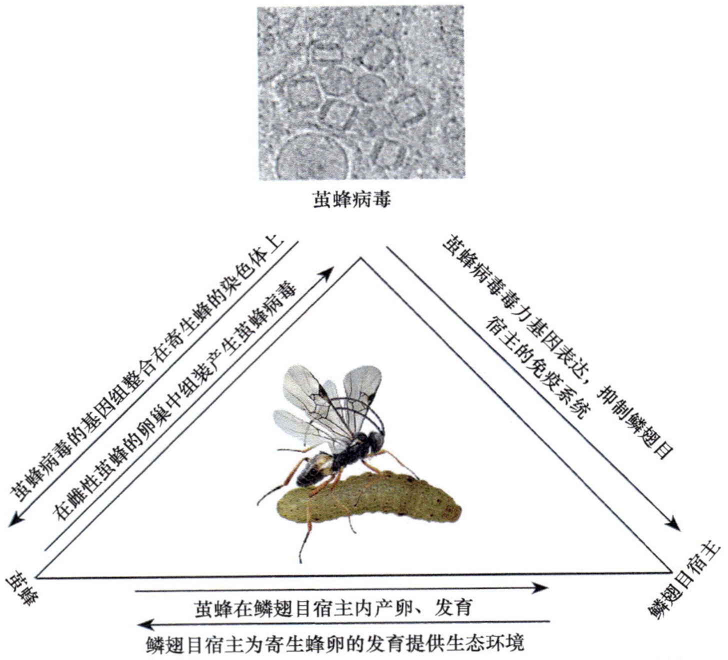

图 6-2　茧蜂病毒 - 寄生蜂 - 鳞翅目昆虫的三维生态系统

色体上一个大约100kb的区域。

结构基因的表达，以及环状dsDNA的切割和包装发生在卵巢输卵管底部的卵萼细胞内。茧蜂病毒在卵萼细胞核内进行复制，形成圆柱状的核衣壳（cylindrical nucleocapsid），寄生蜂的囊膜蛋白形成病毒的囊膜，通过囊膜融合形成病毒粒子。茧蜂病毒只有单层囊膜，在病毒粒子的形成过程中，经历了囊膜内仅包裹一个核衣壳，以及多个囊膜融合形成囊膜内包含有多个核衣壳的成熟过程。每一个核衣壳包含一个环状dsDNA，核衣壳直径为34～70nm，核衣壳上端是一个端帽子结构（end-cap structure），中部有一个类似环状的结构（ring-like structure），底部是一个螺旋状的尾部结构（helix-tail-like structure）。一个病毒粒子的基因组由多个dsDNA（15～35个）组成，大小为200～600kb，编码61～157个蛋白质，属于7～20个蛋白质家族。

多分DNA病毒的囊膜融合

寄生蜂通过产卵，将多分DNA病毒注入鳞翅目宿主体内感染宿主的多种细胞，但是并不进行复制。在感染的宿主细胞内，毒力基因转录表达的毒力蛋白直接导致鳞翅目宿主的生理变化，如抑制寄生蜂卵被宿主血细胞包囊和调控宿主的生长发育，保证寄生蜂幼虫顺利发育。

二、茧蜂病毒在三维生态系统中的功能及其机制

茧蜂病毒与寄生蜂适应机制相关，茧蜂病毒与寄生蜂的生活史密切相关。每一个核衣壳中都有一个独特的dsDNA，随着病毒粒子与寄生蜂的卵被一起注射到鳞翅目的卵或幼虫体内，病毒粒子感染进入细胞，dsDNA上的毒力基因表达，抑制宿主的免疫系统，寄生蜂的卵得以发育。

茧蜂病毒dsDNA中有许多基因家族。茧蜂病毒基因组一个最为显著的特征是超过半数的基因属于多个基因家族，如集聚盘绒茧蜂病毒（Cotesia congregate bracovirus，CcBV）基因组有222个基因，其中183个基因属于37个基因家族，这37个基因家族被鉴定存在于几乎所有的茧蜂病毒中。其中最大的家族，蛋白酪氨酸磷酸酶（protein tyrosine phosphatase，PTP）基因家族，在毁侧沟茧蜂病毒（Microplitis demolitor bracovirus，MdBV）、集盘绒茧蜂病毒、黄基节刻茧蜂病毒（Glyptapanteles flavicoxis bracovirus，GfBV）和甲腹茧蜂病毒（Chelonus inanitus bracovirus，GiBV）中分别有13个、27个、32个和42个成员。在这些基因家族中，有两个毒力基因较为突出，它们是病毒的锚蛋白基因（viral ankyrin gene，*vank*）和蛋白酪氨酸磷酸酶基因（*ptp*）。

茧蜂病毒的*vank*和*ptp*基因在抑制宿主免疫反应中，起着非常大的作用。在双斑侧沟茧蜂病毒（Microplitis bicoloratus bracovirus，MbBV）的研究中发现，MbBV的Vank86、Vank92、Vank101蛋白能够结合到宿主转录辅助因子——Dorsal互作蛋白3（Dorsal interacting protein 3，Dip3）的两个结构域上，即N端的DNA结合蛋白结构域和C端的蛋白质相互作用结构域，选择性地抑制宿主真核起始因子eIF4E的表达，抑制宿主蛋白质的翻译。MbBV的PTP109蛋白能够抑制宿主的PI3K-Akt信号通路，在斜纹夜蛾细胞系Spli221里过表达PTP109能够使Akt的308位苏氨酸去磷酸化（Akt-pThr-308），尽管对473位的丝氨酸磷酸化（Akt-pSer-473）水平没有影响，但也足够破坏宿主PI3K-Akt信号通路。茧蜂病毒的表达同时抑制了宿主免疫相关的主要信号通路，如mRNA转录的信号通路、蛋白质翻译的信号通路、细胞间通信调控的信号通路和前列腺素的信号通路，茧蜂病毒这种抑制宿主信号通路的机制，可以利用RNAi技术来模拟，应用到害虫的生物防治技术中（Cai et al.，2021；Chen et al.，2021；Li et al.，2023）。

此外，还有一些基因家族属于特异的寄生蜂世系。特有的基因和基因家族能够反映出不同宿主间的生理互作和基因的修饰。寄生蜂的产卵策略包括产卵到宿主卵内或者幼虫体内。例如，所有甲腹茧蜂科的寄生蜂［如甲腹茧蜂（*Chelonus inanitus*）］产卵进鳞翅目宿主的卵内，相反，其他与茧蜂病毒相关的寄生蜂则产卵进入具有免疫活性的鳞翅目幼虫体内。因此，尽管起源于相同的裸病毒祖先，但是甲腹茧蜂病毒中并没有发现与茧蜂病毒基因组中一致的特有基因。

三、茧蜂病毒的起源与进化

（一）寄生蜂-茧蜂病毒-鳞翅目宿主的进化年史

化石标本研究表明，寄生蜂的进化始于2亿多年前（247Ma）。鳞翅目昆虫出现得更晚一些，其化石出现在1 9300万年前（193Ma）。根据进化年史，推测1亿年前，裸病毒祖先整合到膜翅目寄生蜂的基因组，使寄生蜂拥有了共生病毒的祖先（Kergoat et al.，2021；Whitfield et al.，2018）。

（二）茧蜂病毒起源于古老的裸病毒

对甲腹茧蜂（隶属甲腹茧蜂亚科）、集盘绒茧蜂（隶属腹茧蜂亚科）和毁侧沟茧蜂（隶属小腹茧蜂亚科）三种茧蜂的卵巢转录组分析发现，在茧蜂病毒基因组中，有29个裸病毒的同源基因，提示茧蜂病毒起源于古老的裸病毒。裸病毒是与杆状病毒相关的双链大DNA昆虫病毒，29个基因中有18个是杆状病毒的核心基因，根据杆状病毒基因功能特征推测，这些基因在茧蜂病毒的生活周期中可能具有重要的功能（Chen et al.，2021）。

（三）祖先裸病毒基因组在寄生蜂染色体上的整合

在茧蜂病毒基因组中，存在非常多的直接重复连接（direct repeat junction，DRJ），DRJ也是DNA环状序列的接头基序（motif），并且可以从裸病毒序列中衍生出来。推测古老的裸病毒基因组整合到寄生蜂的基因组后，DRJ可以对病毒的基因组进行剪切和包装，将DNA复制的多连体包被成单一的基因组。自从祖先裸病毒基因整合到寄生蜂染色体距今已有1亿多年，许多事件的发生导致不同的寄生蜂世系中原病毒序列的多样性分化。然而，比较刻绒茧蜂属（*Glyptapanteles*）和盘绒茧蜂属（*Cotesia*），却发现许多原病毒片段存在着惊人的保守位置。原病毒的序列同样承受特异基因的转移和复制，导致不同寄生蜂独特的茧蜂病毒基因组的形成。

（四）寄生蜂的基因转移进茧蜂病毒

古老寄生蜂的基因转移进了原病毒。在寄生蜂转移到茧蜂病毒的基因中，*ank*和*ptp*最为突出。这些基因被发现存在于所有的茧蜂病毒中，因此第一次插入*ank*和*ptp*基因应该发生在距今8600万年这些不同世系分离前。*ptp*基因家族扩增有4个主要的机制：①在原病毒中大染色体的复制；②片段中随机复制的基因；③潜在的分散插入的逆转录RNA；④茧蜂特异的复制机制，环状病毒重新整合进寄生蜂的基因组。寄生蜂的基因转移到原病毒的片段中，形成了一个新的病毒实体，这种基因在病毒中的扩展，就赋予了携带此病毒的寄生蜂有在鳞翅目宿主里发育的能力，这种进化的过程与扩展表型是一个相似的概念。

（五）茧蜂病毒的片段重新整合进寄生蜂和鳞翅目宿主的基因组

研究茧蜂病毒进化的一个新问题是：是否环状病毒能够第二次整合进鳞翅目宿主，或者寄生蜂寄生的宿主细胞的DNA里。虽然茧蜂病毒在鳞翅目宿主细胞内没有复制，但是，在病毒感染后的离体培养的宿主和非宿主的细胞系里，以及被寄生蜂寄生后的宿主细胞里均发现病毒的基因组已经整合进细胞的DNA里。环状病毒的重新整合（ptp环）在黏虫绒茧蜂（*Cotesia sesamiae*）的两个不同的基因组位点上已经被证实。当然，茧蜂病毒的DNA整合到鳞翅目宿主或者第二次整合到寄生蜂的基因组的机制并不清楚。

（六）凋亡小体传递的病毒片段二次整合进受体细胞

在对双斑侧沟茧蜂病毒的研究中，发现MbBV诱导细胞凋亡，促进凋亡细胞解体，形成凋亡小体。凋亡小体携带的病毒片段二次整合进了受体细胞的基因组，二次整合的机制推测与同源重组相关。整合进细胞的病毒基因继续转录翻译成病毒蛋白，抑制受体细胞的免疫反应。这种二次整合延续了MbBV免疫抑制的功能（Chen et al.，2021；Gauthier et al.，2021；Zhou et al.，2022）。

本章小结

昆虫是地球上最多样化和最广泛分布的动物类群之一，它们在生态系统中发挥着重要的作用。然而，昆虫也面临着各种各样的威胁，其中之一就是病毒感染。本章简述了常见的昆虫病毒对宿主代谢、发育和行为的影响及调控机制。病毒的侵染、复制和传播依赖宿主的资源，病毒通过调控宿主昆虫的代谢、发育和行为，最终平衡病毒的复制和介体存活。病毒通过调控宿主相关通路基因的表达、微生物群落和表观遗传修饰，以实现对宿主资源的利用，加速病毒的复制与传播。茧蜂病毒-寄生蜂-鳞翅目昆虫的三维生态系统是自然界中病毒与宿主互作所产生的复杂生态影响的特例，对此三维生态的多样性研究仅仅是刚刚开始，还有更多神秘的机制等待着去进一步探索。

复习思考题

1. 病毒感染后，可以影响昆虫代谢、发育及行为，思考这三个方面之间是否存在关联及可能的相互作用方式。
2. 查阅文献，列举文中未提及的病毒侵染引起宿主行为变化的实例，并分析思考其生态学意义。
3. 绘制茧蜂病毒的生活史。

第七章
家蚕病毒病及其防控

本章要点

○ **家蚕核多角体病毒：** 家蚕核多角体病毒（BmNPV）隶属于杆状病毒科，病毒粒子具有二型性，其中，包埋型病毒粒子（ODV）可通过食下传染途径感染家蚕，而芽生型病毒粒子（BV）可以通过创伤途径感染家蚕，在蚕体各种组织的细胞核内增殖，引起家蚕核多角体病发生。

○ **家蚕质多角体病毒：** 家蚕质多角体病毒（BmCPV）属于刺突呼肠孤病毒科，基因组包含10个节段的双链RNA，各节段分别编码一种病毒蛋白质。目前对于BmCPV的相关研究主要包括家蚕的抗病毒基因筛选及该病毒作为昆虫RNA干扰载体的开发。

○ **引起家蚕浓核症的病毒：** 家蚕浓核病毒（BmDV）和家蚕二分浓核病毒（BmBDV）都是小ssDNA病毒，都能引起家蚕幼虫致死性浓核症，但它们在基因组结构、病理病症及复制方式等方面都不同。BmDV属于细小病毒科；BmBDV属于二分DNA病毒科，包含2个基因组节段。BmDV的致死时间较短，而BmBDV较长。

○ **家蚕病毒病的防控策略：** 预防为主、科学防控；合理养蚕布局，切断垂直传播；严格消毒，消灭病原，切断传染途径；控制桑园害虫，防止交叉感染；严格提青分批，防止蚕座传染；加强饲养管理，增强蚕体质；培育和选用抗性品种。

家蚕是重要的泌丝昆虫，是鳞翅目昆虫的模式物种，是影响人类历史进程的动物之一。蚕丝业是国家发展的功勋产业之一，在脱贫攻坚和乡村振兴中发挥着重要作用。家蚕病毒病是蚕业生产中最常见、危害又较为严重的一类疾病。最早有关家蚕病毒病的记载出现在1149年陈旉的《农书》中，至今在家蚕中已发现四种病毒病。本章将重点介绍家蚕常见的三种病毒病的病原、病征、病变、侵染增殖机制、流行规律和防控措施。

第一节　家蚕病毒病概述

一、家蚕病毒病的发现及早期研究

家蚕是迄今唯一完全驯化的经济昆虫，是影响人类历史进程的10种动物之一。家蚕病毒病是蚕业的重要病害，占蚕病损失的60%左右。昆虫病毒学发端于家蚕脓病的研究，近年来家蚕病毒分子生物学研究对揭示真核生物分子遗传规律具有重要作用。真核生物mRNA成熟分子的帽子结构是核糖体小亚基的识别位点，对真核细胞内转录起始具有重要意义，这个帽子结构最早在家蚕质多角体病毒的基因组研究中发现，这一发现具有普遍的生物学意义。12世纪南宋出版的《农书》中描述了家蚕“高节”“肿脚”等核多角体病的典型病征；17世纪的《天工开物·乃服》卷中有“凡蚕将病，则脑上放光，通身黄色，头渐大而尾渐小，并及眠之时，游走不眠，食叶又不多者，皆病作也。急择而去之，勿使败群”的记载，不仅记述了家蚕脓病的显著症状，而且已清楚认识到脓病的传染性，并提出了及早隔离淘汰病蚕的防控措施。清代沈练在《广蚕桑说辑补》中记述了脓病流出的乳白色脓汁具有强烈传染性，这是我国学者在长期实践中发现的。意大利Maestri（1856）最早在光学显微镜下观察到脓病蚕血液中有许多粒状物，奥地利Bolle（1872）称这些粒状物为多角体，并认为其是脓病的致病原生动物。20世纪初，德国von Prowazek（1912）确认脓病病原微生物为过滤性病毒，但却否认了多角体的病原性，直到第二次世界大战后借助电镜和生物化学方法才最后证明多角体中包含许多病毒粒子（Bergold，1947）。从此，第一个发现的昆虫病毒（家蚕核多角体病毒）就由病理学研究进入现代病毒学研究，为后续的昆虫病毒学的建立和发展奠定了基础。石森直人（1934）通过显微镜发现家蚕中肠型脓病的多角体，英国病毒学家Kenneth M. Smith（1950）发现其病毒粒子为球形，核酸为RNA而非DNA，病毒多角体在昆虫中肠柱状上皮细胞质内形成的新病毒，命名为质多角体病毒，后经日本学者多方面研究证实家蚕中肠型脓病的病原与家蚕核多角体病毒完全不同，属于Smith发现的新型病毒，即家蚕质多角体病毒。1959年中国学者首次发现家蚕空头性软化病是由非包含体病毒引起的，从理论上澄清了当时国际学术界普遍认为空头性软化病是非传染性蚕病的论点，为该蚕病的防控提供了理论依据，1981年，查明上述家蚕空头性软化病的病原为浓核病毒中国（镇江）株（BmDNV-ZJ中国株）（金伟，2001；万永继，2023）。

二、家蚕病毒病的种类

家蚕病毒病是蚕业生产中最常见、危害严重的一类病害。病毒病在各个蚕区的不同季节均有发生，尤其是在夏秋蚕期，因气候条件差，再加消毒不严、管理不善等因素，常造成家蚕病毒病暴发流行和严重经济损失。至今已在家蚕中发现4种病毒病。

1. 核多角体病（nuclear polyhedrosis）　病毒在家蚕血液细胞和体腔内各种组织细胞的细胞核内寄生，并形成多角体，又称为家蚕血液型脓病或脓病。

2. 质多角体病（cytoplasmic polyhedrosis）　病毒主要在中肠柱状上皮细胞的细胞质中寄生，并形成多角体，又称为中肠型脓病。

3. 浓核症（densonucleosis）　病毒主要寄生于中肠柱状上皮细胞的细胞核中，不形成多角体，俗称空头病。

4. 软化病（flacherie）　病毒主要寄生于中肠杯状细胞中，不形成多角体，又称为传染性软化病，中国蚕区较少发生。

三、家蚕病毒病研究的主要发展方向

家蚕病毒病研究的发展离不开生命科学总的发展趋势和整体研究水平的提高。家蚕病毒的生物学性状及其致病机制、蚕体抗病毒应答的分子机制、病毒的分子病理学与分子流行病学及蚕病毒病新型诊断与绿色防控技术等将成为家蚕病毒病研究的主要发展方向。

第二节　家蚕核多角体病

一、家蚕核多角体病毒

1. 分类　家蚕核多角体病毒（Bombyx mori nucleopolyhedrovirus，BmNPV）是杆状病毒科（*Baculoviridae*）α杆状病毒属（*Alphabaculovirus*）的成员。

2. 病毒粒子特征　病毒粒子呈杆状，大小为330nm×80nm，沉降系数为1870S。病毒核酸为环状dsDNA，大小为1 288 413bp，GC含量为40%，有编码超过60个氨基酸的开放阅读框（ORF）136个，核酸以超螺旋方式压缩包装在杆状核衣壳内，核衣壳外包被脂蛋白囊膜形成病毒粒子（Gomi et al.，1999）。核衣壳包括衣壳蛋白和髓核，髓核由双链DNA和其密切相关的碱性蛋白构成。BmNPV的病毒囊膜内包埋一个核衣壳，为单粒包埋型病毒粒子。病毒粒子主要含DNA、蛋白质、脂质和碳水化合物，同时也存在部分金属或非金属元素（Bergold，1963）。家蚕核多角体病毒的病毒粒子存在两种表型，即芽生型病毒粒子（BV）和包埋型病毒粒子（ODV），二者的形态、蛋白质组成、病毒囊膜来源、感染组织特异性及病毒入侵宿主细胞的方式均存在差异。BV主要在病毒感染的第一时相产生，不形成多角体，具有个体内细胞间的侵染能力；而ODV在第二时相产生，包埋进多角体中，具有个体间侵染能力。

3. 多角体特征　家蚕核多角体大小为2～6μm，平均为3.2μm，一般为六角形十八面体，在30℃以上的高温下有形成四角形多角体的趋向，多角体的大小也受外界环境影响，高温、饥饿等条件下形成的多角体偏小。家蚕核多角体表面有一层结构特殊的含硅多角体膜。多角体有较强的折光性，折射率为1.5326，相对密度为1.26～1.28，不溶于水、乙醇、氯仿和丙酮等有机溶剂，但易溶于碱液。BmNPV的稳定性与其存在的形式有关，游离病毒粒子在37.5℃下1d失去致病力，而病毒多角体在湿热100℃下3min失去活性，干热100℃下45min才完全失活。多角体对酸稳定，易溶于碱液，碱性消毒剂对家蚕核多角体及其病毒具有良好的消毒效果。

二、病征

血液型脓病属于亚急性传染病，从病毒感染到发病，小蚕一般经3～4d，大蚕4～6d发病死亡。该病在家蚕的各龄均有发生，在生产上多见于3龄以后，特别在5龄中期到老熟较多。患病蚕由于发育阶段不同，病征也有差异，但都表现出该病所特有的典型病征，即体色乳白，体躯肿胀，狂躁爬行，体壁易破，流出乳白色脓汁而死（图7-1）（金伟，2001；万永继，2023）。

家蚕核多角体病因发病时期不同，在上述典型病征的基础上，还会出现下列的症状。

1. 不眠蚕　不眠蚕发生于各龄眠期，病蚕体壁紧张发亮，呈乳白色，不吃桑叶，爬行不止，久久不眠。最后，体躯肿胀破裂，流出脓汁而死。

2. 起节蚕　起节蚕在各龄起蚕发病。病蚕生长停滞，体色乳白而不见转青。体壁松弛，体躯缩小。前节的节间膜向后套叠，终至出现典型的病征而死。

图7-1　家蚕核多角体病病征

3. 高节蚕　高节蚕在4、5龄盛食期发病，病蚕各环节间膜或各环节后半部（靠近节间膜处）隆起，形如竹节。隆起部位和腹足均呈明显的乳白色，有时气门附近有深浅不匀的乳白色斑块。

4. 脓蚕　脓蚕发生于5龄后期至上蔟前。环节中央肿胀拱起，形如算盘珠状，体壁发亮，体色乳白。病重时，爬行缓慢，终因腹足失去把持力，从蚕匾或蔟上坠下，流脓而死。发病迟者死于蔟中或结薄皮茧而死亡，本病征在生产上比较常见。

5. 蚕蛹的病征　5龄后期感染，有部分能营茧化蛹。病蛹体色暗褐，体壁易破，一经震动，即流出脓汁而死，造成茧层污染。

三、病变和致病机制

BmNPV多角体通过污染桑叶进入家蚕消化道，经碱性消化液的作用而溶解，释放出病毒粒子。其中一部分BmNPV通过围食膜进入易感的中肠细胞复制增殖。病毒增殖第一时相形成的BV通过中肠上皮细胞进入血腔，病毒粒子随着血液循环被转运到各靶细胞、组织和器官，吸附、入侵感受性细胞，完成个体内系统感染；而病毒增殖第二时相形成的ODV被多角体蛋白包埋形成多角体，最终多角体充满感染细胞的细胞核，核变得异常肥大，最后破裂，组织离解液化，污染环境，引起家蚕个体间的传染。BmNPV感染家蚕细胞后，可以阻止病毒感染细胞发生凋亡，将感染细胞的细胞周期阻滞在G_2/M期，影响宿主核酸和蛋白质的代谢，劫持宿主能量等为病毒复制增殖所用（Dong et al.，2017）。同时，BmNPV编码的蜕皮激素尿苷二磷酸-葡糖基转移酶（EGT）可使尿苷二磷酸-葡糖基转移并与蜕皮激素结合而使蜕皮激素失去活性，导致幼虫蜕皮与变态受阻，延长幼虫取食时间，增加幼虫体重，有利于病毒增殖复制，提高病毒的产量。BmNPV编码的组织蛋白酶与家蚕虫体的组织分解及液化有关，可使虫体组织分解成游离氨基酸，为病毒蛋白的合成提供原料，有利于病毒粒子在体内的增殖。病毒编码的几丁质酶可分解几丁质，患脓病蚕体躯易破，也许与该酶有关（Ohkawa et al.，1994）。

家蚕核多角体病毒的生命周期

BmNPV引起的家蚕主要病变如下。

1. 细胞病变　正常的细胞核内染色质呈现均匀分散的微小颗粒，有一个或两个核仁。当BmNPV感染后，最早看到的细胞学变化是核内染色质凝结成块，核仁增大，数目增多，细胞核开始膨大，原来已凝集的2～3个染色质块集中于核的中央，形成病毒发生基质（VS），病毒DNA在VS中加速合成。在病毒发生基质周围有一环带区，在环带区出现很小的多角体（0.2～0.4μm）即微多角体，多角体开始形成后核中央的染色质块变小，而核内充满成熟多角体时，染色质凝块消失，最后核膨大、破裂，细胞也随之崩坏。

2. 组织病变 BmNPV可以在蚕的不同组织细胞内寄生、增殖，并形成多角体。虽然病毒入侵的先后及多角体形成的难易程度有区别，但一般来说，最易形成多角体的组织为血细胞、气管上皮、脂肪组织及真皮细胞，生殖腺和神经细胞只能形成少量多角体，而蜕皮腺、唾液腺和马氏管等则很难形成。在丝腺中除前部丝腺不能形成多角体外，中后部丝腺都能形成多角体。BmNPV在中肠细胞内能增殖形成病毒粒子，但多角体却很难形成，即使偶尔形成多角体，形状也很小。

四、传染流行规律

1. 传染源 家蚕核多角体病的病原主要来自病蚕及患病昆虫的尸体及流出的脓汁，或被病原污染的蚕室、蚕具及养蚕环境，病原的检出率与发病率呈正相关。

2. 传播途径 家蚕核多角体病存在食下传染和创伤传染两种传染途径，但食下传染的机会较多，而创伤传染的发病率较高。病原都是来自病蚕流出的脓汁或病蚕尸体，病蚕粪便不带病毒，发现尚未流出脓汁的病蚕，如立即拾除，就能消除再传染的机会。

3. 家蚕体质 家蚕病毒病的发生是病毒、环境、蚕体质等多种因素共同作用的结果，蚕的品种、发育阶段、桑叶质量和养蚕环境等均与蚕的体质相关，体质对病毒病的感染抵抗能力有很大的影响。蚕体对疾病的抵抗性是对病原体主动而有力的防御反应能力，这种能力既受到遗传基因的影响，又受到发育过程中环境因子的作用。

第三节 家蚕质多角体病

家蚕质多角体病又称为中肠型脓病，病原为家蚕质多角体病毒（Bombyx mori cytoplasmic polyhedrosis virus，BmCPV）。病毒寄生于中肠柱状上皮细胞中，在细胞质内形成多角体。家蚕感染BmCPV后出现发育缓慢，体躯瘦小，活动能力降低，蚕体胸部半透明等症状。病毒感染中肠后，首先在中肠后端出现乳白色横纹，随着病情的发展，中肠乳白色横纹逐渐向前扩展，直到整个中肠，最后家蚕停止进食，肠内空虚，并排出乳白色蚕粪或黏液，蚕死亡时吐出胃液，解剖死亡蚕体的中肠呈乳白色脓肿状，因此该病毒病也称为中肠型脓病，整个感染致病过程较为缓慢，传染性较强（图7-2）。

目前，对于家蚕质多角体病诊断鉴别的重要依据仍然是中肠的乳白色病变。当肉眼鉴别不易诊断时，也可通过显微镜观察中肠后部组织块，鉴定是否有多角体存在。镜检下的干扰性颗粒一般色淡（折射率小），呈圆形，轮廓较模糊，可利用4%盐酸处理，除去干扰性颗粒，判断多角体是否依然存在。同时，血清学诊断技术也广泛用于BmCPV对家蚕感染的鉴定，目前已用于家蚕质多角体病毒病诊断的方法主要包括双向免疫扩散法、对流免疫电泳法、酶标抗体技术、凝集试验技术和荧光抗体技术等。基于BmCPV病毒RNA的逆转录PCR（RT-PCR）技术也可用于病毒的快速检测。

图7-2　家蚕质多角体病病征

一、家蚕质多角体病毒

（一）病毒的结构和理化特性

根据ICTV 2023年的最新分类标准，BmCPV属于呼肠孤病毒目（*Reovirales*）刺突呼肠孤病毒科（*Spinareoviridae*）质多角体病毒属（*Cypovirus*）的Ⅰ型病毒，基因组全长为24 758nt，由10个节段的线性dsRNA组成，每个节段编码一种蛋白质。BmCPV的病毒粒子无囊膜，具有单层衣壳，为$T=2$的正二十面体结构。基因组所编码的三种结构蛋白共同构成病毒衣壳结构，这三种结构蛋白分别为大突起蛋白（large project protein，LPP）、衣壳蛋白（capsid shell protein，CSP）及塔蛋白（turret protein，TP）。冷冻电镜分析显示，病毒衣壳的正二十面体结构由12个五聚物构成，每个病毒粒子包含120个衣壳蛋白单体，60个塔蛋白单体平均分配在12个塔状突起位点。另外，每个病毒粒子还包含10～12个转录酶复合体（transcriptional enzyme complex，TEC），分别与一段dsRNA相连，被认为是病毒mRNA的输出通道。

BmCPV的多角体大小和数量受感染部位、所在病毒复制周期、宿主家蚕的状态等多种因素的影响。电子显微镜下可观察到呈六角形、四角形和三角形的BmCPV多角体，大小通常为0.5～10μm，平均约为2.62μm。与核多角体类似，质多角体主要由蛋白质构成，呈结晶状排列，在电镜下显示出由同源三聚体结合所构成的一个密闭矩阵结构。

BmCPV的溶解性弱于BmNPV，不溶于水、乙醇、乙醚和丙酮，易溶于碱液。溶解性取决于液体用量及pH，多角体进入家蚕中肠后被消化液溶解而释放出病毒粒子。BmCPV多角体对病毒粒子起到良好的保护作用，在低温环境下十分稳定，高温条件下失活。普通蚕室温度下，病毒粒子的致病力可保持3～4年。因此，充分合理的消毒措施对防控病毒至关重要。

（二）病毒的基因组结构

BmCPV与呼肠孤病毒科成员的基因组成一致，包含S1～S10共10个节段的dsRNA。其中S1（4189bp）编码衣壳蛋白VP1（148kDa），主要参与病毒粒子组装。S2（3854bp）编码结构蛋白VP2（139kDa），位于病毒衣壳表面，参与病毒的转录与翻译。S3（3846bp）编码VP3（140kDa），其可能参与病毒吸附。S4（3262bp）编码VP4（120kDa），该蛋白构成病毒衣壳塔蛋白的基本结构，同时能与S10（944bp）所编码的病毒多角体蛋白结合，从而促进病毒粒子包埋进入多角体。S5（2852bp）编码非结构蛋白NSP5（101kDa），这一蛋白可经翻译后加工进一步自我切割为NSP5a（P80）与NSP5b（P23）两种非结构蛋白。S6（1796bp）编码衣壳蛋白VP6（64kDa），是病毒的一种次要结构蛋白。S7（1501bp）编码VP7（50kDa），这一结构蛋白具有DNA结合基序，同时也有可能参与病毒转录后的mRNA加工过程。S8（1328bp）编码非结构蛋白NSP8（101kDa），具有富含谷氨酸和脯氨酸结构域及结合DNA的HTH结构域。S9（1186bp）编码非结构蛋白NSP9（36kDa），富含半胱氨酸结构域及3个碱性氨基酸结构域，被推测可以调控病毒基因表达（邹凤莲和钟伯雄，2000；Hagiwara et al.，2002）。

（三）病毒的增殖特点

家蚕感染BmCPV后，病毒的增殖情况通常可分为潜隐期、缓慢增殖期、高速增殖期和平稳期4个阶段。与BmNPV不同的是，BmCPV的感染组织仅限于中肠的柱状上皮细胞。研究发现，BmCPV入侵是以整个病毒粒子穿越中肠围食膜，吸附并进入微绒毛，感染柱状上皮细胞，随后病毒基因组进入细胞核，启动复制循环。在感染后24h，细胞质中形成病毒发生基质，子代病毒开始形成，逐渐增多；感染后48h，柱状上皮细胞胞质中的多角体蛋白逐渐沉积并将病毒粒子包埋，最终形成新的多角体。吴萍等（2013）采用实时荧光定量PCR分析了BmCPV在10个家蚕品种4龄起蚕中肠组织中的动态增殖情况，发现感染80%的供试家蚕品种在感染后48～96h多角体蛋白基因的表达量急速上升，感染后96h达到高峰，感染后120h表达量显著下降，推测可能是感染120h的中肠细胞脱落至肠腔随蚕粪排出，使得可检测的多角体基因量降低。

二、家蚕对BmCPV的抗性

（一）家蚕品种与病毒抗性

家蚕对于病毒的抗性主要受温度、光照、桑叶品质等外界因素影响。早在20世纪七八十年代，学者就已经开始就家蚕对BmCPV的抗性展开研究，通过对众多家蚕品种的抗性调查，发现不同家蚕品种对BmCPV经口感染的抗性存在明显差异，且这种感染抗性有明显的杂种优势；同一品种不同蛾区及雌雄个体间对BmCPV的抗性差异显著，雄蚕较雌蚕的抗病性强；抗性受多对基因控制，无母体效应，有偏父遗传现象。此外，同一家蚕品种在幼虫的不同发育阶段也表现出对BmCPV不同的抵抗能力，稚蚕对病毒的抵抗能力最弱，随龄期增长抵抗能力增强；同一龄期起蚕对病毒的抵抗能力较弱，食桑后逐渐增强。徐安英等评估了281个家蚕品种资源抗BmCPV感染性能，发现具有强抵抗能力的家蚕品种约占12%，而易感病品种约占21%，且不同品种间对BmCPV的抗性差异较大。

（二）抗BmCPV相关基因的筛选

有研究者通过mRNA转录水平或蛋白质表达水平筛选家蚕对BmCPV的抗性基因。发现在转录水平上，涉及代谢通路的大部分基因表达水平下调，而所有涉及核糖体通路和蛋白酶体通路的基因表达水平上调，一些免疫相关基因表达水平也上调。推测在感染过程中上调的基因可能是为了满足病毒大量形成多角体蛋白，或者满足病毒的大量复制和增殖需求；而下调表达基因多涉及蛋白质的消化与水解。经基质辅助激光解吸电离-飞行时间质谱仪（MALDI-TOF-MS）鉴定感染BmCPV的家蚕中肠的差异蛋白表达，发现了一些可能参与诱导家蚕细胞凋亡的蛋白质，推测家蚕在被感染的过程中可能启动了细胞凋亡的抗病毒机制（Swevers et al.，2020）。

（三）BmCPV的研究现状

由于BmCPV的感染对养蚕业造成重要经济损失，近10年来，关于这一病毒的研究成果大大增加。除了抗性研究之外，因BmCPV具有分节段的dsRNA基因组，使其具有开发成为昆虫RNA干扰的高效运输载体的潜力。越来越多的研究工作也围绕病毒编码的多种RNA展开。

对感染BmCPV的家蚕幼虫中肠样本的小RNA深度测序显示，病毒siRNA的丰度与感染强度成正比。与未感染的幼虫相比，在感染的家蚕中肠中鉴定出58个表达存在显著差异的miRNA，不同的病毒miRNA通过对其靶基因的调控作用来促进病毒的复制和增殖。除此之外，目前也有研究成果表明，以非依赖RNA聚合酶的方式制备产生的一种同时包含宿主组蛋白脱乙酰酶11（HDAC11）基因和病毒VP4基因的嵌合型RNA，可以翻译成具有HDAC11蛋白的N端延伸的截短BmCPV VP4。这种嵌合型RNA所翻译的蛋白质本身具有活性，且能够抑制病毒增殖，降低组蛋白甲基化，增加组蛋白乙酰化。另外，BmCPV基因组还编码约295种环状RNA（circRNA），部分已被证明其所编码的小肽可以抑制病毒的感染和复制，在病毒与宿主的互作及病毒的适应性方面起到重要的调控作用（Pan et al.，2023）。

第四节 家蚕浓核症

家蚕浓核症是一种由浓核病毒感染引起的致死性软化病，染病的家蚕幼虫症状包括厌食、腹泻、表皮褪色及软化，是威胁蚕丝业生产的主要蚕病之一。家蚕浓核病毒是一种小的单链DNA病毒，特异感染家蚕中肠组织，在细胞核中复制，感染的细胞核膨大变成浓稠而均一的结构，具强烈的嗜酸性，能产生福尔根反应或被甲基绿浓染。在早期的研究中，根据病毒的毒性、血清型及基因组结构将家蚕浓核病毒分为浓核病毒Ⅰ型（BmDNV-1，BmDNV-5）和Ⅱ型（BmDNV-2、BmDNV-Z），之前都归属于细小病毒科（*Parvoviridae*）浓核病毒亚科（*Densovirinae*）。然而，家蚕浓核病毒Ⅱ型具有不同于细小病毒的二分体基因组结构及其在病理、复制方式等方面具有不同于Ⅰ型浓核病毒的特性，因此，家蚕浓核病毒Ⅱ型被归类到一个新科新属，即二分DNA病毒科（*Bidnaviridae*）二分浓核病毒属（*Bidensoviridae*）。家蚕浓核病毒Ⅰ型和Ⅱ型被分别命名为家蚕浓核病毒（Bombyx mori densovirus，BmDV）和家蚕二分浓核病毒（Bombyx mori bidensovirus，BmBDV）（Hu et al.，2013）。

一、家蚕浓核病毒

家蚕浓核病毒仅感染家蚕中肠柱状上皮细胞，病毒粒子大小约20nm，呈无囊膜包被的二十面体结构。基因组为5kb的单链DNA，末端具有230nt的反向重复序列，最前端的159nt回文序列形成“J”形的发卡结构，与病毒DNA复制起始有关。基因组正链和负链分别包装进不同的病毒粒子。基因组包含3个ORF，分别编码非结构蛋白NS1、NS2和结构蛋白VP。

病毒*vp*基因表达产生N端长度不同的4个VP蛋白。最大的VP1蛋白N端具有磷脂酶A2（phospholipase A2，PLA2）活性，病毒的感染需要PLA2活性。VP3是病毒的主要衣壳蛋白，二十面体的病毒粒子包含60拷贝的VP3，衣壳蛋白具有β-桶果酱卷（β-barrel jelly roll）型的折叠结构。在细小病毒中，NS1蛋白是一个多功能蛋白，具有位点特异性的核酸内切酶、解旋酶、ATP酶、DNA序列特异结合特性，参与病毒DAN复制、基因转录调控、诱导细胞病理变化等功能。NS2与病毒衣壳的装配与转运、病毒基因的表达调控、病毒感染过程中染色质重排和DNA损伤应答有关。

细小病毒DNA复制的分子机制类似一些小的复制子所采用的滚环复制模式。病毒基因组末端的重复序列形成双链发卡结构，基因组的复制起始位点存在于这一发卡结构区。NS1在基因组复制过程中，主要起到识别复制起始位点、形成复制起始切口及解旋的作用。NS1识别并结合病毒DNA的复制起点位点，在该位点形成切口，游离出5′端并共价连接到该末端，以3′-OH端为引物，宿主DNA聚合酶Ⅲ不断将脱氧核糖核苷酸聚合在3′-OH端，以另一条DNA链为模板新生的DNA不断向前延伸，形成头-头或尾-尾相连的双链基因组多聚中间体（Tijssen et al.，2006）。

二、家蚕二分浓核病毒

家蚕二分浓核病毒（BmBDV）主要感染家蚕中肠柱状上皮细胞，为无囊膜的球状病毒粒子，直径为20～24nm，包含两个节段的线性单链DNA分子，大小分别约6.6kb（VD1）和6.0kb（VD2），VD1和VD2各自包装进病毒粒子，并且基因组的正链和负链以相同的频率壳体化。VD1和VD2末端含有53bp的共有序列，基因组末端具有反向末端重复序列，但与细小病毒不同的是，末端没有回文序列，不能形成发卡结构，互补的末端重复序列可以形成锅柄结构。VD1包含4个ORF，分别编码非结构蛋白NS2、NS1，主要结构蛋白VP和DNA聚合酶PolB。VD2包含2个ORF，分别编码非结构蛋白NS3和次要结构蛋白P133。

BmBDV NS1与细小病毒NS1同源，都具有的保守的解旋酶/ATP酶基序，然而，在BmBDV的NS1蛋白中并未发现类似细小病毒的另一个保守的起始子（或复制子）基序。BmBDV NS1是个多功能蛋白，具有DNA结合、ATP酶及解旋酶活性。NS2与细小病毒不具同源性，可能是一种膜整合蛋白，促进细胞裂解和病毒释放。NS3与双义浓核病毒的NS3同源，可能与病毒DNA复制相关。与细小病毒不同，BmBDV编码一个以蛋白质为起始引物的DNA聚合酶PolB，目前为止，BmBDV是唯一编码DNA聚合酶的二分体单链DNA病毒；结合病毒DNA不具有末端发卡结构，而是形成锅柄结构，推测病毒不采用细小病毒通用的滚环复制模型，而是类似腺病毒的以蛋白质起始的复制方式。病毒的*vp*基因通过漏扫描机制翻译出多个VP蛋白，VP蛋白不含细小病毒中普遍存在的PLA2结构域。P133是一个大小约133kDa的次要结构蛋白，与呼肠孤病毒（如家蚕质多角体病毒）的结构蛋白VP3具有同源性，可能与病毒入侵细胞有关（Hu et al.，2013）。

BmBDV可能进化自一个细小病毒的祖先，继承了祖先的一个果酱卷结构的衣壳蛋白和一个解旋酶，然后整合到polintovirus（一种转座子病毒）的基因组获得*PolB*基因和反向末端重复序列形成病毒VD1节段；在进化过程中，VD1上的基因被来自呼肠孤病毒和杆状病毒的基因置换，获得NS3和P133蛋白基因，最终形成VD2（Krupovic and Koonin，2014）。

三、病变和病征

罹患浓核症家蚕幼虫的症状包括厌食、腹泻、表皮褪色及软化，排泄串珠状蚕沙或褐色污液，生长发育迟滞。家蚕浓核症的外表病征比较单一，经口感染约一周后食欲明显减退，出现软化症状，以呈空头症状者居多。重症蚕停止食桑，爬向四周静伏不动。撕开病蚕体壁，剖视中肠，肠内空虚，几乎没有桑叶片，而只是充满黄绿色半透明的消化液；病毒感染导致家蚕生长缓慢，龄期延长，群体发育不齐，个体生长差异大，最终发育停滞直至死亡（图7-3）。

图7-3　家蚕浓核症病征

BmDV和BmBDV对不同家蚕品种的感染性及病变都有所不同，相对而言BmDV感染病势较急，幼虫在感染7d后死亡，而BmBDV感染后病势较缓，蚕在感染后10～20d死亡。与一般昆虫浓核病毒感染大部分组织不同，BmDV只感染家蚕中肠柱状上皮细胞，感染后期中肠组织几乎全部是杯状细胞，而BmBDV在感染后期也能感染杯状细胞。病毒在细胞核中复制，细胞核随病毒的增殖而膨大，在感染后期，被感染细胞的细胞核膨大到正常细胞核的2.5倍以上，感染的细胞核变成浓稠而均一的结构，具强烈的嗜酸性，能被甲基绿浓染或呈现强烈的福尔根反应，在酸性pH条件下，吖啶橙染色后呈橙黄色或红色。在感染末期，感染的柱状上皮细胞退化并被脱落进中肠腔，成熟病毒粒子随排泄物排出。然而，感染BmBDV的家蚕中肠上皮细胞不像感染BmDV的中肠上皮细胞那样容易脱落。

在感染BmDV的细胞核中，核仁活性化，形状变大，数目增加，出现电子密度高的块状物，占据核的大部分，在感染后期，大量病毒粒子出现在这些电子密度高的块状物中。而在感染BmBDV的细胞核中，核仁颗粒状和纤维状的成分分离，出现电子密度浓密的离散小块，感染后期，这些离散的小块中充满了大量的病毒粒子，核仁被推至核边缘甚至消失（吕鸿声，1998；Hu et al.，2013）。

四、抗性基因

在家蚕种质资源中，有些家蚕对BmDV或BmBDV表现出绝对的抗性。家蚕对BmDV的抗性由两个不同的基因，即*nsd-1*（non-susceptibility to BmDV-1）和*Nid-1*（non-infectious to BmDV-1）控制，*nsd-1*为隐性基因，*Nid-1*为显性基因，前者阻断病毒的入侵，后者在病毒感染的后期起作用。在敏感家蚕中，*nsd-1*的等位基因编码一个家蚕特异的黏蛋白样蛋白（mucin-like protein），只在中肠表面表达，一个核苷酸的替换突变导致家蚕对BmDV的抗性。*nsd-2*（non-susceptibility to BmDNV-2）基因决定家蚕对BmBDV的抗性，*nsd-2*的等位基因编码一个跨膜的氨基酸转运子蛋白，只在家蚕中肠表达，9个跨膜域的缺失引起幼虫对病毒的抗性。大部分中国家蚕品种对BmDV有抗性，而日本品种则多具敏感性；对BmBDV的抗性则相反。目前生产上多数品种对BmDV有抗性，而对BmBDV有抗性的品种较少，通过抗病毒育种能解决家蚕浓核症的问题（Ito et al.，2018）。

五、流行规律

BmDV和BmBDV感染敏感家蚕幼虫不依赖剂量，即只要有少量的病毒存在，小蚕就能感染发病，少量个体发病后，能引起多次蚕座再感染。病毒可在桑园中的桑螟中肠慢性增殖，但不发病致死，病毒随蚕粪排出污染桑叶，带进蚕室引起敏感家蚕感染发病。蚕座传播和桑叶传播及病蚕尸体中病毒扩散是家蚕浓核症传播的主要途径。BmDV和BmBDV对石灰浆、漂白粉、紫外线等理化因子的抵抗性较弱，消毒是控制浓核症的主要措施，但桑螟排出的病毒可随桑叶不断带入蚕室侵染幼虫，加上大小蚕混育使感染率升高，因此仅凭一次蚕室和蚕具消毒尚不能充分防控病毒，需要及时对蚕座消毒，捡出病蚕尸体。在生产中选育和饲养抗病毒品种是防控家蚕浓核症的最有效的办法（吕鸿声，1998）。

第五节　家蚕病毒病防控

家蚕病毒病是养蚕生产中的主要病害，具有危害严重、防治困难的特点。由于家蚕个体小、抵抗力弱，得病后通常难以治愈，同时由于饲养密度大，一旦感染就会迅速蔓延，造成较大的损失，因此病毒病长期以来一直困扰着蚕桑生产的发展。家蚕病毒病在春、秋均有发生，且尤以晚秋发病率最高。科技工作者应当利用实验室中获得的家蚕病毒病的发生原理及感染机制，帮助蚕农深入了解病毒病的病原诊断及防控重点，从根本上帮助蚕农提高生产效率及收益，最终为蚕农提供更好的生活条件，以及促进养蚕业的发展，这也是科技助农的目标所在。

一、家蚕病毒病的防控重点

目前，在养蚕业中家蚕病毒病的发生非常普遍，传染性强，因此对于生产中避免病毒的大面积传播，主要还应该贯彻“预防为主”的防控理念。

（一）了解病毒病传染源及传染途径

“知己知彼，百战不殆”，对于家蚕病毒病的罪魁祸首“病毒”的深入了解是从根源上进行防控的重点。病毒感染所引起的蚕病目前主要包括本章中所涉及的三种病毒，而由BmNPV感染所引起的家蚕血液型脓病是诸多蚕病中对养蚕生产危害最大的一类，不但传播普遍，而且难以防治。此外，该病传染性极强，单个出现会迅速群体发作，一般2～3龄起蚕感染，5龄发病，蚕感病后，表现为体色乳白、体躯肿胀、节间隆起、狂躁乱爬，向蚕座边缘爬行，将病蚕沿尾角剪开，可看到血液呈乳白色，发病时期不同，症状也不同。中肠型脓病是由BmCPV感染所引起，感染病程长，被感染的家蚕出现群体发育极不整齐，胸部呈半透明状、体色暗淡无光泽，发黄呈起缩状，排便异常，感染后期粪便呈乳白色或白色污液。病蚕大多静伏于蚕座或爬向边缘，重病蚕中肠后部常呈乳白色。家蚕浓核症由BmDV或BmBDV感染引起，感病家蚕主要表现为食欲减退、发育不良、消化管内透明等，受感染的中肠上皮细胞脱落，包裹蚕粪排出体外，呈现“链珠状”蚕沙的典型症状。食下传染是目前家蚕病毒病的主要传染途径，发病率的高低通常取决于病毒载量的大小及蚕龄，通常3龄之后食下传染的发病率有所降低（万永继，2023）。

（二）掌握家蚕病毒病的科学防控手段

病毒病在各个蚕区的不同季节都有发生，特别是在夏秋期，常因气候条件恶劣，加上消毒不严、管理不善等因素造成蚕病暴发流行。病毒源的存在是发生病毒病的一个先决条件。当前养蚕业中，对于病毒病的防控最主要还应集中于从根源上控制病原传播，即严格贯彻消杀原则、规范饲养管理。科技工作者应在扶农助农过程中充分为蚕农普及蚕病病原的分类和鉴别方法，加强科学消杀及合理养蚕的布局。家蚕病毒病的传染力强，传播蔓延机会多，仅仅依靠养殖前的消杀难以完全避免病原感染的发生。病原大量潜藏在病蚕尸体、蚕沙、烂茧里，并扩散污染到使用过的蚕室及蔟室周围的地面、墙壁、屋顶、灰尘、蚕具及蚕蔟等一切用品和周围环境。在养蚕前，首先应认真做好蚕室、贮桑室、上蔟室、大小蚕具及蚕室周围的清洁消毒工作，同时应在养蚕业内建立起健全的防病消毒卫生制度，各地各蚕区根据实际的养殖情况，合理安排养蚕布局。依据蚕区的气候条件，制订可行性强的蚕期饲养量，符合叶蚕平衡的基本条件，同时在饲养过程中保持使用0.3%～0.5%含氯碱性溶液或新鲜石灰浆对养蚕环境进行喷雾消毒，从而真正控制病毒病原的发生和传播。

（三）培育抗病品种

由于化学防治的效果通常具有一定的局限性，且化学药物对于环境的污染及蚕业人员的身体健康影响也应被充分考虑。因此，培育抗病品种能够从根本上对家蚕病毒病进行防控。研究证明，家蚕品系中存在抗病性及抗逆性强的品种，这些品系的家蚕即使接触病毒，也不会出现感染的症状。而不同家蚕品系对于病毒感染的敏感程度存在极大差异。家蚕基因组学研究、抗性基因研究及家蚕病毒学研究，都为家蚕生产中的病毒防控提供了理论基础和基因资源。目前，研究较为深入的是针对家蚕核多角体病毒病的抗病品系育种。传统育种方式包括抗性品系筛选及杂交组合配置；同时，随着分子生物学技术的快速发展，分子标记辅助育种研究也被应用于抗BmNPV品系的选择，学者通过构建家蚕抗BmNPV病毒病近等基因系，筛选抗性主效基因连锁的分子标记，最终获得抗病毒病新品种。另外，随着转基因技术的发展，转基因育种近年来也被应用于家蚕抗病毒病品系的育种探索中，通过显微注射等方法，将抗病相关基因导入家蚕卵细胞，并使其整合入家蚕染色体，从而获得可以稳定遗传的家蚕抗病毒病品系。但目前这一研究方向的报道还较少，主要是由于家蚕对病毒病的抗性往往并非受单一基因的控制，且抗病基因在染色体上的定位大部分还处于探索阶段。近年来逐渐发展起来的RNAi技术为抗病转基因家蚕培育提供了新思路，利用RNAi技术通过家蚕稳定表达病毒复制必需因子的dsRNA，被证明可以有效增强家蚕对BmNPV的抗性。

二、家蚕病毒病的防治对策

在预防为主的基础上，对于家蚕病毒病的防治应采取“综合防治”原则。患中肠型脓病、浓核症的蚕排出的粪便，吐出的肠液，患血液型脓病蚕体壁破裂后流出的脓汁，直接或间接地污染桑叶及蚕体，会在蚕座里引起感染，导致蚕病暴发。同时，散布在蚕室环境中的病毒，或被患病蚕污染的桑叶也可能造成更大规模的感染。对于病毒病发生后的防治，应首先进行蚕室环境的大面积彻底消毒，消除传染源。其次加强早期诊断并采取严格的隔离措施，及时捡出病蚕并进行深埋和消毒处理。目前值得推广的有效蚕病防治措施可简单概述为大、中、小蚕的“三级分养”（合理布局），以及“三专一远”，即专室、专具、专人及小蚕室远离大蚕室的管理模式。

三、家蚕病毒病防控药物研究

除了以上对于家蚕病毒病的防控及防治手段外，科研工作者也仍在积极探索抗病药物的筛选。通常抗病毒药物的开发需要从病毒与宿主的互相作用入手，选择能够抑制病毒增殖的有效途径。但由于病毒是一种“专性的细胞内寄生物”，病毒的复制和增殖都需要依赖于宿主细胞自身的复制功能。而对于病毒增殖的抑制，也必然会对宿主本身产生影响，这也是抗病毒药物研发一直面临的实际问题，即如何避免“杀敌一千，自损八百”的局面。这条路尽管难走，科学工作者仍在家蚕病毒病的抗病治疗中进行着各种努力和研究。实验证明，用500～1000U/ml的氯霉素给蚕添食，可抑制肠道细菌的繁殖，保持或增强蚕的体质，从而提高蚕对病毒的抵抗力，起到预防病毒感染的作用。另外，据报道有效浓度为5×10^{-5}～5×10^{-4}mol/L的5-氟尿嘧啶可以降低20%～30%的病毒性软化病发病概率；烷基化5′-鸟嘌呤核苷酸能够使蚕对BmNPV的抗性提高1000倍以上。果糖嗪（fructosazine）对BmNPV、BmCPV的感染及病毒性软化病的发生都有一定的抑制作用（万永继，2023）。

在抗病毒药物的研究和开发之外，科研工作者也在探索更加多元化的防控和防治手段，包括高温疗法、基因疗法、早期诊断、抗生素添食等。期待未来能够为养蚕业提供更加有效的支持。

本章小结

家蚕是迄今唯一完全驯化的泌丝经济昆虫，是影响人类历史进程的10种动物之一。蚕业是国家的功勋产业，是中华文明的重要载体之一。家蚕病毒病是蚕业的重要病害，占蚕病损失的60%左右。家蚕病毒病主要有家蚕核多角体病、家蚕质多角体病、浓核症和软化病4种，其中前三种在中国危害较为严重。家蚕核多角体病的病原为家蚕核多角体病毒，属于杆状病毒，核酸为dsDNA，具有食下传染和创伤传染两种传染途径；病蚕环节肿胀，体色乳白，狂躁爬行，血液乳白色，排粪正常。家蚕质多角体病的病原为家蚕质多角体病毒，病毒粒子球形，核酸为dsRNA，在中肠柱状上皮细胞的细胞质中寄生，并形成多角体，食下传染家蚕；病蚕空头、下痢，静伏不动，排不正形粪，病重时排白色黏液等症状。家蚕浓核症的病原有家蚕浓核病毒和家蚕二分浓核病毒两种，病毒粒子球形，核酸为ssDNA；家蚕浓核病毒仅感染家蚕中肠柱状上皮细胞，病毒粒子大小约20nm，呈无囊膜包被的二十面体结构，基因组为5kb的ssDNA；家蚕二分浓核病毒主要感染家蚕中肠柱状上皮细胞，为无囊膜的球状病毒粒子，直径为20～24nm，包含两个线性ssDNA分子，大小分别约6.6kb和6.0kb；病蚕出现空头、下痢、排链珠状粪便和软化症状。家蚕病毒病的防控措施：合理养蚕布局，切断垂直传播；严格消毒，消灭病原，切断传染途径；控制桑园害虫，防止交叉感染；严格提青分批，防止蚕座传染；加强饲养管理，增强蚕体质；培育和选用抗性品种。

家蚕三种主要病毒病的特征及防控措施

复习思考题

1. 家蚕主要病毒病有几种？
2. 家蚕主要病毒病的病原、病征、病变和传染途径如何？
3. 家蚕病毒病如何防控？

第八章
蜜蜂病毒病及其防控

本章要点

○ **主要的蜜蜂病毒：**大部分蜜蜂病毒都是正义单链小RNA病毒，如蜜蜂残翅病毒、以色列急性麻痹病病毒、黑蜂王台病毒、蜜蜂囊状幼虫病毒等，它们均是无囊膜病毒，基因组大小约为9000nt。也有一些蜜蜂病毒例外，如蜜蜂丝状病毒，为有囊膜的大DNA病毒。

○ **蜜蜂病毒病的症状：**有些蜜蜂病毒的感染能引起典型的症状，如蜜蜂慢性麻痹病病毒和以色列急性麻痹病病毒会引起致死性的麻痹症状；蜜蜂残翅病毒能引起蜜蜂的翅发育不全或畸形等。不过大部分蜜蜂病毒感染并不产生典型症状，但受到外界压力如环境因素、营养条件或寄生病害如微孢子虫和狄斯瓦螨等影响会加重病毒的危害。

○ **蜜蜂病毒病的流行与防治：**蜜蜂病毒病主要流行于早春、秋末或初冬，而且这些病的感染大部分与螨或其他病虫害如微孢子虫紧密相关。目前主要的防治方法为应用饲养管理手段，如换新王或用纯蜂粮与成熟蜜。

蜜蜂为100多种粮食作物提供授粉服务，蜜蜂每年在全球的授粉经济价值相当于全球人类食用农产品总价值的9.5%。蜜蜂不仅为人类提供具有较高经济价值和营养价值的蜂产品，而且养蜂已经成为大部分山区农民脱贫致富与乡村振兴的特色产业。事实证明，授粉昆虫的数量与种群密度直接影响作物的产量。然而，自2006年美国发生蜂群崩溃失调症（colony collapse disorder，CCD）以来，全球尤其是欧美地区蜜蜂物种数量明显下降。数据表明，蜜蜂物种在2006～2015年比20世纪90年代减少了25%（Zattara and Aizen，2021）。大量的调查研究表明，蜜蜂病毒是蜂群下降的主要病原之一，能感染各个发育阶段及不同级型的蜜蜂，既能诱导典型的表型症状，也能抑制蜜蜂免疫反应（Ullah et al.，2021）。大部分感染蜜蜂的病毒是正义单链小RNA病毒，不仅能感染膜翅目也感染非膜翅目昆虫，对昆虫多样性具有潜在影响。

第一节　蜜蜂病毒的种类与分子特征

至今已在蜜蜂中发现80多种病毒，超过20种病毒能够感染蜜蜂并具有较强的致病性。蜜蜂病毒根据基因组的特征分为DNA病毒、正义单链RNA病毒、负义单链RNA病毒、其他RNA病毒等。大部分蜜蜂病毒都是正义单链小RNA病毒。

一、DNA病毒

（一）蜜蜂虹彩病毒

蜜蜂虹彩病毒（Apis iridescent virus）于1976年首次在东方蜜蜂中被发现，该病毒粒子大约为150nm，核衣壳内含有线状双链DNA分子，但目前基因组的信息不完整，其分子组成与感染机制仍未阐明。

（二）蜜蜂丝状病毒

蜜蜂丝状病毒（Apis mellifera filamentous virus，AmFV）是感染蜜蜂的DNA病毒，且在病毒学分类上暂未分类，蜜蜂丝状病毒在蜂群中有较高的流行率，且大部分为隐性感染（Yuan et al.，2021）。该病毒于1977年首次于美国发现，其形状呈线状或丝状，病毒粒子大小为0.3～0.47μm，基因组大小约为450kb（Gauthier et al.，2015）。近期由中国科学院武汉病毒研究所联合中国农业科学院麻类研究所，对AmFV进行了分析，明确其核衣壳呈3150nm×40nm的杆状，在囊膜内以3个“8”字形折叠成为450nm×170nm椭圆形病毒粒子（图8-1），基因组大小为493kb，包含197个开放阅读框（ORF）（Yang et al.，2022）。

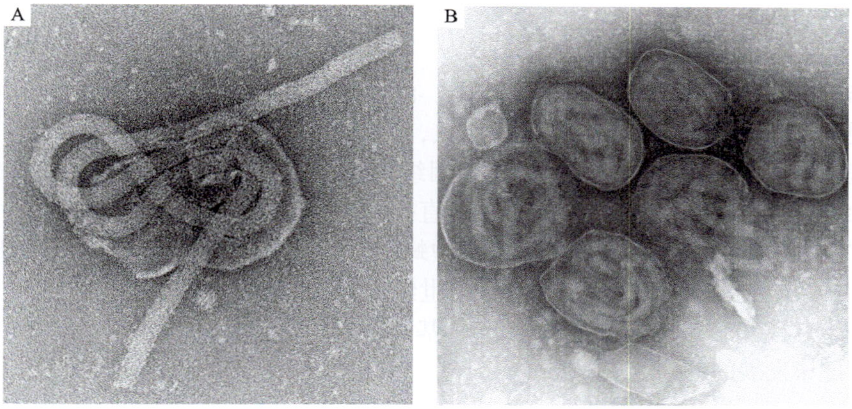

图8-1　蜜蜂丝状病毒粒子的特征

A．3个“8”字形折叠的核衣壳；B．椭圆形的病毒粒子

二、正义单链RNA病毒

（一）蜜蜂残翅病毒、Kakugo病毒和埃及蜜蜂病毒

蜜蜂残翅病毒（deformed wing virus，DWV）与其基因B型（DWV-B，原定义为蜜蜂狄斯瓦螨病毒）、残翅病毒基因C型（DWV-C）、Kakugo病毒及埃及蜜蜂病毒（Egypt bee virus，EBV）在基因组成与分子结构上非常相近。因此，这里主要介绍DWV的基本情况。DWV于20世纪80年代在日本蜜蜂中发现，是传染性软化病病毒科传染性软化病病毒属的正义单链RNA病毒，其核苷酸长度约为8500bp。病毒粒子为直径约30nm的等二十面体，含3个主要的结构蛋白。

（二）以色列急性麻痹病病毒、蜜蜂急性麻痹病病毒、克什米尔蜜蜂病毒

以色列急性麻痹病病毒（Israeli acute paralysis virus，IAPV）、蜜蜂急性麻痹病病毒（acute bee paralysis virus，ABPV）与克什米尔蜜蜂病毒（Kashmir bee virus，KBV）在遗传上与生物学上是非常紧密相关的三个病毒，其基因组结构非常接近，同属双顺反子病毒科。IAPV于2002年首次在以色列具有麻痹症状的意大利蜜蜂个体中发现。其基因组长度约为9400nt，在两端分别拥有5′非翻译区与3′多聚腺苷酸，编码非结构蛋白与结构蛋白，结构蛋白与非结构蛋白间有内部核糖体进入位点区域（Maori et al.，2007）。IAPV的病毒粒子为等二十面体，直径约为30nm，其VP1和VP3拥有非常规的果冻卷状的β折叠，且VP1具有疏水袋（Mullapudi et al.，2017）。

（三）黑蜂王台病毒

黑蜂王台病毒（black queen cell virus，BQCV）首次于1977年分离自死亡的蜂王幼虫或封盖的预蛹。BQCV是一种正义单链小RNA病毒，属于双顺反子病毒科锥蝽病毒属。其病毒粒子呈正二十面体、无囊膜且直径大小为30nm的球形。黑蜂王台病毒基因组长度约为8600nt，包含两个ORF。ORF1编码非结构蛋白，含解旋酶、3C样半胱氨酸蛋白酶和RNA依赖的RNA聚合酶（RdRp）。ORF2编码4个结构蛋白，即CP1、CP2、CP3、CP4。

（四）蜜蜂囊状幼虫病毒

蜜蜂囊状幼虫病毒（sacbrood bee virus，SBV）首次于1913年在美国的意大利蜜蜂群中被发现。虽然SBV既感染幼虫也感染成虫，但是对2日龄的幼虫最敏感。SBV属于传染性软化病病毒科传染性软化病病毒属，基因组长度约为8800nt，含一个大的开放阅读框，编码3个结构蛋白与非结构蛋白，病毒粒子直径大约为28nm。

SBV主要有西方蜜蜂囊状幼虫病毒、中蜂囊状幼虫病毒（Chinese sacbrood bee virus，CSBV）与泰国囊状幼虫病毒。CSBV于20世纪70年在中国广东的中华蜜蜂中被鉴定并命名。该病毒粒子呈球形，直径约为30nm，基因组大小约为8900nt，是当前威胁我国中华蜜蜂幼虫健康发展的一种严重病原。

（五）缓慢性蜜蜂麻痹病病毒

缓慢性蜜蜂麻痹病病毒（slow bee paralysis virus，SBPV）是1974年在英国的意大利蜜蜂中发现且常见于意大利蜜蜂的一种传染性软化病病毒，其感染与狄斯瓦螨的感染呈正相关。实验证实，SBPV能广泛感染熊蜂及其他授粉昆虫。其基因组长度约为9500nt，含一个大的开放阅读框，病毒粒子直径约为30nm。

（六）蜜蜂病毒X、蜜蜂病毒Y

蜜蜂病毒X（bee virus X，BVX）是在鉴定蜜蜂阿肯色病毒时发现于意大利蜜蜂中，完全的基因组未见相关报道，但其病毒粒子大约为35nm，与小核糖核酸病毒科的蜜蜂病毒在直径上有明显不同。其主要感染成蜂且与马氏管变形虫病、SBPV的感染紧密相关。另外，蜜蜂病毒Y（bee virus Y，BVY）是鉴定于英国死亡工蜂的另一个小RNA病毒，但在血清学实验上BVX与BVY却是不相关的两个病毒。

三、负义单链RNA病毒

蜜蜂负义单链RNA病毒报道得较少，目前已经鉴定被证实对蜜蜂、熊蜂等授粉昆虫具有致病性且广泛流行的负义单链RNA病毒是弹状病毒科的蜜蜂弹状病毒1（Apis rhabdovirus 1，ARV1）（Levin et al.，2017）。ARV1基因组为13 800～14 600nt，具有典型的弹状病毒的基因组结构，编码大蛋白、糖蛋白、核蛋白、磷酸蛋白与基质蛋白。虽然已验证ARV1能在蜜蜂、熊蜂及蜂螨上进行复制，但其具体的致病机制仍不明确。

四、其他RNA病毒

（一）蜜蜂慢性麻痹病病毒

蜜蜂慢性麻痹病病毒（chronic bee paralysis virus，CBPV）是主要感染成蜂的一种病毒，近几年对蜂群的影响更为严重，该病毒能诱导两种不同的典型症状，即黑亮型和大肚型（Ribière et al.，2010）。CBPV也是一种正义单链小RNA病毒，其病毒粒子的大小与形状与其他蜜蜂小RNA病毒不相近，长度为30～65nm，宽为20nm左右。因此，国际病毒分类委员会至今尚未将CBPV归入任何科属。病毒基因组由5个节段组成，但是真正致病的主要是两个RNA分子片段，为RNA1与RNA2，每个片段的大小不超过3700nt。该病毒的感染性克隆已构建成功，为病毒致病性及单基因功能研究提供了技术支持（Yang et al.，2020b）。

（二）西奈湖病毒

西奈湖病毒（lake Sinai virus，LSV）首次于2011年通过高通量分析技术在美国西方蜜蜂中发现并鉴定。LSV属于正义单链小RNA病毒，其基因组由具有重叠片段的基因组成，一般大小不超过5600nt，病毒粒子直径约为28nm，但详细的基因组成与功能未阐明。这些不同的片段可能同时感染蜜蜂，也可以一个片段感染个体。目前已鉴定的有8个不同大小的LSV毒株，并已证实LSV不仅感染蜜蜂，而且广泛存在于熊蜂、蚂蚁、胡蜂等社会性昆虫（Yang et al.，2020a）。

第二节　蜜蜂病毒病的典型症状与诊断

一、蜜蜂丝状病毒病的典型症状与诊断

最初发现该病毒是在爬蜂中，感染该病毒的蜜蜂不能飞翔，在巢门口附近乱爬，多发病于春季或秋季。取少量蜜蜂血淋巴，其状态呈乳白色，当置于显微镜下，可见血淋巴充满了小颗粒，这些小颗粒的形状从圆形到棒形，含有细丝。极为重要的诊断方式为在电镜下观察其病毒粒子为明显的“8”字形（图8-1）。AmFV体表典型症状并不易观察，主要采用PCR技术诊断，根据特异性引物对5′-CAGAGAATTCGGTTTTTGTGAGTG-3′和

5′-CATGGTGGCCAAGTCTTGCT-3′对AmFV的目标片段进行扩增，当扩增条带与目标产物大小相一致，则证实蜜蜂感染了AmFV。

二、蜜蜂麻痹类病毒病的典型症状与诊断

对蜜蜂具致命性的麻痹病毒主要为蜜蜂慢性麻痹病病毒（CBPV）与以色列急性麻痹病病毒（IAPV）。CBPV感染能导致两种不同的典型症状，即黑亮型和大肚型。黑亮型主要发生于成蜂。其典型症状为背腹部油黑发亮，绒毛脱落（图8-2A）。感染该病毒的蜂主要在蜂箱门前及附近爬行，不能飞翔，或大部分在巢框上爬行。显微镜下的病毒粒子为不规则的椭球状，大小为28nm左右。大肚型表现为感染的病蜂腹部明显膨大，不能消化，在巢门前或蜂箱附近缓慢爬行，不能飞翔，在爬行过程中翅和身体经常性颤抖，有时一些蜂会在蜂箱顶部结团，拉出中肠后可见黄色液体、黑褐色或水样状液体（图8-2B）。

图8-2　蜜蜂慢性麻痹病典型症状（A为黑亮型，B为大肚型）

蜂蜜感染IAPV后的症状

感染以色列急性麻痹病病毒（IAPV）的蜜蜂，其典型症状为颤抖，乱爬，不能飞翔，进而出现麻痹症状，尤其是蜜蜂的足麻痹颤抖较为明显，侧躺于地上不断抽搐与颤抖，进而其身体变黑，体毛脱光。

目前，可利用特异性引物对5′-TCAGACACCGAATCTGATTATTG-3′和5′- ACTACTAGAAACTCGTCGCTTCG-3′对CBPV进行PCR及测序鉴定。

三、蜜蜂黑蜂王台病毒病的典型症状与诊断

最初发现该病时，在蜂王幼虫的巢房里，死亡的幼虫为黑色，其巢房也为深黑色。在感染该病毒的初期，染病的幼虫呈现灰黄色，然后呈囊状型，类似于囊状幼虫病的症状。黑蜂王台病毒与蜜蜂微孢子虫及狄斯瓦螨紧密相关，当发现有螨或拉开蜜蜂中肠可见微孢子，要及时防治。根据蜂群内出现的典型症状、电镜观察和分子诊断方法三个方面进行诊断。目前分子诊断最为常见，如采用特异性引物对5′-TGGTCAGCTCCCACTACCTTAAAC-3′和5′-GCAACAAGAAGAAACGTAAACCAC-3′对BQCV进行PCR及测序鉴定（Diao et al., 2018）。

四、蜜蜂残翅病毒病的典型症状与诊断

蜜蜂残翅病毒能引起蜜蜂的翅发育不全或畸形，无法呈现正常平整状态，造成蜜蜂不能飞翔。现全球已鉴定超过100个毒株，但其毒株间的致病性具有明显的差异。

该病毒主要感染新出房的蜜蜂工蜂，其翅是不完整或畸形的，不能飞翔，在巢门前爬行。其最典型症状为蜜蜂成蜂的翅残缺不完整（图8-3），其体形变小，失去正常颜色。与残翅病毒最为紧密的还有另一个病害——狄斯瓦螨，俗称大蜂螨。一般情况下，感染此类病毒的蜂群也能发现大蜂螨的危害。剥开幼虫体表或蛹巢房，能发现蜂螨附着在幼虫或蛹的身体上。如发现螨害严重，大多已经感染残翅病毒。显微镜下能观察到形状为二十面体的大小为30nm的病毒粒子。

目前DWV主要流行于蜂群的有三个基因型：DWV-A、DWV-B和DWV-C，仅从典型症状只能确定是为DWV，但不能证实是哪个基因型。因此，主要采用分子手段鉴定，DWV-A采用引物对5′-CTCATTAACTGTGTCGTTGAT-3′和5′-TACTAGTGCTGGTTTTCCTTT-3′；DWV-B采用引物对5′-CTCATTAACTGAGTTGTTGTC-3′和5′-TACTAGTGCTGGTTTTCCTTT-3′；DWV-C采用引物对5′-ATAAGTTGCGTGGTTGAC-3′和5′-TACTAGTGCTGGTTTTCCTTT-3′进行鉴定。

图8-3　蜜蜂残翅病毒病典型症状

A．蜂群中发现感染DWV的代表性成蜂；B．新出房蜂感染DWV的代表性工蜂

五、蜜蜂囊状幼虫病毒病的典型症状与诊断

蜜蜂囊状幼虫病毒病最典型的症状是导致感染的幼虫具有囊状水样外观（图8-4A）。蜜蜂囊状幼虫病毒最初于1971年在我国广东中华蜜蜂中发生并流行。而感染该病毒的幼虫不能化蛹，虫体的颜色是由白到淡黄，最后变成棕褐色而死亡。大日龄幼虫在感染该病毒后，头部上翘，体表失去光泽。另一个典型的症状是，整个子脾日龄不一致，容易出现“烂子”的现象（图8-4B）。

由于意大利蜜蜂的SBV与中华蜜蜂的CSBV在基因组核酸序列上相似度较高，且典型症状无明显差异，目前主要采用PCR技术鉴定，SBV与CSBV的引物对分别为5′-ATATACGGTGCGAGAACTGC-3′和5′-CTCGGTAATAACGCCACTGT-3′及

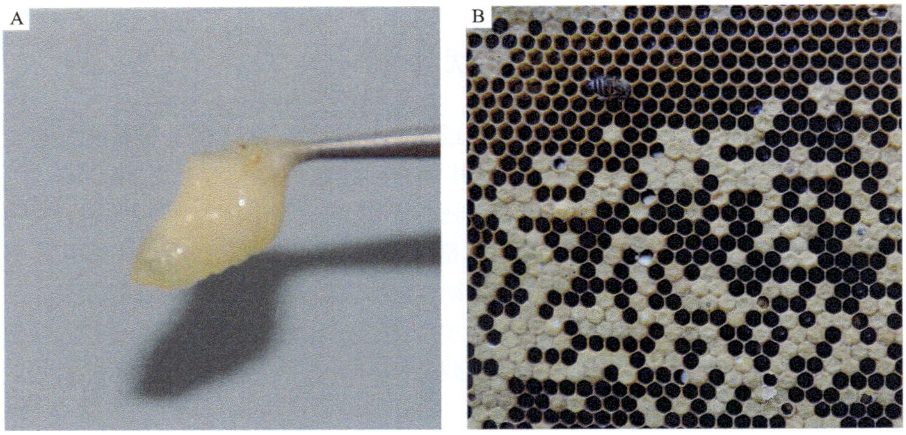

图8-4　蜜蜂囊状幼虫病毒病典型症状

A. 幼虫下端透明水状；B. 巢脾面呈现明显的子脾巢房不整齐

5′-CCTGGGAAGTTTGCTAGTATTTACG-3′和5′-CCTATCACATCCATCTGGGTCAG-3′（Yuan et al.，2021）。

第三节　蜜蜂病毒病的流行与危害

自第一个蜜蜂病毒——囊状幼虫病毒被报道以来，已有20余种感染蜜蜂病毒被报道。在已经发现的蜂病毒中，除了蜜蜂丝状病毒及蜜蜂虹彩病毒为DNA病毒及蜜蜂弹状病毒1为负义单链RNA病毒外，其他蜜蜂病毒均属于正义单链RNA病毒。这些正义单链RNA病毒具有基因组小、突变率高、多宿主寄生等特性，且大部分分离自西方蜜蜂（*Apis mellifera*），少部分来源于东方蜜蜂（*Apis cerana*）。除SBV、DWV和CBPV等感染能产生可鉴别的临床症状外，大部分蜜蜂病毒感染并不产生典型症状，但受到外界压力如环境因素、营养条件或寄生病害如微孢子虫和狄斯瓦螨等影响会加重病毒的危害，甚至导致蜜蜂死亡（de Miranda et al.，2013），进而影响群势下降，引起社会与学者的高度关注（Wilfert et al.，2016）。

一、蜜蜂丝状病毒病

蜜蜂丝状病毒病是由AmFV引起的成年蜜蜂疾病。感染AmFV的蜜蜂不表现明显的表型症状，但蜜蜂不能飞翔，在巢门口乱爬。

（一）蜜蜂丝状病毒病的流行

1. 发生历史　AmFV是一种蜜蜂DNA病毒，首先发现于意大利蜜蜂中，2016年在我国中华蜜蜂中发现。至今AmFV已经在美国、英国、瑞士、法国、墨西哥、叙利亚、南非、中国的意大利蜜蜂及中国的中华蜜蜂中发现，并具有较高的流行率。

2. 流行特点　AmFV可自然感染西方蜜蜂、东方蜜蜂，其中成蜂比幼虫更易感染；

西方蜜蜂比东方蜜蜂更易感。目前该病毒的传染源不详，但实验数据表明，微孢子虫能加快该病毒的增殖。病毒传播主要通过蜜蜂个体间的接触，或通过微孢子虫或感染微孢子虫的蜜蜂的粪便进行水平传播，也可通过感染卵或精液进行垂直传播。蜜蜂丝状病毒流行具有一定的季节性，主要流行于春、秋季，与气温密切相关，在早春及初冬易检测到该病毒的流行，尤其是在初冬，80%以上的蜜蜂均有可能感染该病毒。

（二）蜜蜂丝状病毒病的危害

AmFV主要在成年蜜蜂的脂肪体、卵巢组织和血淋巴中增殖。该病毒病存在隐性感染和急性感染两种形式，隐性感染通常不引起任何明显的疾病症状，急性感染的蜜蜂症状明显，主要表现为蜜蜂不能飞翔，在巢门口附近乱爬，多发病于春季或秋季。

二、蜜蜂慢性麻痹病

蜜蜂慢性麻痹病又称为“爬蜂病”、黑蜂病、瘫痪病，是由CBPV引起的一种主要侵害蜜蜂的神经系统病害。成年蜜蜂主要表现为神经麻痹痉挛，身体颤抖，丧失飞行能力，出现爬行现象，所以被称为“爬蜂病”，疾病发展至后期会出现腹部发黑，所以又被称为黑蜂病，临床上分为Ⅰ型麻痹综合征（大肚型）和Ⅱ型麻痹综合征（黑亮型）两种症状型（Seitz et al.，2019）。

（一）蜜蜂慢性麻痹病的流行

1. 发生历史　1933年Burnsid首次指出蜜蜂瘫痪病是由病毒引起，1963年Bailey等分离到病毒，命名为蜜蜂慢性麻痹病病毒（CBPV），我国于1979年由中国农业科学院蜜蜂研究所从西方蜜蜂患病蜂群中分离得到，目前该病毒在世界大多数养蜂国家均流行。

2. 流行特点　自然条件下蜜蜂慢性麻痹病病毒主要侵害成年工蜂。除此之外，熊蜂及胡蜂等其他昆虫也可感染。患病蜜蜂是主要传染源，病毒可通过蜜蜂的分食、吞食被污染的饲料，或蜜蜂个体间相互接触进行水平传播，也可通过感染卵或精液垂直传播。蜂群内传播主要是通过蜜蜂的交哺，蜂群间传播主要是通过盗蜂、蜜蜂迷巢、合并蜂群。此外，狄斯瓦螨是CBPV的主要载体。

该病流行具有明显的季节性，春末夏初或秋末冬初季节易发该病，外界炎热，缺乏蜜、粉源，群内饲料不充足等易诱发该病。黑亮型多发生在气温较高的时期，当蜜源条件较好时可以自愈，大肚型多出现在气温较低的蜂群复壮和消减阶段。

（二）蜜蜂慢性麻痹病的危害

大肚型表现为患病蜜蜂腹部肿胀、双翅及躯体反常地震颤，行动迟缓，失去飞翔能力，常在蜂箱周围的地面或草茎上爬行，有时上千只个体结成团，并常见它们在蜂箱内的上部挤成团。患病个体常在感染5～7d后死亡，严重时，整个蜂群崩溃，多发于盛夏高温时。黑亮型俗称“黑强盗”“小黑蜂”“黑色病”等，发病初期能飞翔，但体表茸毛脱落，头尾发黑，身体瘦小。由于受健康蜜蜂驱逐和抱咬，病蜂多集中在巢脾框梁上、蜂箱底部和巢脾边缘处，或返巢时，在巢门口盘旋，疑似盗蜂。

三、蜜蜂急性麻痹病

蜜蜂急性麻痹病是由ABPV引起的一种主要侵害蜜蜂的神经系统传染病，感染后的蜜蜂迅速发病、死亡，若不采取措施，蜂群可在发病后1周左右全部死亡。

（一）蜜蜂急性麻痹病的流行

1. 发生历史　1963年Bailey等在研究蜜蜂慢性麻痹病时发现，在试验过程中，当蜜蜂感染ABPV时很快就会死亡，而感染CBPV的蜜蜂则能存活数天。我国于1984年，中国农业科学院蜜蜂研究所首次在患蜜蜂慢性麻痹病的蜂群中分离得到该病毒。目前已报道发现蜜蜂急性麻痹病的国家有澳大利亚、法国、墨西哥、比利时、英国、俄罗斯、德国、中国等。

2. 流行特点　ABPV主要感染西方蜜蜂，处于不同发育阶段的蜜蜂均能感染，东方蜜蜂对ABPV易感性较差。除此之外，巴西蜜蜂和熊蜂等也能感染。在自然界，病毒可通过成蜂的咽下腺分泌物、被污染的饲料进行传播，但很难使蜜蜂获得致死的剂量。现已发现，大蜂螨和狄斯瓦螨是该病毒的传播媒介，病毒通过传播媒介进入宿主的血淋巴，加快了蜜蜂的死亡。该病一般在春季气温回升时引起蜜蜂感染，此时死亡率较高，但到夏季气温升高后，死亡率降低。

（二）蜜蜂急性麻痹病的危害

患病蜂表现为麻痹症状，无法飞行，在箱底和巢门口挣扎直至死亡，提起巢脾后可见大量蜜蜂由于附着无力而坠落，与发生农药中毒时症状相似，1～2d后死亡。当与狄斯瓦螨协同感染时，可导致蜜蜂大批死亡。

四、以色列急性麻痹病

感染IAPV的蜜蜂首先是翅膀颤抖，足抽搐，进而麻痹而死于蜂箱外，发病症状与蜜蜂急性麻痹病高度相似。有研究表明，IAPV与蜂群崩溃失调症有关（Ullah et al.，2021）。

（一）以色列急性麻痹病的流行

1. 发生历史　IAPV最早在2004年由以色列希伯来大学的Ilan Sela等发现，由于它的发病症状、系统发育学、生物学和核酸序列等与蜜蜂急性麻痹病病毒（ABPV）高度相似，并且给以色列养蜂业造成了严重损失，所以命名为以色列急性麻痹病病毒。中国则于2008年和2012年分别在西方蜜蜂蜂群和东方蜜蜂蜂群中首次检测到该病毒，目前除南极洲以外的各大洲的西方蜜蜂蜂群中都检测到IAPV。

2. 流行特点　IAPV可自然感染西方蜜蜂、东方蜜蜂、熊蜂和胡蜂等授粉昆虫。除此之外，在寄生蜂、蜂箱小甲虫和蜚蠊目、革翅目、鳞翅目昆虫及蛛形纲的动物中也有检测到IAPV，但这些昆虫是否真正感染了该病毒，有待进一步研究。该病传播途径类似于ABPV和KBV的水平传播和垂直传播，狄斯瓦螨仍然是该病毒的重要载体。

（二）以色列急性麻痹病的危害

IAPV可感染蜜蜂各个发育阶段，几乎在所有组织中都有感染，但主要存在于下咽腺、消化道和神经系统。感染蜜蜂发病早期，腹部尾端变黑；发病中期，蜜蜂的胸部变暗，不停地在蜂箱附件转圈，几乎不飞行和觅食；发病后期，蜜蜂肢体会出现麻痹和发抖的症状，经过一段时间的抽搐、痉挛，最终死亡。患病蜜蜂会出现行为、认知障碍，学习、记忆能力衰退，降低蜜蜂的归巢能力，缩短蜜蜂的寿命等症状。IAPV也是影响越冬期西方蜜蜂健康的重要因素。

五、克什米尔蜜蜂病毒病

KBV可感染处于不同发育阶段的蜜蜂个体（卵、幼虫、蛹、成蜂）和各级型蜜蜂（工蜂、雄蜂和蜂王），多以隐性感染方式长期存在于蜜蜂体内，并不表现出特异性临床症状。

（一）克什米尔蜜蜂病毒病的流行

1. 发生历史 Bailey等于1974年从患病东方蜜蜂提取病毒液饲喂西方蜜蜂，从后者体内分离鉴定出KBV。由于该东方蜜蜂来源于印度克什米尔地区，所以研究者就用此地名命名该病毒。随后在澳大利亚、加拿大、西班牙、新西兰、斐济等地的西方蜜蜂上也分离到KBV。目前在中国还没有KBV自然感染蜜蜂的报道，但基因数据库中有来自中国云南、台湾及浙江东方蜜蜂群内的狄斯瓦螨中分离得到该病毒的基因序列。

2. 流行特点 西方蜜蜂和东方蜜蜂对KBV都有易感性，除此之外，国外也有KBV感染胡蜂和熊蜂的报道。该病传播途径与其他蜜蜂病毒病类似，通过交换食物、饲喂幼虫和清理巢房等活动水平传播，也可经感染卵或精液垂直传播。狄斯瓦螨作为蜂病毒的重要载体，其可能在吸食蜜蜂体液的过程中通过唾液传播。

（二）克什米尔蜜蜂病毒病的危害

KBV首先发现于成蜂体内，病毒粒子在进入成蜂血淋巴后几天内导致宿主蜜蜂死亡。然而低剂量的KBV感染的蜜蜂通常不导致明显的发病症状，被感染的蜜蜂可以慢慢恢复健康。KBV主要在蜜蜂前肠和后肠上皮组织、消化道肌肉组织、表皮、气管上皮、血细胞、卵母细胞、气管末端细胞内进行增殖。

六、蜜蜂黑蜂王台病毒病

BQCV因其最初在黑蜂王台中鉴定而得名，早期发现主要感染蜂王幼虫和蛹，后来发现也能感染成年工蜂和幼虫。该病毒感染蜂蛹，导致其快速变黑，加速死亡，感染工蜂通常不会引起典型临床症状。

（一）蜜蜂黑蜂王台病毒病的流行

1. 发生历史 Baliey于1977首次从病死蜂王幼虫和蛹中分离到BQCV，随后在工蜂、雄蜂中均检测到该病毒，目前呈世界范围内分布，是所有蜜蜂病毒中流行最广泛的病毒之一（Al Naggar et al.，2023）。现有研究表明，蜜蜂黑蜂王台病毒在泰国、韩国、日本、中国和越南等地传播广泛，是造成东方蜜蜂种群损失的主要原因（Ullah et al.，2021）。

2. 流行特点　西方蜜蜂和东方蜜蜂对BQCV都有易感性，但西方蜜蜂比中华蜜蜂更易感。除此之外，非膜翅目昆虫也可被感染。患病蜜蜂或无症状的带毒蜂和幼虫是主要传染源。病毒可通过感染卵或精液进行垂直传播，也可通过蜂群个体间接触、交哺等进行水平传播。狄斯瓦螨和微孢子虫是蜜蜂黑蜂王台病毒重要的传播媒介，可加快其传播与流行。该病具有一定的季节性，多发生在蜂群大量繁殖和育王生产期，尤其是在高湿、高冷容易诱发微孢子虫病的春季与初夏。

（二）蜜蜂黑蜂王台病毒病的危害

患病幼虫为王台中的幼虫，无法及时蜕皮化蛹，蜕皮液逐渐累积在旧表皮当中，使得表皮逐渐变硬，形成囊袋状结构，类似于囊状幼虫病症状，幼虫的体色会逐渐由乳白色变为浅黄色、黑色干枯样，病虫死于前蛹期或蛹期。患病成年蜜蜂因神经系统受损，蜜蜂迷失方向，记忆功能与学习能力逐渐退化，采蜜能力下降或丧失，全身抽搐，无法正常飞行。通常情况下，黑蜂王台病毒多以无病症隐性感染方式长期存在于蜜蜂体内，但与其他病毒共同感染时，则表现出极强的致病能力。

七、蜜蜂残翅病毒病

DWV是引发蜜蜂残翅病的病原体，常以隐性感染方式存在于蜂群中。典型症状是患病蜜蜂翅膀畸形。蜜蜂残翅病毒是造成蜜蜂蜂群崩溃失调症（CCD）和越冬蜂群损失的主要病因。

（一）蜜蜂残翅病毒病的流行

1. 发生历史　1977年Bailey和Ball从无发病症状的埃及成年蜜蜂分离到埃及蜜蜂病毒（EBV），1982年通过血清学试验在日本从翅膀畸形的成蜂分到一株与EBV亲缘关系较远的病毒，因感染蜜蜂的翅膀出现明显畸形，称为DWV。随后在伯利兹、英国和南非突然死亡的蜜蜂中检测到高载量的DWV，但由于当时蜜蜂残翅病毒发生较少，并没有与蜜蜂死亡联系起来。直到10年后，英国学者在狄斯瓦螨侵染死亡的蜂群中再次检测到DWV，但对DWV的作用仍然持怀疑态度。随着分子生物学技术的快速发展，发现DWV在蜂群中广泛存在，且与狄斯瓦螨的发生密切相关。Martin指出，在世界范围内32个主要养蜂国的蜂群中DWV平均感染率为55%，欧洲、美洲和亚洲感染率较高，中东和非洲感染率较低。伴随宿主范围不断扩大，DWV已演化为三个新的变异体DWV-A、DWV-B和DWV-C。

2. 流行特点　DWV宿主范围非常广泛，自然宿主包括西方蜜蜂、东方蜜蜂、小蜜蜂（*Apis florea*）、大蜜蜂（*Apis dorsata*）及与蜂巢有关的节肢动物等。迄今为止，DWV的宿主涵盖了10目的68种节肢动物，其中64种节肢动物属于昆虫纲，包括膜翅目、半翅目、鞘翅目、双翅目、鳞翅目、革翅目和蜚蠊目7目。4种节肢动物属于蛛形纲，包括蜱螨目、蜘蛛目和盲蛛目3目。

该病可通过取食、喂食、护理幼虫或清理巢房、访问花朵及梳理毛发进行水平传播，也可通过感染卵或精液垂直传播，但也不排除低水平的卵巢传播（Amiri et al.，2018）。此外，DWV在蜂群中的感染程度与瓦螨的侵染水平密切相关，无瓦螨地区，DWV多为隐性感染，病毒量较低，对蜜蜂危害不明显。

（二）蜜蜂残翅病毒病的危害

患病成蜂羽化出房时翅残缺、畸形、褶皱，腹部萎缩和褪色，幼蜂喙突出，出房时间延长，死亡率增加，下咽腺和下颌腺发育不全，失去飞行能力，只能爬行，1～2d后死亡。严重会造成蜂群工蜂群体年龄结构失衡，群势下降，甚至崩溃。神经元受损的患病工蜂，过早从内勤蜂转变为采集蜂，影响蜜蜂的交流。

八、蜜蜂囊状幼虫病毒病

蜜蜂囊状幼虫病毒病又称为囊雏病，是由SBV引起一种发病急、传播快、流行范围广的蜜蜂传染病。蜜蜂囊状幼虫病毒感染不仅会造成幼虫的大量死亡，还会缩短成年工蜂寿命，造成生产能力降低。相对于西方蜜蜂，中华蜜蜂更易感，且不易根除，是中华蜜蜂的一种重要疾病。

（一）蜜蜂囊状幼虫病毒病的流行

1. 发生历史　SBV是历史上第一个发现的蜜蜂病毒，于1913年首次在美国发现，随后在加拿大、澳大利亚、丹麦、英国、瑞典、法国、俄罗斯、摩尔多瓦、拉脱维亚、白俄罗斯、埃及、新西兰等养蜂国家都有流行。1972年在我国广东省佛冈、从化等地首次发生了SBV感染中华蜜蜂，被命名为中蜂囊状幼虫病毒（CSBV），随后迅速蔓延至福建、江西、广西、云南、安徽、四川、湖南、湖北、甘肃、陕西、辽宁等地，乃至东南亚，几乎对中华蜜蜂养殖业发展造成毁灭性的灾害，带来重大经济损失。

2. 流行特点　蜜蜂囊状幼虫病毒病的主要传染源是患病幼虫和健康带毒的工蜂，健康带毒的工蜂虽然没有明显临床症状，但病毒可在成年工蜂体内增殖，在哺育过程中将病毒传播给健康的幼虫，越冬带毒工蜂也是造成囊状幼虫病春季流行的主要原因。该病经空气或污染的蜜粉饲料、饮水等媒介传播，蜂群内个体间传播主要是食物传递，蜂群间传播主要是由管理不当，乱调、分蜂或并群，发生盗蜂或蜜蜂迷巢所致。

该病流行具有明显的季节性，我国南方多发生于2～4月和11～12月，北方多发生于5～6月，即发病高峰多在越冬后蜂王重新产卵期，此时温度适宜，多雨潮湿，群内幼虫与成虫比例大，哺育力、清巢速度、蜂群保温相对较弱。进入夏季SBV流行明显减弱，一方面因为夏季病毒易失活，感染力下降，另一方面因为群势较强，成年工蜂数量增加，蜂王产卵数开始减少，有足够数量的内勤蜂清除病虫。秋季如果多雨，环境类似于早春，也可发生蜜蜂囊状幼虫病流行。近年来，在秋季北方蜂群常发生孢子虫与蜜蜂囊状幼虫病毒混合感染。蜜蜂囊状幼虫病具有反复发生的特点，隔几年就会出现高发期。

（二）蜜蜂囊状幼虫病毒病的危害

患蜜蜂囊状幼虫病毒病的蜂群，通常是5～6日龄的大幼虫死亡。在急性暴发期，约有1/3死于封盖前，2/3死于封盖后。病死幼虫头部上翘，白色，无臭味，用镊子夹出幼虫，则成“囊状”。工蜂常将死幼虫房咬一小孔或启开房盖，拉走死虫；没有被拖出的死幼虫残留在巢房里，最后成一龙舟状棕黑色鳞片。成年工蜂也会被病毒感染，但没有明显症状，多数被感染工蜂行为会发生改变，如停止采集花粉，甚至丧失采集能力，停止哺育工作，停止清巢工作等。伴随着这些行为的发生，被感染的工蜂新陈代谢速率下降，寿命缩短、抗寒性下降，低温下比健康蜂群早结团。

第四节　蜜蜂病毒病的防控

目前蜜蜂病毒病防控还无特效药物，主要根据蜜蜂个体及群体的生物学特性，通过饲养管理、选育抗病蜂种和药物防治进行控制。近年来生物制剂在蜜蜂病毒病防治中的作用也不断被研究和证实。

一、饲养管理

蜂群饲养管理是一项科学性很强的技术，蜜蜂病毒常以低浓度隐性感染的方式长期潜伏在蜂群中，当受外界应激因素影响，蜜蜂病毒被激活并快速增殖，引起蜜蜂产生相关的临床症状，造成疾病的暴发与流行。因此，在四季管理时尤其要注意消除蜂群的生物或非生物应激因素影响，保持良好内外环境、坚持强群饲养，提高蜂群的抗病能力，以减少或避免蜜蜂病毒病的发生。

（一）保持蜂场良好内外环境

蜂场要选择在蜜粉源丰富、小气候、水源良好适宜的高地，远离其他蜂场及“三废”严重污染的地方，以保证蜂群的健康发展，减少病毒传播机会。蜂场内始终保持清洁，并定期对蜂具和场地进行消毒。在蜂群日常管理中，尽量减少长时间的搬运和开箱检查，根据蜂群发展情况，适时增减巢脾，做到蜂脾相称，并及时将撤换的蜂箱、抽出的巢脾、剥下的赘脾收存好，不要在蜂场乱堆放。病毒病流行期间，不要随意调换蜂或子脾，不要病群和健康群混用蜂具等。

（二）定期清洁和消毒

CBPV、KBV和DWV等多种蜜蜂病毒可以利用蜜蜂体表寄生虫或肠道寄生虫共同侵害蜜蜂。在饲养管理蜂群时定期进行清洁和消毒能够有效降低寄生虫的危害程度，从而有效抑制病毒的繁殖和疾病的发生。许多蜜蜂寄生病害或蜂巢寄生虫（瓦螨、蜂巢小甲虫、蜡螟、蚂蚁、黄蜂、熊蜂等）被证实或可能是蜜蜂病毒的替代宿主，这些寄生虫可携带病毒并将其传播给宿主，对蜂群造成直接损害，也可以通过侵扰蜂群，导致蜂群衰弱、抵抗力降低，成为易感蜂群，此时隐性携带的病毒或外来病毒能够快速感染蜂群，导致蜂群发病。此时发病蜜蜂及其所在的蜂巢、蜂箱都将成为传染源，导致病毒交叉传播。所以定期对蜂场、蜂具、蜂箱、仓库进行消毒，可抑制病虫害滋生，有效切断包括蜜蜂病毒在内的多种病原物的传播途径。蜂场消毒可选择合适浓度的石灰水喷洒场地，蜂具消毒可通过熏蒸、洗涤和浸泡等方式。

（三）坚持强群饲养，保证充足的饲料供应

强群具有蜂多子旺、管理容易、生产力高、抗逆性和抗病性等特点。在发病初期，强群蜜蜂能充分发挥群体免疫功能，及时清除患病蜜蜂，避免病毒进一步传染和蔓延。因此，要坚持常年饲养强群，对不适宜的弱群要及时合并，能够有效预防和抵抗病毒性疾病发生和流行。

保证蜂群内优质充足饲料供给，尤其是优质蛋白质饲料的供给是提高蜂群抗病性的有效措施。在采蜜期，要避免“见蜜就摇，一摇就光”的做法；在外界蜜源缺乏、群内饲料不足时，优先选用优质成熟的蜜脾进行补喂，若没有蜜脾，可选用优质的糖饲料和蛋白质饲料及时进行补喂；使用外购蜂蜜和花粉时，必须进行严格消毒处理。采蜜期结束时，蜂巢内也应留存足够的蜂蜜和花粉，以备蜜蜂过冬。

（四）选用优质蜂王，加强温度管理

优质蜂王的产卵力、生活力、维持群势的能力强，抗病性强，是培养强群的基本条件之一。在养蜂生产中，可通过以新王替换老王减轻病害发生。蜂群正常生活需要一个相对稳定的温度范围，蜜蜂依靠群体活动来维持蜂群生存繁殖所需要的适宜温度，而这种维持是以消耗蜂力和饲料为代价。因此，冬季和春季繁期间的保温，炎热夏季的遮阴降温都是温度管理的重要内容。

二、抗病蜂种选育与利用

在长期的自然选择下，不同蜂种对同一疾病的易感性和抵抗能力存在差异，即使同一蜂种的种群间也存在着抗病性的差异，这就为利用转基因、系统选育和杂交育种提供了可能性。近年来，国内外已经成功培育出了一些抗病蜂种，如英国育成了“布克法斯特”抗壁虱的蜜蜂新品种。

选育和利用抗病蜂种防治蜜蜂病害虽然有从根本上解决蜜蜂病害的重要意义，但是利用抗病蜂种防治病害仍然存在一些困难。一是对转化性低的病原体，抗病性差异较不明显，不易找到抗性靶标。二是病原体变异性大，加之目前我国养蜂生产现状，使抗病蜂种的抗病性不易稳定和持久，推广应用困难。三是抗病蜂种抗病基因有时与一些不良的生产性状基因连锁，或是抗A病基因与易感B病基因连锁，无法获得令人满意的抗病蜂种。因此，在抗病蜂种选育过程中，不能单纯追求抗病性而忽视其他性状，要对蜜蜂各生产性状及病害严重程度等多因素整体科学分析后，选育抗病蜂种。四是选育抗病蜂种需要较长时间。

三、药物防治

目前还没有特效的药物用于蜜蜂病毒病防治，通过使用具有抗病毒作用的中草药，或通过药物控制传播媒介，切断传播途径的方式是目前防治蜜蜂病毒病主要措施。

（一）中草药防治

具有抗病毒作用的中草药如金银花、大青叶、贯众、连翘、板蓝根等，可根据经验

使用。实际应用表明，中药用于囊状幼虫病防治具有较好的疗效，如中药组方：①贯众1份，金银花1份，甘草1/3份；②贯众1份，苍术1份，甘草1/3份；③贯众1份，紫草1份，甘草1/3份；④野菊花、射干、贯众、生侧柏叶各1份。

具体用量：以一个成人量治疗15框蜂计算使用时，药物需煎煮过滤，配1∶1糖水饲喂，连续或隔日喂4～5次为1个疗程。此外，还有海南的金不换（华千金藤）、云南的山乌龟及半边莲等均有一定疗效。

（二）病虫害防治

根据蜜蜂病虫害与蜜蜂病毒间的高度相关，通过使用硫黄、薄荷油、石硫合剂、液体石蜡、苏云金杆菌和抗螨虫药等控制病虫害，适时进行蜜蜂病虫害防治可控制蜜蜂病毒病的发生。用药物防治蜜蜂病虫害时，要严格执行休药期，防止蜂产品污染。

四、生物制剂防治

卵黄抗体因其具有良好的耐酸性，较强稳定性，制作流程简单，因此被广泛用于多种生物制品中和兽医领域，其在动物重大疾病防控和治疗中具有广泛前景。孙莉等（2018）研究表明，卵黄抗体可有效防治囊状幼虫病的发生，为其他蜜蜂病毒病的治疗提供了思路。

随着分子生物学技术的不断发展，不同的抗病毒制剂也在不断被发现、更新和应用，基于RNA干扰理论的抗蜂病毒制剂也在不断研发中，其治疗手段和效果还有待被证实。

本章小结

目前已鉴定的蜜蜂病毒超过80种，大部分为正义单链小RNA病毒，其基因组大小一般不超过10kb，病毒粒子直径在30nm左右。对蜜蜂健康与生存造成主要影响的病毒有蜜蜂慢性麻痹病病毒、蜜蜂急性麻痹病病毒、以色列急性麻痹病病毒、蜜蜂残翅病毒、蜜蜂囊状幼虫病毒、蜜蜂丝状病毒等。目前已报道的除蜜蜂囊状幼虫病毒为局部感染外，大部分为系统性感染。蜜蜂病毒能引起显性和隐性感染。只有以色列急性麻痹病病毒、蜜蜂残翅病毒、蜜蜂囊状幼虫病毒等引起显性感染，而其他大部分病毒均不诱导典型的表型症状。蜜蜂病毒均能通过水平或垂直传播进行感染，并引起相应危害。并且这些病毒大部分能通过狄斯瓦螨作为载体传播。绝大部分蜜蜂病毒发生、流行于早春、秋末或初冬。除蜜蜂囊状幼虫病毒主要为害幼虫外，其他病毒均主要为害成蜂。目前蜜蜂病毒病主要的防治方法为断子换王或提高蜂粮质量以增加蜂群抵抗力。

复习思考题

1. 请简述蜜蜂病毒的主要种类及分子特征。
2. 请简述蜜蜂病毒感染的典型症状。
3. 蜜蜂主要病毒病有哪些流行特点？
4. 蜜蜂病毒病有哪些主要的防控措施与方法？

第九章
病毒类生物农药

本章要点

○ **病毒类生物农药**：以昆虫病毒为杀虫活性成分的一类微生物农药，大部分隶属于杆状病毒科的病毒。截至2020年，我国有11种，共60个病毒类生物农药获得农药登记，年产制剂约2660吨，约占杀虫剂市场份额的2.3%。

○ **病毒母药的生产**：病毒类生物农药的杀虫活性成分来源于病毒母药，主要通过规模化生产宿主昆虫，以活体宿主为培养基扩增病毒，并从病死虫体中分离提纯病毒，经过适当的加工制成母药。母药是病毒杀虫剂生产的主要原料。

○ **杀虫特点**：病毒类生物农药只对特定害虫发生作用，因而选择性强，对非靶标生物和环境安全。昆虫病毒是通过使目标害虫罹患病毒病而将其杀死，与化学农药相比，其杀虫速度较慢，杀虫效率较低。同时，昆虫病毒是生物活体，不仅可以在目标害虫体内增殖，还能感染其他健康的敏感宿主，造成害虫种群内病毒病的流行，达到持续控制害虫的目的。

○ **未来发展方向**：加强广谱病毒类生物农药的研发，发掘新的昆虫病毒资源，提高应用效果，增强制剂的抗紫外线能力和降低生产成本是病毒类生物农药产业提高市场竞争力的发展方向。

通过前面的章节我们了解到，杆状病毒等昆虫病毒是其宿主的专性寄生物，在自然界中起到调节宿主昆虫种群的作用。它们具有高度的宿主特异性，其宿主通常仅限于单个或几个亲缘关系密切的昆虫物种。与此同时，这些病原病毒也是最安全的杀虫剂之一，对于有益昆虫、脊椎动物和植物等非靶标生物没有影响或者其影响可以忽略不计。另外，杆状病毒的包含体（occlusion body，OB）可以在环境中长期存在，如在土壤中可以长期存活（Mcleod et al.，1982）。这些特点使得一些昆虫病原病毒成为防治农林牧业害虫的生物农药。

发展病毒类生物农药符合中国共产党第二十次全国代表大会关于“我们要推进美丽中国建设，坚持山水林田湖草沙一体化保护和系统治理，统筹产业结构调整、污染治理、生态保护、应对气候变化，协同推进降碳、减污、扩绿、增长，推进生态优先、节约集约、绿色低碳发展”的精神。在本章中，我们将详细阐述病毒类生物农药的定义、种类、发展历史、产业现状、生产技术、应用效果和发展展望等。我们还将探讨这些病毒在环境中的作用及它们在农业生产中的重要性。通过对这一领域的深入了解，我们可以更好地理解病毒类生物农药在农业可持续性发展和害虫管理中的作用。

第一节 病毒类生物农药概述

一、病毒类生物农药的定义

病毒类生物农药是指以昆虫病毒为有效杀虫成分的生物农药，也称为病毒杀虫剂，其杀虫机制是通过病毒感染害虫机体导致其患病死亡。

二、病毒类生物农药的种类

目前，杆状病毒和质多角体病毒（cypovirus，CPV）是全球商业化应用最为广泛的病毒类生物农药，除此之外，浓核病毒（densovirus）等其他昆虫病毒也有一些应用实例。

（一）杆状病毒

杆状病毒是最常用的病毒类生物农药之一，包括核多角体病毒（nucleopolyhedrovirus，NPV）和颗粒体病毒（granulovirus，GV）。NPV的病毒粒子呈杆状，具有囊膜，其基因组为双链DNA。杆状病毒包埋型病毒粒子（ODV）包埋于多面形的由蛋白质晶格组成的包含体（OB）中，直径为0.5～2μm，每个OB内含数十个ODV。OB被昆虫取食后，在中肠碱性环境下被蛋白酶溶解释放出ODV。这些ODV首先侵染中肠柱状上皮细胞，形成初级感染；随后扩散到其他组织，引起昆虫的系统感染。GV的病毒粒子同样呈杆状，具有囊膜，基因组也为双链DNA。病毒粒子包埋于椭圆形的包含体中，每个包含体仅包埋一个病毒粒子，包含体直径为0.15～0.5μm。颗粒体病毒的感染机制与核多角体病毒大致相同。

（二）质多角体病毒

质多角体病毒属于刺突呼肠孤病毒科（*Spinareoviridae*），其病毒粒子呈正二十面体，无囊膜，基因组由多个分节段的双链RNA组成。病毒粒子包埋于蛋白质晶格状的多角体内，多角体直径为0.5～10μm。每个多角体包埋数十至上百个病毒粒子。多角体被昆虫取食后，在中肠碱性环境下被溶解释放病毒粒子，病毒粒子在细胞质内增殖，感染部位仅限于中肠。

（三）浓核病毒

浓核病毒属于细小病毒科（*Parvoviridae*）浓核病毒亚科（*Densovirinae*）。目前商业化应用的有黑胸大蠊浓核病毒（Periplaneta fuliginosa densovirus），其基本病毒粒子为二十面2：3：5对称球形，无包膜，直径为22nm。病毒粒子经害虫取食进入目标害虫体内，在虫体内大量复制增殖，染病后导致害虫食欲减退、行动迟缓，随后身体翻转仰卧，不能自正，直至不动而死亡。

（四）其他潜在的病毒类生物农药

昆虫痘病毒、囊泡病毒等也具有发展为商业化病毒类生物农药的潜力。

三、病毒类生物农药的发展历史

19世纪末，欧洲国家就开展了利用昆虫病毒防治害虫的研究。1892年，德国首次采用模毒蛾核多角体病毒（Lymantria monacha nucleopolyhedrovirus）防治松林害虫。1913年，美国进行了舞毒蛾核多角体病毒（Lymantria dispar multiple nucleopolyhedrovirus）田间防治舞毒蛾（*Lymantria dispar*）的试验。1940年，澳大利亚首次采用空中喷洒黎豆夜蛾核多角体病毒（Anticarsia gemmatalis multiple nucleopolyhedrovirus，AgMNPV）防治黎豆夜蛾（*Anticarsia gemmatalis*）。1950～1975年，美国的Steinhaus团队对美洲棉铃虫核多角体病毒（Helicoverpa zea nucleopolyhedrovirus）进行了长达20余年的研究，促使了1975年世界上第一个商业化病毒杀虫剂——美洲棉铃虫病毒杀虫剂的诞生。

我国蔡秀玉等于1964年记录了用杆状病毒感染黄地老虎（*Agrotis segetum*）、麦穗夜蛾（*Apamea sordens*）的实验。1967年台湾省林业局采用马尾松毛虫质多角体病毒（Dendrolimus punctatus cypovirus）防治马尾松毛虫（*Dendrolimus punctatus*），防治效果达94%～96%。1973年中山大学蒲蛰龙等在广东地区首次发现马尾松毛虫质多角体病毒。此后10余年间，国内昆虫病毒研究者先后对感染杨尺蠖（*Apocheima cinerarius*）、舞毒蛾、落叶松尺蠖（*Erannis ankeraria*）的核多角体病毒及感染菜粉蝶（*Pieris rapae*）、杨扇舟蛾（*Clostera anachoreta*）、分月扇舟蛾（*Clostera anastomosis*）、丽绿刺蛾（*Parasa lepida*）、两色绿刺蛾（*Parasa bicolor*）和樟蚕（*Eriogyna pyretorum pyretorum*）的颗粒体病毒进行了防治害虫的研究（Sun，2015）。

20世纪80年代初，中国科学院武汉病毒研究所在湖北省的蒋湖农场建立了我国首个专门生产病毒类生物农药的车间。1993年我国第一个商业化的病毒类生物农药——棉铃虫核多角体病毒（Helicoverpa armigera nucleopolyhedrovirus，HearNPV）杀虫剂在农业部（现为农业农村部）获得登记注册。从20世纪末至21世纪初近20年间，该产品一直是国内应用面积最广的病毒类生物农药品种。

四、病毒类生物农药的重要案例

据不完全统计，至今国际上已有30多个国家和地区开展了昆虫病毒防治工作，已有50多种农林害虫得到了有效的防治。以下是几个病毒类生物农药成功应用的案例。

（一）黎豆夜蛾核多角体病毒杀虫剂

黎豆夜蛾是大豆上危害最为严重的食叶害虫，分布于美洲的许多国家。防治这类害虫，通常依靠施用大量的菊酯类化学农药或者昆虫生长调节剂。在自然环境中，黎豆夜蛾会受到黎豆夜蛾核多角体病毒（AgMNPV）的感染。巴西的研究人员发现，在田间条件下应用AgMNPV防治黎豆夜蛾是非常成功的。最初，一些私营公司在大豆农场采用简易的方法生产AgMNPV，即在田间繁殖黎豆夜蛾幼虫，接种病毒，待幼虫死亡后收集感染病毒的虫尸，提取AgMNPV并以较低的成本制成粉剂，然后以低于化学农药的价格销售给农民。然而，这种方式生产的AgMNPV产量不稳定，产品常常供不应求。随后，他们开发出一种在条件可控的生产车间内饲养幼虫，生产AgMNPV的技术。1986年巴西农业研究所（Embrapa）开发了一种基于人工饲料在室内生产AgMNPV粉剂的方法。20世纪80年代末，EMBRAPA与私营公司合作，成功地将AgMNPV商业化，并在1990～1991年将其使用范围扩大到约100万公顷。到2002～2003年，该技术的应用面积超过200万公顷（Szewczyk et al.，2009）。此外，AgMNPV杀虫剂也在美国、阿根廷和哥伦比亚等地推广应用。进入21世纪以后，随着转基因大豆在这些地区的普及，AgMNPV的使用量逐渐减少（Haase et al.，2015）。

（二）棉铃虫核多角体病毒杀虫剂

棉铃虫（*Helicoverpa armigera*）被列为第一大农业害虫，它除了为害棉花外，还为害玉米、小麦、大豆、向日葵和高粱等多种作物和野生植物。为了防治棉铃虫，有机磷和菊酯类等化学杀虫剂被广泛使用，然而过度使用化学杀虫剂导致棉铃虫产生了严重的抗药性。实验室条件下的试验表明，接种HearNPV可以引起棉铃虫幼虫100%的死亡率。因此，在全球很多国家，如中国、印度、澳大利亚、美国和伊朗等，HearNPV杀虫剂已经被大规模生产，并应用于不同的作物，包括油菜、豆类、棉花和蔬菜上棉铃虫的防治。在温室中施用1.15×10^7OB/ml的HearNPV制剂防治番茄上的棉铃虫，其效果可以达到100%。在田间条件下，应用（1.2～2.25）×10^{12}OB/公顷的HearNPV制剂防治棉铃虫的效果可以与茚虫威和高效氯氰菊酯相当。此外，HearNPV制剂还可以与绿僵菌（*Metarhizium anisopliae*）、棉铃虫齿唇姬蜂（*Campoletis chlorideae*）等其他生物防治手段联合使用，显著提高其防治效果。

我国HearNPV的开发始于20世纪80年代，1993年该病毒成为我国第一个商业化的病毒杀虫剂，该产品在20世纪末至21世纪初的近20年中一直是我国应用面积最大的病毒类生物农药。根据农业农村部农药检定所对农药企业的问卷调查，2012年HearNPV制剂的总产量为968吨，应用面积约60万公顷（Sun，2015）。随后，由于转基因棉花在中国逐渐取代了传统的棉花品种，HearNPV杀虫剂的使用量也逐渐减少。

（三）苹果蠹蛾颗粒体病毒杀虫剂

苹果蠹蛾（*Cydia pomonella*）几乎在所有种植苹果和其他梨果类水果的国家都有发现，是全球最具破坏性的害虫之一。防治这种害虫目前主要依赖于大量地使用化学农药。然而，这种方法导致害虫产生了严重的抗药性，并且对果园害虫种群的天然控制因子——有益昆虫的种群造成了重大影响。为了克服上述问题，科学家发现了苹果蠹蛾颗粒体病毒（Cydia pomonella granulovirus，CpGV）是一种对苹果蠹蛾具有高致病性的病原。CpGV不仅对非靶标生物非常安全，还可以感染苹果蠹蛾近缘种伪苹果蠹蛾（*Thaumatotibia leucotreta*）。CpGV被认为是毒性最强的杆状病毒，对初孵幼虫的半数致死量（median lethal dose，LD_{50}）为1.2～17OB/幼虫。利用CpGV产品进行果树害虫综合防治已有30多年的历史。目前，许多国家都利用CpGV防治苹果蠹蛾，如欧洲大多数国家、澳大利亚、美国、加拿大、南非等。在21世纪的第一个10年，仅在美国每年就有4000多公顷的有机果园和传统果园使用了CpGV。而在欧洲，使用面积则超过100 000公顷（Lacey et al.，2008）。此外，CpGV可以与天敌昆虫微小赤眼蜂（*Trichogramma minutum*）联合使用，以增强防治效果。这种联合使用具有互补性，能更高效地防控苹果蠹蛾。

（四）马铃薯块茎蛾颗粒体病毒杀虫剂

马铃薯作为世界上仅次于水稻和小麦的第三大重要粮食作物，在全球范围内被广泛栽培。马铃薯块茎蛾（*Phthorimaea operculella*）是一种为害马铃薯的常见害虫，广泛分布于温暖、干旱的地区，也分布于高海拔的安第斯山地区。无论是在田间还是在贮藏期间，它都会为害马铃薯。许多国家，包括南美洲多国、澳大利亚、突尼斯、也门、印度尼西亚等，都已经成功从马铃薯块茎蛾中分离出马铃薯块茎蛾颗粒体病毒（Phthorimaea operculella granulovirus，PhopGV），并评估了其防治效果。在玻利维亚，每年约生产6吨的PhopGV制剂。

PhopGV也能够感染麦蛾科（Gelechiidae）的其他物种，如番茄潜叶蛾（*Tuta absoluta*）和*Tecia solanivora*。各国科学家积极寻找和筛选PhopGV高效分离株，以研发新的生物农药产品。从哥斯达黎加的马铃薯块茎蛾幼虫体内分离的一株PhopGV（PhopGV-CR1），对马铃薯块茎蛾和*T. solanivora*都具有感染性，其LD_{50}分别为17.9OB/mm^2和69.1OB/mm^2。从巴西马铃薯块茎蛾幼虫中分离到的本土PhopGV毒株，对马铃薯块茎蛾和番茄潜叶蛾都具有很高的感染性。以滑石粉作为填料制备的5×10^8OB/g的PhopGV粉剂对马铃薯块茎蛾的防治效果可以达到100%。

五、病毒类生物农药的产业现状

截至2020年，我国已经登记的病毒杀虫剂共有11种，总计60个产品（表9-1）。根据孙修炼研究员电话调查，2022年我国病毒类生物农药的年产量约2660吨制剂，约占杀虫剂市场份额的2.3%。草地贪夜蛾专一性的病毒母药和悬浮剂及广谱的芹菜夜蛾病毒杀虫剂母药和悬浮剂于2023年获得了登记，这进一步丰富了我国病毒杀虫剂的种类。

表9-1　我国已登记注册的病毒类生物农药［中国农药信息网（www.chinapesticide.org.cn），2020］

病毒名称	母药及剂型	产品数量
棉铃虫核多角体病毒	母药、水分散粒剂、悬浮剂、可湿性粉剂	22
甘蓝夜蛾核多角体病毒	母药、悬浮剂、可湿性粉剂、颗粒剂	6
苜蓿银纹夜蛾核多角体病毒	母药、悬浮剂	6
甜菜夜蛾核多角体病毒	母药、悬浮剂、水分散粒剂	10
斜纹夜蛾核多角体病毒	母药、悬浮剂、水分散粒剂、可湿性粉剂	9
茶尺蠖核多角体病毒	母药、悬浮剂	1
菜青虫颗粒体病毒	母药、悬浮剂、可湿性粉剂	1
松毛虫质多角体病毒	母药、可湿性粉剂、松质·赤眼蜂杀虫卡	2
小菜蛾颗粒体病毒	悬浮剂	1
黏虫颗粒体病毒	可湿性粉剂	1
稻纵卷叶螟颗粒体病毒	悬浮剂	1

2023年美国登记有13种32个产品的病毒杀虫剂，加拿大登记的病毒杀虫剂有12种16个产品（表9-2）。与发达国家相比，我国在病毒类生物农药的种类和产品数量方面与之相

当，并且相关专利数量也全球领先。然而，我国在产品质量控制和应用技术方面仍亟须加强（张宏军等，2022）。

表 9-2 美国和加拿大已注册的病毒类生物农药

国家	病毒名称	防治对象	产品数量
美国	Helicoverpa zea NPV	美洲棉铃虫	4
	Orgyia pseudotsugata NPV	黄杉毒蛾	1
	Lymantria dispar NPV	舞毒蛾	2
	Helicoverpa armigera NPV	棉铃虫	1
	Neodiprion sertifer NPV	欧洲松叶蜂	2
	Cydia pomonella GV	苹果蠹蛾	9
	Agrotis ipsilon NPV	小地老虎	1
	Plodia interpunctella GV	印度谷螟	2
	Spodoptera exigua NPV	甜菜夜蛾	2
	Harrisina brillians GV	葡萄长须卷蛾	1
	Spodoptera frugiperda NPV	草地贪夜蛾	3
	Autographa californica MNPV	粉纹夜蛾	3
	Chrysodeixis indudes NPV	黄豆银纹夜蛾	1
加拿大	Trichoplusia ni NPV	草地贪夜蛾	3
	Chrysodeixis includes NPV	黄豆银纹夜蛾	1
	Autographa californica MNPV	粉纹夜蛾	1
	Cydia pomonella GV	苹果蠹蛾	2
	Neodiprion lecontei NPV	红头松叶蜂	1
	Orgyia pseudotsugata NPV	黄杉毒蛾、古毒蛾	2
	Lymantria dispar MNPV	舞毒蛾	1
	Neodiprion abietis NPV	香脂冷杉叶蜂	1
	Lacanobia oleracea NPV	草安夜蛾	1
	Choristoneura rosaceana NPV	斜斑叶蛾	1
	Helicoverpa armigera NPV	棉铃虫	1
	Choristoneura occidentalis NPV	西枞色卷蛾	1

注：资料来自美国国家环境保护局（EPA）和加拿大卫生部下属有害生物管理局（PMRA）2023年信息

病毒类生物农药在杀虫剂市场所占份额一直相对较少，主要是因为它们本身存在一些缺陷。这些缺陷限制了病毒类生物农药在市场上的竞争力。

1. 宿主范围窄 通常一种病毒类生物农药只能防治一种或少数几种亲缘关系较近的害虫。目前报道的广谱杆状病毒仅有三种，即AcMNPV、芹菜夜蛾核多角体病毒（Anagrapha falcifera MNPV，AfMNPV）和甘蓝夜蛾核多角体病毒（Mamestra brassicae MNPV，MbMNPV），它们都可以感染超过30种鳞翅目昆虫。而其他一些病毒，只能感染少数几种亲缘关系较近的物种，如HearNPV可以感染棉铃虫、美洲棉铃虫（*Helicoverpa zea*）、烟青虫（*H. assulta*）、澳洲棉铃虫（*H. punctigera*）、烟芽夜蛾（*Heliothis virescens*）等近缘物种，PhopGV只能感染马铃薯块茎蛾、番茄潜叶蛾和*T. solanivora*等几种害虫。而大多数杆状病毒，只能感染一种昆虫。这种较窄的宿主范围限制了病毒类生物农药的应用范围和市场份额。

2. 品种少　全球农林牧业害虫种类繁多，大概有9000种（Pimentel，2009），但目前报道的昆虫病原病毒只有约800种，并且大多数的宿主是鳞翅目昆虫。这意味着对于大多数已经对化学农药产生了抗性的害虫也是没有病毒类生物农药可用的，对于那些化学农药允许残留量极低或者零容忍的农业系统，如绿色农业和有机农业，也满足不了需求。因此，品种较少的缺陷限制了病毒类生物农药的应用范围和市场份额。

3. 杀虫效果不稳定　由于昆虫病原病毒需要经口感染才能达到杀虫效果，而昆虫每天的取食量是有限的，所以要达到较理想的杀虫效果，需要在害虫取食的作物组织（如叶、茎尖、蕾、果实等）表面喷施足够量的病毒。特别是对于那些蛀果、蛀铃的害虫，施药时机的选择非常关键。例如，苹果蠹蛾在许多欧洲国家每年只发生一代，对于这种情况下的害虫，病毒类生物农药（如CpGV）的应用非常有效。然而在一些地方，如美国的加利福尼亚州等，苹果蠹蛾每年有多个世代，尤其是在发生世代重叠时，应用CpGV就变得十分困难。这是因为害虫的生命周期和病毒的复制和传播需要在一定的时间窗口内重合，才能发挥最佳的杀虫效果。因此，病毒类生物农药的杀虫效果在不同区域和不同害虫种类上可能存在不稳定性。

4. 对紫外线敏感　杆状病毒容易在紫外线照射下失活，导致其失去杀虫能力。研究表明，杆状病毒在紫外线照射下的存活时间较短，通常只有几个小时。即使在制剂或者喷雾器水箱中添加了一些光保护剂，如黑色物质、荧光增白剂、金属氧化物（纳米TiO_2、ZnO、Fe_2O_3）、抗氧化剂等，病毒的半数存活时间也只有1d多（Sun et al.，2004）。因此，在使用病毒类生物农药时，需要注意避免暴露在强烈的紫外线下，尤其是在阳光直射的情况。

5. 生产成本高　昆虫病毒都是活体寄生的病原物，目前生产病毒类生物农药主要依靠大量饲养宿主昆虫来增殖病毒。在病毒生产过程中，需要进行幼虫分拣、感染、收集等环节，这些工序需要大量的人工，从而增加了劳动力成本。此外，病毒类生物农药的生产过程中还需要严格控制生产环境，包括温度、湿度、养殖设施等因素，以确保病毒的正常生长和繁殖，这也需要一定的设备投资和维护成本。

第二节　病毒类生物农药的主要生产技术

病毒的复制与扩增必须依赖于宿主细胞，离开宿主细胞，病毒是不能复制的，也不能发挥其生物学活性。因而，生产昆虫病毒的途径只有两种：一种是利用病毒敏感的体外培养细胞扩增，另一种是在敏感的活体宿主昆虫体内扩增。利用昆虫细胞系扩增病毒的优点是易于工厂化和标准化，但它存在一些缺点，如细胞培养基的成本相对较高，细胞培养设备昂贵，病毒离开宿主环境后扩增的突变率增加使杀虫活性降低等，这些缺陷使它很少用于实际生产。现今生产病毒杀虫剂的主流方法是以活体宿主昆虫为载体扩增病毒。

用活体宿主昆虫生产病毒类生物农药时，通常采用两种模式，一是室内工厂化接种宿主昆虫模式，二是在野外放养宿主昆虫模式。野外放养模式只针对那些尚未解决利用人工饲料规模化饲养宿主昆虫的病毒类生物农药，如松毛虫质多角体病毒杀虫剂和菜粉蝶颗粒体病毒杀虫剂等少数特例，这里不做详细介绍。现以核多角体病毒杀虫剂生产为例，对病毒类生物农药生产技术进行介绍。

一、宿主昆虫与人工饲料

从本质而言，宿主昆虫是病毒生产的工厂，昆虫人工饲料则是工厂运行的基本原料。因此，病毒杀虫剂生产的核心是用人工饲料规模化生产宿主昆虫。

人工饲料是宿主昆虫营养的稳定来源，也是规模化生产的基础。具有实用价值的优质人工饲料，通常应同时具备如下几个特性：能为宿主昆虫提供全营养要素，既能使之完成整个生活史，又不会影响其繁殖力及其后代的生长发育；饲料适口性强，饲养的昆虫生长迅速，发育整齐，健康状态良好；不影响病毒的扩增；原料容易获取，制备简便、成本低廉。

不同企业生产不同的宿主昆虫都有为其特别开发的人工饲料配方。下面简要介绍人工饲料实用化的技术原理。

昆虫的生长发育需要蛋白质、碳水化合物、脂类三大营养要素，也要满足昆虫发育所需维生素、特殊营养物质与微量元素，以及取食刺激物等。从实用化及原料成本的角度考虑，制备人工饲料主要以农副产品为主，同时辅以常规的食品及工业原料等，经适当配比后用于饲养宿主昆虫。

三大营养要素的主要来源有玉米粉、大豆粉、麦麸、麦胚粉、番茄酱、酵母粉、干酪素、食用油等，构成人工饲料的大部分原料。构成其他营养要素的成分包括维生素C、复合维生素、亚油酸、氯化胆碱、胆固醇和亚油酸等。为了提高人工饲料的适口性，有时还需要添加一些取食刺激物，如蔗糖、葡萄糖、谷氨酸钠（味精）、昆虫宿主植物或者其提取物等。各种营养要素在人工饲料中的配比要平衡，理想状态是各种营养要素配比接近昆虫的营养需求，任何物质的过量或过少都将对昆虫的生长发育产生影响，这也是人工饲料研发成功的关键之一。

配制好的饲料在环境中会腐败、发霉，因而需要添加一定量的防腐剂，以保持一定的保鲜期。常用的防腐剂有苯甲酸钠、山梨酸、山梨酸钾、对羟基苯甲酸甲酯、甲醛、丙酸及各种抗生素等。

昆虫生长离不开水分，水分的添加在使各种物质充分混合的同时，也满足了昆虫对水的需求。人工饲料通常需要用琼脂、卡拉胶、淀粉、明胶等具有保水效果的固化剂锁住水分。配制人工饲料时，通常是先把固化剂溶于适当温度的热水后，再按照一定次序添加饲料配方中的各种组分，并充分搅拌均匀，冷却成为固体或半固体的人工饲料成品，供昆虫取食。

二、病毒母药生产技术流程

病毒母药是从染病死亡的虫体中经过分离纯化后得到的一种更高含量的活性病毒，供后续制剂加工使用。在工业生产中，不必将昆虫病毒活性成分提纯至非常高的纯度，含有少量宿主的虫体成分不影响其杀虫活性。母药既可以是浓度较高的原液，也可以是含量较高的原粉。

病毒母药的生产主要分两个体系：①宿主昆虫保种生产体系，在保证种源自循环的基础上，提供病毒接种的虫源；②病毒母药生产体系，涉及病毒接种、分离及提纯过程（图9-1）。

昆虫人工饲料
自动化分装车间

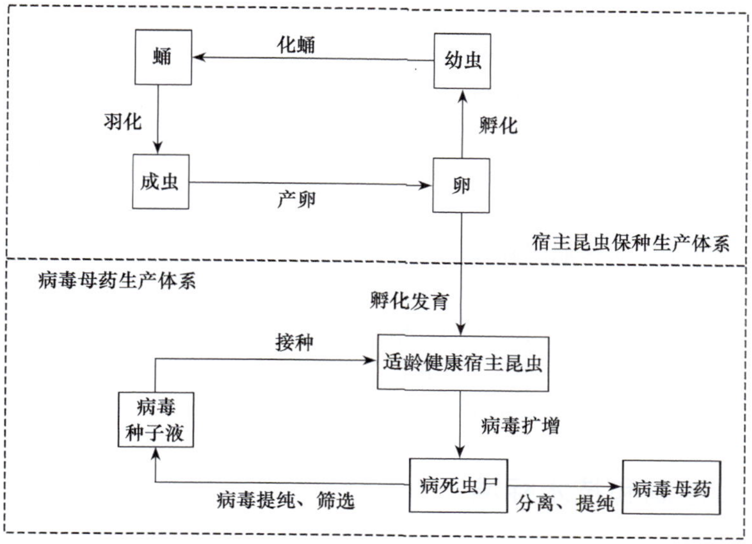

图9-1　棉铃虫核多角体病毒母药生产工艺流程

不同宿主昆虫的生产应依据其习性而设计出不同的饲养方法，各病毒杀虫剂生产企业均有各自的工艺路线，其中一些是常规的技术，有些则为技术秘密。宿主昆虫保种生产体系以保证宿主昆虫的种源为主，兼为病毒接种生产提供虫源。第二个生产体系以病毒生产为主，即从保种体系中得到虫蛹，羽化为成虫后，让它们进行交配和产卵，将孵化出的幼虫在接病毒所用龄期前使用无病毒的人工饲料进行饲养。幼虫接毒龄期应适宜，过小影响收获病毒的产量，过大则造成幼虫死亡率下降。接毒过程中，制备一定浓度病毒接种液并将其与人工饲料充分混匀后饲喂适龄健康宿主昆虫，在开始出现病死虫后，每日收集病死虫尸。考虑到人工成本，通常收集持续到接毒后的第8～9天。另外，也可以在接毒一定时间后，收集全部虫体（病死虫和未死虫），进行下一步分离、提纯步骤。

将收集到的虫尸进行加水研磨、破碎、过滤和离心处理，离心后得到的沉淀物主要是病毒的包含体。根据病毒纯度的要求，可将沉淀物进行多次清洗、离心处理。最后将沉淀物冷冻干燥为母药原粉，或者与水或甘油等中性介质调配制备成具有一定病毒包含体含量的母药原液。

三、制剂加工

病毒母药不宜直接在田间施用，必须加工成制剂，才能用于田间害虫的防治。目前已经登记注册的病毒杀虫剂的剂型包括悬浮剂、水分散粒剂和可湿性粉剂等。剂型的加工主要考虑产品的理化性质及田间使用效果等因素，针对剂型的不同需求，母药需添加不同的助剂。在母药中通过加入分散剂防止其在制剂中沉淀或聚集，通过加入展布剂使病毒多角体更好地附着在作物或害虫体表，通过加入黏着剂增加病毒多角体在作物或害虫体表的黏附力，通过填充剂增加制剂的稳定性，在施用时更方便稀释和喷洒。此外，为了保护病毒多角体不受紫外线照射的影响，还需添加光保护剂来吸收或反射紫外线，以降低其对病毒多角体的破坏作用，延长制剂杀虫活性。有些制剂中还要添加增效剂，以增强病毒的杀虫活性。

向母药中按照一定配比添加各种助剂混合后，即进入剂型加工的环节。悬浮剂的填充剂主要是水，在混合物料中添加适当比例的水并充分搅拌均匀，然后用球磨机研磨形成不分层稳定的悬浮液体。悬浮剂以水基质为主，其生产及使用过程相对环保，是当前病毒类生物农药制剂的主流剂型。水分散粒剂是一种较先进的剂型，其病毒含量高、生产过程环保、便于储存和运输，是未来病毒杀虫剂剂型发展的新方向。水分散粒剂中添加了崩解剂以协助制剂颗粒在水中快速崩解和分散。通常混合的物料在经过物理粉碎处理后，会加入适量的水以成型，然后通过挤压造粒，或流化床造粒工艺，最终形成含微量水分的颗粒。这些颗粒在低温环境下干燥，质量检测合格后即为水分散粒剂成品。可湿性粉剂的填充剂通常是高岭土和白炭黑等惰性物质，对混合好的物料进行再次物理粉碎和搅拌，使得物料颗粒满足一定粒径（筛网目数），符合质量要求后再包装和入库。

四、质量控制和技术标准

我国对农药实行登记制度。按照中国《农药管理条例》的规定，凡在我国境内生产、经营和使用的农药均应取得农药登记。农业农村部是全国农药登记管理的主要部门。农业农村部下属的农药检定所承担全国农药登记的具体任务。根据《农药登记资料要求》，生产企业向农药检定所提交申请农药登记所需的病毒类生物农药产品相关材料，农药检定所依据《中华人民共和国行政许可法》《农药管理条例》《农药登记管理办法》等相关规定，对经审查合格的产品核发农药登记证书。

在一个合格的病毒类生物农药产品出厂之前，所有的质量控制指标必须满足相应的行业标准或企业标准的要求。病毒类生物农药的质量控制中最重要的指标就是杀虫活性，通常用生测效价比来体现。病毒包含体在制品中的含量也是一项重要的控制指标，在实际出厂的产品中，病毒包含体的实际含量应不低于产品所标示的含量。根据不同的剂型，产品的其他控制指标也有各自的规定。例如，苜蓿银纹夜蛾核多角体病毒悬浮剂控制项目指标列于表9-3。

表9-3 苜蓿银纹夜蛾核多角体病毒悬浮剂控制项目指标（秦启联等，2018）

项目	指标
病毒包含体数量/（OB/ml）	≥标示值
生测效价比（标准品 LC_{50}/待测样品 LC_{50}）/%	≥80.0
杂菌菌落总数/［CFU/g（ml）］	≤1.0×10^7
pH范围	5.0～7.5
悬浮率/%	≥80.0
细度（通过75μm标准筛）/%	≥95.0

续表

项目		指标
倾倒性	倾倒后残余物/%	≤3.0
	洗涤后残余物/%	≤0.5
	持久起泡量（1min后）/ml	≤30.0

注：LC_{50}为致死中浓度（median lethal concentration）

核多角体病毒包含体数量的测定采用血细胞计数器计数法。称取少量病毒试样于定量的水中稀释为水悬浮液，稀释至合适倍数后，滴加到血细胞计数器中静置5～10min，在光学相差显微镜下计数。在400倍的相差显微镜下可见病毒包含体呈折光率高的明亮颗粒。基于血细胞计数器上的病毒包含体数量和其稀释倍数，计算出单位质量/体积的病毒包含体的数量。

生测效价比（标准品LC_{50}/待测样品LC_{50}）的测定方法：将病毒类微生物农药试样和对应的标准品（被行业内或生产企业公认为标准的同类病毒，通常保存于－20℃，以确保其杀虫活性稳定）分别配制成一系列等比浓度的稀释液，滴加于饲养靶标昆虫常用的人工饲料上制成药膜或将靶标昆虫的宿主或者替代宿主的叶浸于病毒稀释液中，晾干后采用1～2龄靶标昆虫幼虫，进行室内毒力测定。标准品与待测样品的毒力测定试验必须同步平行进行，确保二者的测定数据可比性。根据试验各浓度处理下试虫的死亡率，分别计算出标准品和待测样品的LC_{50}，利用公式（标准品LC_{50}/待测样品LC_{50}）计算生测效价比，评价供试药剂对靶标昆虫的生物活性。当生测效价比大于100%时，表示待测样品毒力高于标准品，反之则低于标准品。

农药毒力的生物学测定

五、产品储存、包装和运输

昆虫病毒作为生物活体在低温黑暗的环境中较为稳定，因此病毒类生物农药产品宜存放于4℃冷藏或冷冻环境中。不具备冷藏或冷冻条件时，产品应尽量保存于避光和低温的环境中并在短期内投入使用。在进行产品包装时，除了要遵循农药包装的国家标准《农药包装通则》（GB 3796—2018）之外，还需要特别注意避光的需求。常见病毒制剂的包装以铝箔袋和不透光的塑料瓶为主。病毒类生物农药通常应用于气温偏高的夏秋作物生长季，因而产品长途运输时宜采用冷链或夜间运输，以最大限度地降低高温对产品杀虫活性的影响。

第三节　病毒类生物农药的应用效果和优势

在现代农业中，病毒类生物农药被视为害虫综合管理计划的重要组成部分。目前，来自杆状病毒、质多角体病毒和浓核病毒家族的病毒已商业化成功，在各自领域内得到了广泛的应用，特别是杆状病毒在防治鳞翅目害虫幼虫方面，被广泛用于保护棉花、玉米、蔬菜、水果、中草药等多种农作物。在害虫综合管理的背景下，昆虫病毒作为生物杀虫剂可以与其他多种成分相容，如捕食性和寄生性天敌，以及其他微生物农药如昆虫病原细菌或真菌等。病毒类生物农药还具有独特的优势，主要表现在通过精准防治特定种类害虫而达到环境友好性、高杀虫活性赋予的高效性及病毒在害虫群体内流行赋予的持久性。这些独特的优势使病毒类生物农药在可持续的农业实践方面得到更多的应用。

一、生物安全性

高度的宿主特异性是昆虫病毒作为生物农药的重要安全性特征之一。这种特性是昆虫病毒与其宿主长期协同演化的结果，表现为对特定害虫或害虫类群显示出极高的选择性。这种极高的宿主特异性为昆虫病毒在有害昆虫的控制中提供了高度的选择性，有效降低了对非靶标生物的影响。与此同时，这种宿主特异性在更大尺度上减少了对生态系统的负面影响，使得昆虫病毒作为生物农药具备更高的安全性（Valicente，2019）。相较之下，一些化学农药在使用过程中可能对大量的非靶标生物，如天敌、鸟类和哺乳类动物等，产生广泛的负面影响。因此，昆虫病毒的高度宿主特异性使其成为更环保和生态友好的农药选择，符合可持续农业的安全性和可行性的要求。

昆虫病毒具有易降解性的特点，不会在环境中长时间积累，从而有助于保持农田生态系统的健康。病毒类生物农药主要由蛋白质和核酸等基本元素组成，这些活性物质在漫长的进化过程中已形成固定的循环途径，不会在环境和食品中残留化学物质，降低了环境污染的风险。

为确保生物农药的安全性和环境友好性，监管机构和科学家进行了广泛的评估和实验研究，覆盖了潜在环境影响和与人类健康相关的风险。对于病毒类生物农药，科学家进行了大量试验，评估了其对各种非靶标生物的毒性。试验结果表明，这些病毒类生物农药对哺乳动物、鸟类、蜜蜂、家蚕、鱼类等非靶标生物是安全的，不会对其产生负面影响。Burges等（1980）和经济合作与发展组织（OECD）（2002）的研究指出，核多角体病毒在微生物、无脊椎动物的非节肢动物细胞培养物、脊椎动物细胞培养物、非节肢动物和无脊椎动物体内，以及植物中都不能复制，或者对其产生危害。为确保病毒类生物农药的安全性，我国农业农村部农药检定所规定了一系列动物毒性试验和环境影响试验，包括急性经口毒性试验、急性经皮毒性试验、急性吸入毒性试验、眼睛刺激性/感染性试验、致敏性试验、急性经口致病性试验、急性经呼吸道致病性试验、急性注射致病性试验、细胞培养试验等。实施这些严格的试验和评估措施，旨在确保病毒类生物农药的使用对环境和人类健康没有负面的影响。已经登记的病毒类生物农药在这些试验中都表现出良好的生物安全性，并且不对非靶标生物构成威胁。

二、杀虫效果

昆虫病毒作为生物农药，其杀虫效果具有一些独特的优势，但也存在一定的局限性。昆虫病毒通过感染目标害虫，导致害虫罹患病毒病而死亡，或者通过亚致死作用调控害虫的种群。一旦害虫感染了昆虫病毒，病毒会在害虫体内迅速复制，造成系统性感染，最终导致害虫的死亡。这一高效的感染和复制机制更符合生物学原理，赋予了病毒类生物农药的高效性。

然而，昆虫病毒在杀虫效果方面也面临一些限制和挑战。相较于常规化学农药，昆虫病毒的杀伤作用相对缓慢，这可能导致在病毒发挥最大杀虫效果之前，害虫已经对作物造成了一定的损害。此外，昆虫病毒在环境中的稳定性相对较低，特别是在极端环境条件下，如高温或强紫外线辐射下，其效果可能会减弱。因此，病毒类生物农药的使用需要更多的管理和技术支持，包括确定合适的应用时间、剂量和环境条件等。

为了评估昆虫病毒的杀虫效果，通常需要考虑多个毒力和药效参数，如致死率、杀虫速度等。毒力反映了药剂对害虫的影响程度和速度。室内生物测定通常使用半数致死量（LD_{50}）、致死中浓度（LC_{50}）、半数存活时间（median survival time，MST_{50}）等参数来评估毒力。值得注意的是，不同发育阶段的害虫对昆虫病毒的响应存在显著差异，低龄幼虫期通常表现出更高的敏感性，而高龄幼虫、蛹和成虫对病毒的敏感性较低。药效是在实际田间或接近田间的条件下测定的，通常在室内进行的毒力试验验证供试病毒的有效性后，再进行田间小区试验，最终进行大区试验以验证药效和推广价值。田间试验的结果通常以死亡率或虫口减退率表示，并计算校正死亡率或校正虫口减退率。相关参数的计算公式如下。

死亡率或虫口减退率（%）=（防治前活虫数－防治后活虫数）/防治前活虫数×100%

校正死亡率或校正虫口减退率（%）=（防治区虫口减退率－对照区虫口减退率）/（100%－对照区虫口减退率）×100%

对于病毒类生物农药，将死亡率作为唯一评估指标可能过于狭隘，因为这可能低估了昆虫病毒对农田生态系统的全面影响。杆状病毒的感染通常对害虫产生致命影响，但有时也可能呈现亚致死或潜伏感染状态。评估害虫种群密度的变化及对抑制害虫生长和繁殖的影响也是非常重要的。这包括需要考虑病毒对宿主的亚致死效应，如摄食率的减少、发育时间的改变、取食行为的变化及生育力的降低等，从而进一步评估其对农作物的保护作用。为了更全面地评估昆虫病毒的杀虫效果，有必要考虑病毒在害虫体内的复制和扩散情况，包括感染力、传播率及感染性颗粒在环境中持续存在的能力等。这些特性反映了昆虫宿主与昆虫病毒在种群水平上的相互作用，共同形成了昆虫病毒在农业害虫管理中的整体效果。

三、持效性

昆虫病毒的持续效果受到多种因素的影响，包括病毒的特征、宿主和环境的相互作用、病毒的动态行为、宿主种群的调节及正确的应用方法等。为了实现长期的控制效果，不仅需要病毒有效地感染宿主，而且希望病毒能在宿主种群中传播。这些因素共同决定了昆虫病毒控制害虫种群的持续效果。

病毒的动态行为在其持续控制效果中发挥着重要的作用。病毒可以通过多种途径传播，包括宿主昆虫的移动、捕食性天敌的携带，以及风、雨等非生物因素的传播。害虫的行为也会影响病毒的传播效果，如感染病毒的昆虫会在死亡前爬到更高的位置，从而扩大病毒的传播范围。

病毒在自然环境中的维持活性也是影响其持续效果的关键因素之一。病毒在土壤中的存活能力及在不同环境条件下的稳定性，都会影响到它们在宿主种群中的长期存活和效果。此外，病毒的遗传变异也可能导致其对宿主的适应性进化，进而保持持续性控制害虫种群的效果。

宿主种群的调节和数量对病毒的持续效果也有重要影响。病毒可能对宿主种群产生种群调节效应，有助于维持生态平衡。同时，病毒的复制率、毒性、产量和持久性等因素也会影响昆虫-病原体相互作用的动态行为（Abd-Alla et al.，2020）。

为了确保昆虫病毒农药的有效利用和持效性，应采取正确的应用方法，并严格遵守储存和施用的指导。特别需要指出的是，病毒农药在碱性环境下极不稳定，因而在储存和施用时避免同碱性物质（农药）接触或混用。

第四节 病毒类生物农药的发展方向与展望

一、未来发展方向

为了克服病毒类生物农药固有的缺陷，提高其市场竞争力，可以从以下方面着手。

（一）加强广谱昆虫病毒杀虫剂的研发

目前报道的广谱杆状病毒有AcMNPV、AfMNPV和MbMNPV。AcMNPV的宿主范围包括11科43种鳞翅目昆虫，它对苜蓿银纹夜蛾、烟芽夜蛾、甜菜夜蛾和粉纹夜蛾具有较好的防治效果，目前在全球各大洲的多个国家，AcMNPV都作为商业化的生物农药使用。2015年MbMNPV杀虫剂在中国首次登记为商业化生物农药，目前有悬浮剂、可湿性粉剂、颗粒剂3个剂型6个品种，主要用于棉花、烟草、玉米、甘蓝等作物上棉铃虫、烟青虫、地老虎、甜菜夜蛾等害虫的防治。2022年MbMNPV制剂总产量约700吨。2023年广谱的AfMNPV杀虫剂的母药和悬浮剂在中国获得了农药登记，主要用于玉米上重大害虫玉米螟的防治。

（二）发掘新的昆虫病毒资源

近5年来新发现的昆虫病毒有40多种，其中杆状病毒36种（包括核多角体病毒30种，颗粒体病毒6种），质多角体病毒2种，囊泡病毒1种，浓核病毒2种（孙修炼，2023）。这些昆虫病原病毒的发掘，为研发新的病毒杀虫剂提供了优质资源。

（三）提高病毒类生物农药的应用效果

可以在制剂中加入幼虫诱食剂（如糖蜜）、取食刺激剂（如谷氨酸钠、反式-1-氨基环丁烷-1,3-二羧酸）等，一些荧光增白剂（如Tinopal-CBS、Tinopal C1101、Calcofluor M2R和Blankophor等）既能保护病毒抵抗紫外线伤害，又可以破坏害虫围食膜，提高杀虫效果。在登记作物上，病毒类生物农药将重点考虑用于设施农业或者经济价值高的特色作物，可以确保生产出更优质的农产品。应用病毒类生物农药生产出的农产品，因为减少了化学农药的施用而达到优质优价，更加有利于病毒类生物农药的推广和应用。

（四）提高病毒类生物农药的抗紫外线能力

纳米级ZnO和TiO_2可以作为杆状病毒的紫外线保护剂。例如，通过静电结合的方式将经过氨基修饰的纳米SiO_2颗粒成功包被在不同昆虫病毒包含体的表面，包被SiO_2纳米颗粒的MbMNPV具有较好的抗紫外线能力，半数存活时间达到4d，而MbMNPV与纳米

SiO_2颗粒混合时半数存活时间只有1.43d。将杆状病毒微胶囊化并与纳米TiO_2结合，可以减少病毒类生物农药的紫外线降解并提高其杀虫效果（Wilson et al.，2020）。

（五）降低病毒类生物农药生产成本

最有效的措施是在生产过程中将饲料分装、待感染幼虫分拣、病毒感染致死幼虫收集等工艺实现自动化，一些小型机器人、视觉识别技术都可以应用于病毒类生物农药的生产，这将从减少人工成本的角度大幅降低其生产成本。

二、展望

昆虫病毒作为一类生物农药，具有众多显著的优势。首先，昆虫病毒表现出极高的宿主特异性，能够有针对性地控制特定害虫，而对非靶标生物的影响较小，从而减少了对生态系统的负面影响。其次，昆虫病毒具有高度的生物安全性，不会对人类健康和环境造成威胁，符合现代农业对可持续性和环保性的要求。另外，昆虫病毒能够在自然环境中长期存活，可通过对宿主害虫自然种群的调节作用而维持生态平衡。此外，昆虫病毒的抗药性发展相对缓慢，害虫难以对其产生抗性，从而为长期的害虫控制提供了可持续性保障。在应用方面，科学家不断改良昆虫病毒的配方，探索与其他防治手段的联合应用，以提高其效果并减少化学农药的使用。因此，昆虫病毒有望为环境保护和可持续农业生产做出积极贡献，成为农业害虫防治的重要组成部分，为全球农业发展提供有效的解决方案。

促进可持续农业发展在全球大多数国家是一种趋势。病毒类生物农药具有降碳减排、生态环保的特点，因此也符合我国的产业发展政策。

本章小结

害虫的生物防治是现代农业的一个重要组成部分。本章系统介绍了病毒类生物农药的定义、种类、发展历史、生产技术、应用效果和产业现状等。病毒类生物农药是利用病毒来控制害虫的农业产品，它们种类多样，在农业领域发挥了重要作用。病毒类生物农药的生产，包括宿主昆虫的培养、病毒母药的生产流程、制剂加工、质量控制和产品储存等关键步骤。病毒类生物农药在实际应用中具有杀虫效果好、选择性强、生物安全性高和生态友好性等优势，它们有效地减少了农林牧业生产对化学农药的依赖，保护了生态系统。随着技术创新和可持续农业的推动，病毒类生物农药产业正不断发展壮大，市场前景广阔。综上所述，昆虫病毒类生物农药代表了一种环保、可持续的农业解决方案。它们不仅为农业提供了有效的害虫控制手段，还有助于降低对化学农药的依赖，实现更可持续的农业生产。

复习思考题

1. 病毒类生物农药的优点有哪些？
2. 病毒类生物农药的主要不足是什么？有什么改进方案？
3. 简述病毒杀虫剂母药生产技术流程。

第十章
昆虫病毒表达系统

本章要点

○ **昆虫病毒表达系统的发展历史：**昆虫病毒表达系统的发展历程不长，从早期的简单表达系统逐步演化为多样化且高效的表达平台，在科研和工业应用中发挥着重要作用，为生物制药领域带来了新的方案。

○ **昆虫病毒表达载体：**昆虫病毒表达载体在外源基因表达方面具有突出优势，包括高水平的表达、正确的蛋白质折叠和修饰、操作简便等特点。通过选择合适的载体实现在昆虫细胞中的高效外源基因表达，为生物工程和基因功能研究提供了强大的工具和平台。

○ **昆虫细胞反应器：**昆虫细胞反应器是昆虫病毒表达系统的核心组成部分，对于实现高效蛋白质表达至关重要。了解昆虫细胞株的特性和培养条件，选择合适的转染技术，以及优化表达和蛋白质纯化策略，都是关键的技术挑战和研究重点。

○ **家蚕生物反应器：**家蚕作为重要的生物反应器，在昆虫病毒表达系统中发挥着重要作用。家蚕杆状病毒表达系统和丝腺表达系统是常用的表达工具，通过优化表达策略和比较研究，不断提高外源蛋白的表达水平和纯度，推动昆虫表达技术的进一步发展。

昆虫病毒表达系统作为现代生物技术的重要工具，发展迅速，已经成为科研和工业应用的重要平台。本章将全面介绍该系统的发展历程，探讨昆虫病毒表达载体在外源基因表达中的突出优势与应用方法，深入分析昆虫细胞反应器的基本概念，并详细讲解家蚕作为生物反应器的应用及其在提高外源蛋白表达水平中的关键作用。通过本章的学习，读者将了解昆虫病毒表达系统的核心技术和应用前景，为科研和工业应用提供支撑。

第一节　昆虫病毒表达系统的发展历史

昆虫病毒表达系统的研究始于20世纪70年代末至80年代初，当时科学家尝试将昆虫杆状病毒作为生物学研究的工具载体，用于在昆虫细胞中表达外源基因。早期这一领域的开创性工作聚焦在载体构建、基因组编辑、病毒感染技术及外源基因表达的监测与昆虫细胞生产工艺优化上。这些早期研究为昆虫病毒表达系统的发展奠定了基础，为后续的基础研究和应用提供了关键技术。此后，昆虫病毒表达系统以其高效表达、天然的翻译后修饰、低成本、可扩展性、安全性、广泛的宿主范围、简便易操作等优势，迅速成为具有很强竞争力的一类基因工程蛋白质表达系统，在蛋白质生产、基因功能研究及生物医学领域得到了广泛的应用。

一、昆虫病毒表达系统的演化

昆虫病毒表达系统的研究历史并不长，可以追溯到20世纪80年代，当时科学家首次开始探索昆虫细胞作为外源基因表达的潜在平台。两种昆虫杆状病毒被广泛用作外源重组蛋白表达载体：苜蓿银纹夜蛾核多角体病毒（AcMNPV）和家蚕核多角体病毒（BmNPV）。Summers实验室的工作是最早的代表性成果之一，他们成功地将外源DNA导入AcMNPV的基因组中，并在宿主细胞中实现了外源基因的表达（Summers and Smith，1975；Burand et al.，1980；Smith et al.，1983）。Miller实验室进一步发展了杆状病毒表达系统，并提出了"杆状病毒表达载体系统"（baculovirus expression vector system，BEVS）的概念，他们构建了一种新的杆状病毒载体，该载体能够高效地表达外源基因，并具有良好的稳定性和可控性（Miller，1988）。该系统的建立极大地促进了杆状病毒表达系统的广泛应用。之后首个商业化的昆虫病毒表达系统Bac-to-Bac系统（Luckow et al.，1993；Sokolenko et al.，2012）的引入使得构建表达载体更加简便高效。该系统利用质粒转座子*Tn7*，使得外源基因插入杆状病毒的基因组中，简化了载体构建的过程。这种系统的推出极大地促进了杆状病毒表达载体的使用，并成为标准的表达工具之一。pFastBac载体（Sheffield et al.，1999）的推出进一步加速了杆状病毒表达载体的研究和应用，该载体采用了更加高效的质粒复制起点和抗性选择标记，结合Bac-to-Bac系统的应用，可以在短时间内快速构建高质量的表达载体和重组杆状病毒，从而高效表达外源蛋白。随着基因工程技术的发展，研究人员不断改进昆虫病毒表达系统的载体构建和优化方法，提高表达效率和稳定性。

二、昆虫病毒表达系统的种类

昆虫病毒表达系统通常是指将昆虫病毒和/或昆虫细胞作为外源基因表达载体的策略及应用。表达系统的核心是将目的基因插入昆虫杆状病毒的基因组中，并利用重组杆状病毒的生物复制机制来实现外源蛋白的高效表达。常见的杆状病毒表达系统具有不同特点和优势，适用于不同的实验需求。①Bac-to-Bac系统（Luckow et al.，1993；Sokolenko et al.，2012）：这是一种经典的杆状病毒表达系统，由Invitrogen（现为Thermo Fisher Scientific）开发，其主要特点是操作简便，转染效率高，操作流程相对标准化，表达稳定性好，适用于多种细胞株和大容量表达需求。该系统利用了转座子质粒的技术，将目的基因通过重组DNA技术位点特异性转座到杆状病毒的基因组质粒中，然后通过转染等方法将重组质粒转入宿主昆虫细胞，再利用重组杆状病毒的生物复制机制实现目的基因的表达。②FlashBac系统（Hitchman et al.，2012）：由Oxford Expression Technologies开发，是一种快速构建重组杆状病毒的方法，适用于大规模表达和高通量筛选。本系统缺失了杆状病毒基因组DNA必需基因*ORF1629*，用一段细菌人工染色体（bacterial artificial chromosome，BAC）替换*polh*序列，改造后的环状杆状病毒基因组能在大肠杆菌中复制却不能在昆虫细胞中复制，当与携带目的基因的转移载体共转染昆虫细胞后，通过同源重组重新获得必需基因片段并将目的基因转移到杆状病毒基因组中，只有发生同源重组的病毒才能在昆虫细胞中复制，从而实现了在昆虫细胞中一步法生产重组病毒，不需进行烦琐的空斑筛选工作。与传统的表达系统比较，不仅更加省时省力，而且具有更高的蛋白质产量，尤其适用于难表达的蛋白质，表达的蛋白质还具有更高的活性和稳定性。③MultiBac系统（Bieniossek et al.，2012）：由Max Planck Institute开发的高度灵活的重组杆状病毒构建系统。这种MultiBac杆状病毒基因组以大肠杆菌中的细菌人工染色体（BAC）存在。它包含两个外源基因整合位点，通过*Tn7*转座子，或者通过Cre酶介导的位点特异性重组。利用多个质粒构建的策略，每个质粒携带一个外源基因及其调控元件，最终形成一个包含多个外源基因的重组杆状病毒。这个表达系统可以同时表达多个外源基因，在表达过程中可以满足多个蛋白质复合体的形成，可以进行复杂高活性蛋白质复合体的表达。④BaculoDirect系统（King et al.，2007）：由Invitrogen公司开发的一种用于昆虫杆状病毒表达的系统，其核心特征是使用了Gateway技术，该DNA重组技术能够快速、精确地将目的基因插入载体中。在BaculoDirect系统中，线性化的杆状病毒DNA具有两个*attR*位点，这些位点之间包含*HSV1 tk*基因。首先将目的基因克隆到带有*attL*位点的载体上，然后通过LR反应，目的基因与线性化的杆状病毒DNA进行重组，形成包含目的基因的重组病毒。最后，这些重组病毒转染昆虫细胞，经过更昔洛韦（ganciclovir）等负选后，得到纯化的含有目的基因的杆状病毒。BaculoDirect系统具有操作简便、高效率、重组产物纯度高等优点，使其成为杆状病毒表达系统中的一种重要工具。⑤BacPAK6和BaculoGOLD系统（Kitts and Possee，1993）：这两个系统的核心是将杆状病毒DNA经*Bsu*36 I 酶切线性化，使得其中的核衣壳编码基因的ORF1629部分缺失，这样杆状病毒就无法在昆虫细胞中独立复制。而后，将转移载体与昆虫细胞一同转染，通过同源重组将缺失的复制必需基因与外源基因一起重组到病毒DNA中，以恢复其复制能力。然而有时AcMNPV DNA线性化不完全，因此需要通过空斑实验来筛选出含有外源基因的重组杆状病毒。这些系统提供了一种方便快捷的方式，使研究人员能够高效地在昆虫细胞中表达感兴趣的外源蛋白，从而广泛应用于生物医药研究、蛋白质生产和基因功能研究等领域。

三、昆虫病毒表达系统的应用

昆虫病毒表达系统的应用范围不断扩展，其独特的特点和潜力正在吸引越来越多的科研工作者和工业界的关注。这一系统最初被开发用于昆虫基因功能研究，但随着技术的不断发展，它已经涵盖多个领域。

昆虫病毒表达系统在基础科学研究中，被广泛用于研究蛋白质表达与功能研究、蛋白质相互作用和蛋白质结构解析，以及关键基因调控机制研究。研究人员可以在昆虫细胞中表达外源蛋白，进一步了解这些蛋白质在生物学过程中的作用，或者纯化表达的外源蛋白进行结构解析等精细化蛋白质研究工作，为生命科学研究提供重要工具。

昆虫病毒表达系统在生物制药领域中，可以表达和大规模生产各种类型的单克隆抗体，如表达的人重组抗TNF-α单克隆抗体可用于治疗类风湿性关节炎和白血病等疾病。此外，许多重组蛋白药物，如生长因子、激素和酶类药物，也可以通过昆虫病毒表达系统进行表达和生产，用于治疗糖尿病、癌症和血液病等疾病；另外，昆虫病毒表达系统还被广泛用于制备病毒样颗粒（virus like particle，VLP）。VLP是由病毒蛋白自组装形成的与天然病毒形态、抗原性相似的颗粒。VLP不含病毒的遗传物质，不可复制也没有感染性，具有良好的免疫原性，快速、经济、安全的生产工艺使其在应对突发、变异等病毒性疾病的疫苗研制中受到广泛关注。昆虫病毒表达系统已经用于多种VLP研究，包括上市疫苗——HPV疫苗Cervarix®和一系列新型流感疫苗（Cox and Hollister，2009）。这些实例充分展示了昆虫表达系统在药物生产和治疗中的重要作用，为生物制药领域提供了可靠的技术支持；此外，昆虫病毒表达系统中利用昆虫细胞，还能够生产复杂后修饰的蛋白质，如G蛋白偶联受体和多种糖蛋白等。这一特点为昆虫细胞表达系统在生物制药领域的应用开辟了新的可能性，为生产更多复杂高活性蛋白质提供了可能。

随着技术的不断改进和昆虫病毒表达系统的进一步优化，如更多蛋白质修饰酶的改造，昆虫细胞的优化等技术的应用，其应用范围仍将不断扩展。未来可能会看到其在更多领域的应用，如基因治疗等。

第二节　昆虫病毒表达载体

一、昆虫病毒表达载体概述

昆虫病毒表达载体是昆虫病毒表达系统的重要组成部分，它们是一类重要的基因工程载体，是将昆虫杆状病毒的基因组或部分基因组构建为可在细菌内克隆和复制的载体，并可导入昆虫和其他无脊椎动物细胞中，在宿主昆虫细胞内翻译合成目的蛋白或RNA，用于蛋白质生产和基因功能研究等。

（一）杆状病毒表达载体

杆状病毒表达载体（baculovirus expression vector，BEV）是最常用的昆虫病毒表达载体，通常采用AcMNPV或其他杆状病毒基因组作为载体。这些载体具有高度的可操作性，能够高效重组并在昆虫宿主细胞中表达外源基因。BEV的优势包括外源基因表达水平高、可容纳外源基因容量大、具有真核细胞蛋白质修饰和折叠及能够完成复杂的蛋白质组装。

（二）表达型载体及RNA干扰型载体

根据表达的基因类型，昆虫病毒表达载体可以分为表达型载体和RNA干扰型载体。

表达型载体：这些载体用于表达外源蛋白，通常包括启动子、编码序列和终止子。例如，具有多个表达位点和融合标签的pBacPAK系列表达载体，能够方便地实现目的蛋白的高效表达和纯化；配备光敏感启动子，可实现对表达过程时空调控的FlashBac Ultra表达载体，可以快速转染和高效表达；为提高分泌蛋白的含量敲除几丁质酶基因（*chiA*）和组织蛋白酶基因（*v-cath*）的BacMagic和BestBac表达载体，*v-cath*/*chiA*缺失可去除潜在有害的蛋白酶，并可能减少在晚期基因表达期间对蛋白质合成资源的竞争，提高表达蛋白的完整性，从而显著提高功能蛋白产量；能够实现多基因表达、适用于大规模蛋白质生产的MultiBac系统等。

RNA干扰型载体：这些载体通常包含了RNA干扰所需的核酸序列，如小干扰RNA（siRNA）或miRNA的基因序列，以及相关的调控元件如启动子和终止子。这些载体经过适当的构建和调整后，可以被用于感染宿主细胞，从而在细胞内产生RNA干扰所需的

siRNA或miRNA，实现基因沉默的目的，包括pSilent-1、pFastBac Dual、pBac-IT RNAi等。

代表性商品化昆虫病毒表达载体汇总见表10-1。

表10-1　代表性商品化昆虫病毒表达载体汇总

产品	公司	杆状病毒	重组方法	主要优缺点
Bac-to-Bac	Invitrogen	双链环状DNA，含有*lacZ*基因	体外转座重组	基因载荷容量和完整的后期修饰系统，但可能存在基因插入位置的随机性和表达水平的变异
BaculoDirect	Invitrogen	线性化双链DNA	体外转座重组	快速获得重组病毒，分泌蛋白产量高，Gateway克隆技术可使用任意载体
BacMagic	Novagen	双链环状DNA，*v-cath*/*chiA*缺失	体内同源重组	消除烦琐、耗时的噬菌斑纯化步骤，最大限度地提高分泌蛋白的表达
BestBac	Novagen	线性化双链DNA，*v-cath*/*chiA*缺失	体内同源重组	具有更高的稳定性和纯度，分泌蛋白产量高
MultiBac	Geneva Biotech	双链环状DNA，包含多个表达框	体外转座重组	能够进行复杂蛋白质组装且适用于VLP设计，但构建复杂度较高、重组杆状病毒不稳定
FlashBac	Oxford Expression Technologies（OET）	双链环状DNA，*v-cath*/*chiA*/*p26*/*p10*/*p74*基因缺失	体内同源重组	杆状病毒生产更快，不需要烦琐的空斑纯化，最大限度地提高分泌蛋白的表达
pBacPAK	Clontech	线性化双链DNA	体外转座重组	高效稳定、重组效率高但需要空斑纯化

二、昆虫病毒表达载体的构建策略

经典的Bac-to-Bac系统通过穿梭质粒（pFastBac™）、辅助质粒（help plasmid）与杆状病毒穿梭质粒（Bacmid）可在大肠杆菌中进行转座重组，将目的基因导入杆状病毒基因组中，随后再通过蓝白斑筛选技术得到正确的重组杆状病毒，可直接进行后续的病毒转染实验（图10-1）。本部分将详细介绍昆虫病毒表达载体的构建策略，包括载体的选择、外源基因的插入、宿主细胞的转染及蛋白质的表达和纯化等步骤。

Bac-to-Bac系统具体实验步骤

（一）选择适当的昆虫病毒表达载体

构建昆虫病毒表达载体的第一步是选择适当的病毒载体。最常用的昆虫病毒表达载体是杆状病毒载体，特别是以AcMNPV为骨架的载体。选择适当的载体应考虑以下因素：①目标宿主和细胞系。不同的昆虫宿主和细胞系对于不同的病毒载体有不同的感染性和适用性，因此在选择载体时，需要考虑目标宿主和细胞系的特性，以确保病毒能够高效感染和复制。②表达效率。不同的病毒载体具有不同的表达效率。有些载体可以通过敲除基因组中的蛋白酶基因从而实现高水平的外源基因表达，而其他载体可能表达效率较低。选择载体时应根据所需的表达水平来进行评估。③载体特性。不同的昆虫病毒具有不同的生物

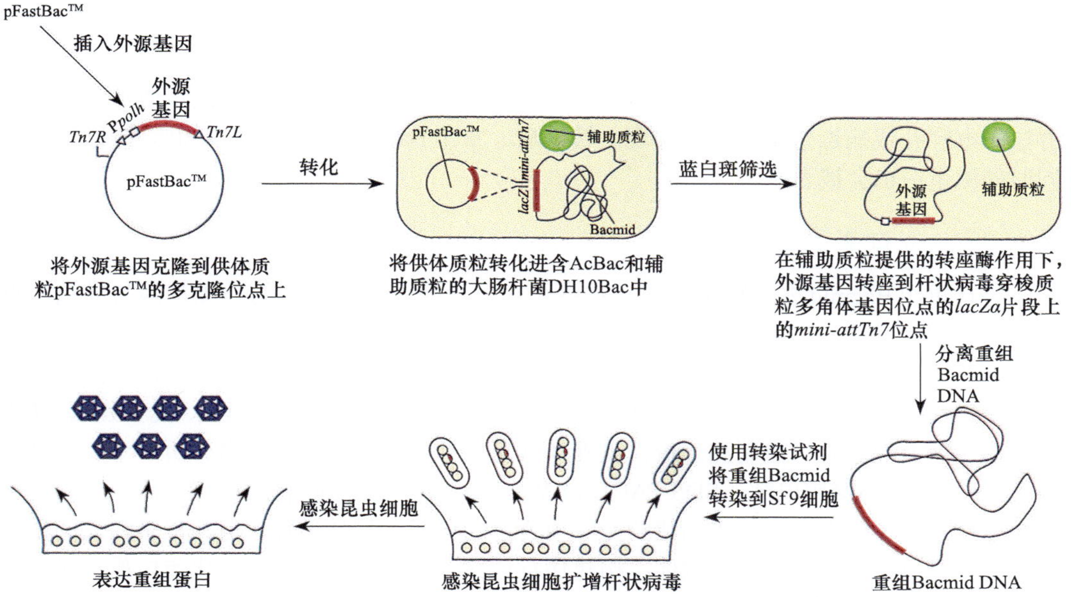

图10-1　重组杆状病毒的产生和目的基因的表达（引自Thermo Fisher Scientific）

学特性，如病毒复制周期、基因组大小和结构等。不同载体构建方法也会影响构建成功效率和蛋白质表达的稳定性。这些特性可能会影响载体的构建和操作方式，如选择转座子重组载体、基因片段交换重组载体，或者直接基因编辑载体等，因此需要进行仔细的研究和了解。④载体的稳定性。载体的稳定性是指在重组病毒构建中，或者病毒复制和传递过程中外源基因是否会发生变异或丢失，选择具有较高稳定性的载体对于长期实验和大规模蛋白质生产至关重要。

（二）构建表达载体

一旦选择了适当的病毒载体，下一步是构建质粒载体。质粒载体通常包含病毒的DNA序列及外源基因，同时也包括一些调控元件，以确保外源基因的表达和调控。构建质粒载体的策略如下：①插入外源基因。外源基因是研究人员希望在宿主细胞中表达的目的基因。这些基因通常通过PCR扩增或化学合成的方式获得，并使用限制性核酸内切酶进行切割。然后，通过各种基因工程重组的方法，外源基因会被插入质粒载体中的适当位置，通常是病毒基因组的一个特定非必需基因位点，如多角体基因*polh*位置等。插入外源基因时，需要考虑适当的启动子、编码序列和通读及终止子，以确保外源基因能够在宿主细胞中被正常转录和翻译。②构建表达元件。表达元件是质粒载体中的重要组成部分，启动子用于启动外源基因的转录，编码序列开放阅读框通读编码目的蛋白，终止子用于终止转录过程。③构建重组Bacmid及验证。利用克隆、基因同源重组或者辅助质粒转座子等方法，将带有外源基因的质粒载体导入含有Bacmid的细菌感受态细胞内进行重组，并通过抗体标签进行阳性筛选。构建完成重组Bacmid后，需要进行验证。通过包括测序、PCR或者基因组酶切等方法来确认外源基因的正确插入、完整性和准确性。

（三）转染宿主细胞

构建好重组Bacmid，下一步是将其DNA转染到宿主昆虫细胞中。该步通常通过化学方法、电穿孔或病毒感染等方式实现。转染后，重组Bacmid会进入宿主细胞并开始复制，同时外源蛋白也会被表达。

（四）蛋白质表达和纯化

一旦重组Bacmid进入宿主细胞，被整合到昆虫病毒基因组上的外源基因与昆虫病毒一起被复制和表达。宿主细胞通常在重组病毒感染后的一段时间内积累外源蛋白。收集宿主细胞并通过超声波破碎、高压均质或其他细胞破碎方法等破碎以释放蛋白质。然后根据蛋白质的性质和规模选择纯化方法来进行纯化，包括柱层析、离心、电泳等。最后，获得的蛋白质需要经过质量控制和分析，以确保其正确性和纯度，包括质谱分析、十二烷基硫酸钠-聚丙烯酰胺凝胶电泳（SDS-PAGE）、Western blot（蛋白质印迹）等技术。

综上，昆虫病毒表达载体构建的是一项复杂的分子生物学过程，但其也是强大的生物学工具。通过选择适当的病毒载体、构建病毒载体、转染宿主细胞和纯化蛋白质，研究人员可以在昆虫细胞中高效地表达外源基因。随着分子生物学和生物工程技术的不断发展，昆虫病毒表达载体的构建策略也在不断更新和改进，以提高表达效率和蛋白质产量。

三、昆虫病毒表达载体的表达机制

昆虫病毒表达载体的表达机制涉及多个关键步骤，包括启动子驱动的转录、mRNA的翻译、蛋白质的后期修饰、蛋白质的积累及最终的蛋白质释放和纯化。

（一）启动子驱动的转录

表达载体通常包括一个启动子（promoter）。它是一个调控元件，用于启动外源基因的转录。在昆虫病毒表达系统中，病毒载体的启动子通常是病毒自身的启动子或来自宿主细胞的启动子。这些启动子能够识别宿主细胞的转录机器并启动外源基因的转录过程。在昆虫病毒表达系统中，特别是在AcMNPV表达系统中，最常用的启动子是多角体蛋白（polyhedrin）基因启动子和*p10*基因启动子。这两个启动子都是杆状病毒的极晚期启动子，它们所驱动的转录通常非常强大，因此适用于高效表达外源基因。也有来自杆状病毒基因组上，可满足特殊功能研究的启动子，如来源于*ie1*基因的立即早期启动子、来源于*egt*基因的早期启动子，以及来源于*p6.9*基因的晚期启动子等一系列可供选择的启动子，用于复杂基因表达的调控。

（二）mRNA的翻译

外源基因在昆虫宿主细胞内，首先转录生成初级转录产物，随后经过剪接和修饰，最终形成成熟的mRNA分子。伴随着重组杆状病毒基因组的复制和翻译，翻译过程涉及核糖体和tRNA等翻译机器，它们将mRNA上的密码子序列与特定的氨基酸配对，逐个添加到新合成的蛋白质中。在这个过程中，克隆入的外源基因的mRNA会被翻译成目的蛋白。

（三）蛋白质的后期修饰

蛋白质合成一旦完成，它可能会经历多种后期修饰，以增加其功能性和稳定性。这些后期修饰包括糖基化、磷酸化、酰化和剪切等。①糖基化。蛋白质可能会与糖基结合，形成糖基化的蛋白质。这种修饰可以影响蛋白质的稳定性和功能。②磷酸化。磷酸基团可能会与蛋白质上的特定氨基酸残基结合，从而改变其活性或稳定性。③蛋白质剪切。一些蛋白质可能会在后期修饰过程中被剪切，以产生活性或功能不同的变体。

四、昆虫病毒表达载体的独特优势

与细菌、酵母、哺乳动物细胞和植物表达系统相比较，昆虫杆状病毒表达系统具有高表达水平、正确的蛋白质折叠和修饰、低成本和高效率、良好的可扩展性及广泛的应用范围等独特优势（表10-2），因此被广泛应用于各种蛋白质的表达和生产，包括重组蛋白、抗体、疫苗抗原等。其良好的可扩展性也使其适用于大规模的生产，满足了工业化生产的需求。

表10-2　不同表达系统优缺点比较

	细菌	酵母	昆虫病毒	哺乳动物细胞	植物
蛋白质修饰及类型	无囊膜蛋白	无囊膜蛋白 囊膜蛋白	无囊膜蛋白 囊膜蛋白	无囊膜蛋白 囊膜蛋白	无囊膜蛋白 囊膜蛋白
蛋白质分泌型表达	－	＋	＋＋	＋＋	＋＋
表达速度	＋＋＋	＋＋＋	＋＋	＋＋	＋＋
表达成本	＋	＋	＋＋	＋＋＋	＋＋
大规模培养能力	＋＋＋	＋＋＋	＋＋	＋＋	＋＋
表达水平	＋＋＋	＋＋	＋＋	＋	＋＋
复杂蛋白质复合体	＋	＋＋	＋＋＋	＋＋	＋＋

注：－. 无成功报道；＋. 低；＋＋. 中；＋＋＋. 高

五、挑战和未来发展

昆虫病毒表达系统在科研和工业领域取得了令人瞩目的成就，然而，昆虫病毒表达系统的应用也存在一些限制因素，需要进一步改进。①低产量。从该系统获得的分泌型蛋白及膜蛋白的产量通常较低，可能是杆状病毒感染对宿主昆虫细胞分泌机制产生副作用。②蛋白质稳定性。在感染周期中，细胞内蛋白酶的释放可能导致表达产物的降解，因此需要有效地调控蛋白质的表达水平以维持其稳定性。③糖基化差异。昆虫细胞与哺乳动物细胞在蛋白质的糖基化方式上存在差异，这可能会影响表达产物的免疫原性和功能性。④宿主特异性。不同的昆虫病毒表达系统适用于不同昆虫细胞，因此需要更广泛适用的表达系统或改进现有系统以适应不同宿主的需求。⑤病毒污染控制。表达产物中容易有杆状病毒的污染，这些病毒颗粒与目的表达产物具有非常相似的物理和化学特性。因此，去除和灭活杆状病毒是纯化过程中的一个重要挑战。

第三节　昆虫细胞反应器

一、昆虫细胞反应器的基本概念

昆虫细胞反应器是旨在利用昆虫细胞作为表达外源基因和生产蛋白质的平台。这个系统建立在昆虫细胞的独特生长特性和优势之上，包括易培养性、高生长速度、较低的成本及相对简单的培养条件。其基本概念和工作原理深刻地融合了细胞生物学、分子生物学和生物工程学的原理。首先，选择适当的昆虫细胞株至关重要。通常，研究人员会选用Sf9和Sf21等经典的昆虫细胞株，这些细胞株在实验室条件下相对容易培养，并且有较高的生长速度，且可以利用细胞反应器进行放大培养，甚至可以达到吨级的培养水平，因此非常适合用于大量蛋白质的表达和生产。接下来，带有外源基因的重组昆虫病毒表达载体通过转染或者感染的方法引入昆虫细胞，重组病毒感染细胞并开始表达目的蛋白。最终，表达的蛋白质可以在细胞内聚集或被分泌到培养液中，具体取决于需求和构建方法。为了纯化目的蛋白，通常需要将细胞或者培养液收集起来，然后进行细胞裂解，再进行蛋白质纯化，以获得高纯度的蛋白质。

细胞反应器

二、昆虫细胞株与培养条件

以下将深入探讨昆虫细胞株的特点、选择及培养条件的优化，以期帮助研究人员更好地利用这一系统进行科学研究和生产应用。

（一）昆虫细胞株的选择

常见的昆虫细胞株有：①Sf9和Sf21细胞株（Lee et al.，2016）。这两种细胞株源自草地贪夜蛾（*Spodoptera frugiperda*）的卵，是最常用的昆虫细胞株，适用于多种表达需求。②High Five™细胞（Krammer et al.，2010）。High Five™细胞来自粉纹夜蛾（*Trichoplusia ni*）的卵巢组织，具有高效的蛋白质表达能力，尤其适用于大规模生产复杂糖基化蛋白质，相较于Sf9细胞可实现5～10倍的表达水平，并且在贴壁和悬浮培养条件下均生长良好。其因在糖基化修饰和蛋白质折叠过程中的独特优势，广泛应用于生物制药及相关研究领域。③S2细胞。S2细胞来自黑腹果蝇（*Drosophila melanogaster*）的卵，广泛应用于果蝇基因功能研究和蛋白质表达。它对多种基因操作技术敏感，因此适用于基因沉默、突变分析和蛋白质表达研究。④其他昆虫细胞株。除了上述细胞株外，还存在许多其他昆虫细胞株，如S2R＋细胞、Jurkat细胞等，它们适用于特定的研究需求。

适用于不同表达需求的细胞株：①适用于蛋白质表达的细胞株。Sf9、Sf21和High Five™细胞株通常用于大规模外源蛋白表达，包括重组蛋白和病毒载体的制备。②用于基因功能研究的细胞株。S2细胞在果蝇基因功能研究中广泛应用，可用于RNA干扰、基因突变和蛋白质互作研究。它们对于基因敲除和表达受体蛋白等实验具有独特的价值。③复杂糖基化的细胞株。High Five™细胞对于复杂糖基化的蛋白质表达非常有利，在生产需要高度糖基化的蛋白质时，如抗体和糖蛋白等，具有重要的应用价值。

（二）培养条件的优化

培养基是维持细胞生长和表达的关键因素之一。选择适当的培养基并正确配制对于获得高细胞生长和表达效率至关重要。选择培养基时需要注意以下几点：①培养基成分。培养基应包含必需的营养物质，如碳源、氮源、无机盐、维生素和大量糖分。一般鳞翅目昆虫细胞使用含10%胎牛血清的Grace培养基于27℃培养。细胞株的生长性能和表达效率往往受到培养基成分的影响，因此需要根据细胞株的特性进行调整和优化。②pH的影响。维持适当的pH和温度对于细胞的正常生长至关重要。大多数昆虫细胞株在pH 6.2～6.4生长最佳。③抗生素的使用。抗生素在培养过程中常用于预防细菌和真菌的污染。然而，抗生素的类型和浓度需要根据细胞株的敏感性和研究需求进行选择。过高的抗生素浓度可能对细胞生长和表达产生不利影响，因此需要选择合适的浓度。

维持适当的通气监控对于昆虫细胞的生长非常重要。细胞反应器内的通气通常由无菌空气和CO_2组成。细胞反应器应保持一定的通气率，氧气供应系统应确保细胞在培养液中充分氧合，以确保细胞生长代谢获得足够的氧气。同时，CO_2的供应需要精确控制，以维持培养基中适当的pH。这可以通过气体进出口和控制系统来实现。

培养温度对于细胞生长和表达效率具有重要影响。昆虫细胞株通常在27～28℃的温度下生长最佳。细胞反应器应具备温度控制系统，以确保维持适当的培养温度。不同的细胞株可能对温度有不同的要求，因此需要根据所使用的细胞株来选择适当的培养温度。保持稳定的温度可以使细胞健康生长并提高蛋白质表达效率。另外，温度不仅影响细胞的生长速率，还影响蛋白质的折叠和装配。在表达温度过高或过低的情况下，蛋白质可能会失去活性或聚集成不可溶的形态。因此，优化的温度控制对于蛋白质表达至关重要。

三、昆虫细胞转染和感染技术

在昆虫细胞反应器中，成功将表达外源基因的重组Bacmid导入细胞，并获得重组昆虫病毒，大规模实现外源蛋白高效表达是研究和生产中的关键步骤。

提取纯化在细菌细胞中构建且经过验证的重组Bacmid DNA，将其转染到昆虫细胞，转染方法包括钙磷沉淀法、脂质体转染（如转染试剂Cellfectin）、电穿孔等。脂质体转染速度快，适用于小规模实验，但表达效率较低。将Bacmid DNA转染昆虫细胞，5～7d后收获培养上清液，获得重组杆状病毒。取上清液的重组昆虫病毒，再次感染昆虫细胞，进行重组病毒的扩增。培养3d后收集上清液，经离心去掉细胞碎片，利用终点稀释法测定重组病毒滴度，制备种子病毒培养液储备。设定一定的感染复数（multiplicity of infection，MOI）（一般选择MOI＝1～10），用种子病毒培养液感染新的昆虫细胞，培养3d后分别收集上清液和细胞，通过蛋白质检测技术检测外源蛋白表达情况，并用于后续的蛋白质分离和纯化步骤。

四、昆虫细胞表达产物的表达和纯化策略

昆虫细胞表达产物的表达和纯化策略对于获得高质量的蛋白质产物至关重要。表达策略的优化包括多方面的考量，如选择合适的启动子来精确调控目的基因的转录水平；精心

调整细胞培养条件，包括培养基成分、培养温度、pH等以确保最大限度地提高表达效率；确定最佳的表达时间点，以确保外源蛋白在合适的时机大量积累。蛋白质在细胞内表达后，需要进行纯化以获得高纯度的产物。这涉及选择合适的纯化策略，如亲和层析、离子交换层析、凝胶过滤层析或逆流色谱层析，这取决于目的蛋白的特性和所需的纯度水平。整个纯化过程通常包括细胞破碎（通过机械或化学方法破碎细胞以释放蛋白质），初步纯化，浓缩和最终纯化，以确保最终蛋白质产物的高纯度。最后，对产物进行详尽的分析和验证，包括SDS-PAGE分析、Western blot、质谱分析和生物活性测试，以确保产物的质量和功能符合预期。

五、应用前景与挑战

昆虫细胞反应器在多个领域展现了广泛的应用前景。它在蛋白质生产和研究方面表现出色，为高效大规模表达和纯化蛋白质提供了便利。在药物制造领域，昆虫细胞系统不仅成本较低，而且产量高，适用于生产生物类药物和疫苗。此外，它还在个性化疫苗和病毒性疾病的药物筛选方面具备潜在应用价值。然而，仍需解决工艺优化、纯化困难等挑战，未来发展方向包括与基因编辑技术的联合应用、更多新型表达载体的开发及更广泛的医学和制药应用。

第四节　家蚕生物反应器

一、家蚕杆状病毒表达系统

家蚕杆状病毒表达系统也称为家蚕血淋巴表达系统，利用重组家蚕核多角体病毒（BmNPV）感染家蚕，重组BmNPV在家蚕体内生产外源蛋白，表达的蛋白质大多进入血淋巴系统。由于家蚕血淋巴含有蛋白酶的抑制物，对目的蛋白能起到保护作用，所以家蚕血淋巴具有储存蛋白的能力，且外源蛋白又很容易从家蚕体液中分离纯化出来。因此，此系统生产的产品具有成本低、安全、产品产量与活性高的特点，是生产有用蛋白质的三大系统之一。

用重组BmNPV表达的第一个商品化产品（猫干扰素）1993年在日本市场问世。日本学者前田进与其同事最早用家蚕作为宿主借重组BmNPV高效表达了人α干扰素，血淋巴内干扰素活性高达4×10^7U/ml，而当时真核系统表达的最高纪录为4×10^5U/ml（牛乳头瘤病毒载体在小鼠细胞系表达），蚕体表达水平比后者高出两个数量级。与脊椎动物的封闭系统不同，家蚕的循环系统为开放型。血淋巴是蚕体的贮藏组织，占蚕体总容积30%，大量贮藏蛋白就积累在血淋巴内。由于蛋白酶抑制物的存在，蚕体产生的α干扰素积存于血淋巴内，不会被内源性蛋白分解酶降解，易被分离、纯化。

（一）原理

BmNPV基因组是超螺旋闭环双链DNA。多角体蛋白基因不是病毒复制的必需基因，它在感染晚期高效表达，其编码的多角体蛋白只起包埋病毒粒子的作用，与病毒的感染没有直接的关系。多角体蛋白基因即使部分或全部被外源基因取代，仍能形成有感染性的病毒粒子。根据这一特性，通过基因操作技术将外源基因替换BmNPV基因中的多角体蛋白基因，从而使重组BmNPV在蚕体细胞内能够大量表达外源蛋白。

（二）生产外源蛋白的主要程序

将目的基因克隆后，插入杆状病毒载体内，通过蓝白斑筛选获得重组病毒载体，再把重组病毒载体转染家蚕细胞，分离、鉴定重组杆状病毒，检测目的蛋白，并进行动物试验以验证其对机体的免疫反应和安全性（图10-2）。

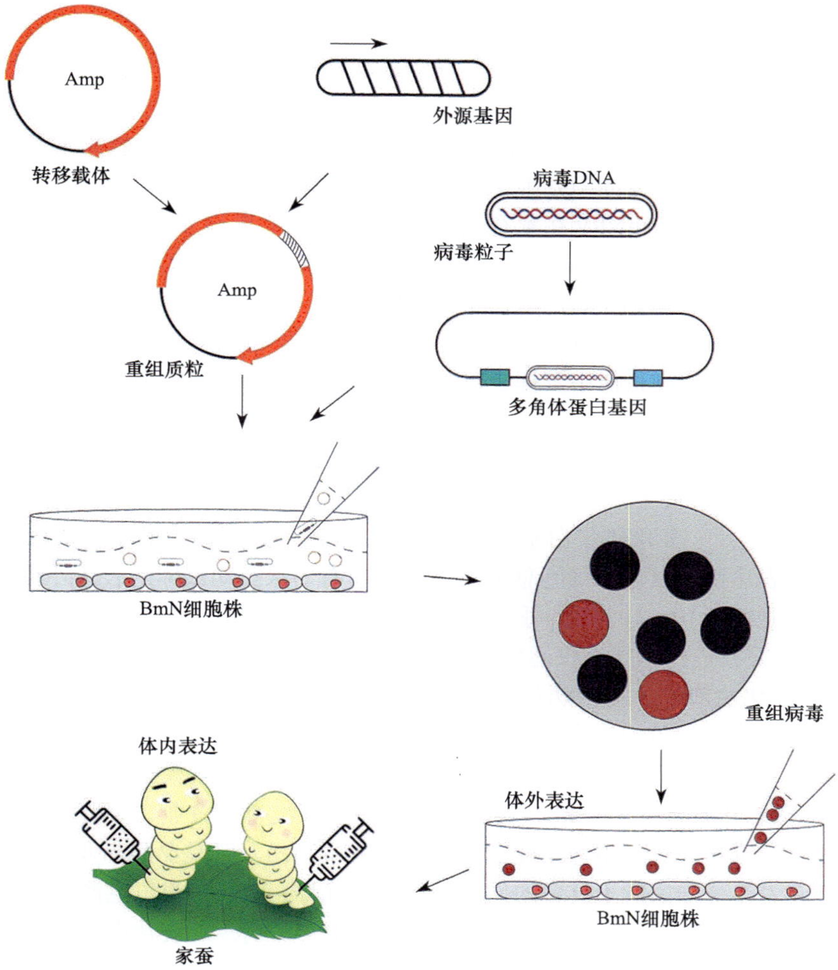

图10-2　构建表达外源蛋白重组病毒BmNPV的流程

Amp为氨苄青霉素的抗性标记；BmN细胞株为家蚕卵巢细胞株

构建重组杆状病毒的关键在于构建用于转染的重组病毒载体，现在已构建出大量用于不同需求的转染载体，外源基因通过转座插入改造的病毒转染质粒的多角体蛋白基因位点，使多角体蛋白基因被外源基因取代，从而将外源基因整合到病毒基因组的相应位置。

重组家蚕杆状病毒的筛选方法有新霉素抗性基因（neomycin resistance gene，*neo*^{r}）筛选、细胞凋亡抑制基因（*p35*）筛选标记、多角体正向标记、β-半乳糖苷酶标记、单纯疱疹病毒Ⅰ型的胸苷激酶基因（*HSV1-tk*）筛选、线性化技术、体外酶促定位重组、酵母-昆虫细胞穿梭载体技术、细菌-昆虫细胞穿梭载体（Bac-to-Bac）技术等。此外，其他如PCR、DNA斑点杂交及有限稀释法等，也可用于重组病毒的筛选和鉴定。这些方法各具特点，但在家蚕杆状病毒表达系统中主要还是通过线性化病毒和Bac-to-Bac技术。近年来应用Bac-to-Bac系统的研究较多，如利用BmNPV杆状病毒载体在家蚕幼虫中高效表达人胰岛素样生长因子-1，用Bac-to-Bac杆状病毒系统表达了人生长激素，应用Bac-to-Bac/BmNPV杆状病毒表达系统在家蚕幼虫体内高效表达了鲎C因子。

（三）应用

国内外利用家蚕杆状病毒表达系统，已经成功地高效表达出乙型肝炎表面抗原、丙型肝炎抗原蛋白、人促红细胞生成素、人生长激素、人骨形态生成蛋白、β_2干扰素、胰岛素样生长因子、人白细胞介素-23、人表皮生长因子、人粒细胞巨噬细胞集落刺激因子、人血小板生成素、人体血液凝固阻塞因子等一系列药用蛋白。

肖庆利等用重组的BmNPV在家蚕幼虫中高效表达了禽马立克氏病毒B糖蛋白抗原，1ml家蚕血淋巴的表达量可达1mg抗原蛋白。于涟等在家蚕中表达了传染性法氏囊病病毒的主要宿主保护性抗原蛋白Vp2，动物实验表明该蛋白有良好的免疫原性。在人及动物的传染病中，已有多种病毒的保护性抗原基因在BmNPV中得到成功表达，研制出重组基因工程疫苗，在医学和农业科研中发挥了重要作用，展示出诱人的应用前景。

（四）优点

BmNPV主要感染蚕类，作为表达载体具有以下优点。

1. 高效表达　多角体蛋白基因和*p10*基因是非常强大的启动子，能驱动靶基因的高水平表达，表达量可以达到细胞总蛋白的25%左右，家蚕幼虫体内表达外源基因，表达效率可高于培养细胞10～100倍，每头蚕的表达量可达毫克级。

2. 安全性好　杆状病毒仅感染昆虫或节肢动物，不感染脊椎动物，不污染环境。

3. 易产业化生产　杆状病毒的基因组是一个环状双链DNA基因组，容易用酶切、连接、重组与交换等常用的生物技术进行修饰和改造；可容纳大片段的外源基因，并能正常复制和表达；而且其宿主家蚕是目前可以无菌、低成本、大规模饲养的经济昆虫。

4. 易形成自主产业　欧洲、美国等地区和国家没有养蚕业，主要采用昆虫细胞做病毒感染，生产成本高。日本养蚕业因其劳动力成本高昂，已是夕阳产业。作为家蚕起源地的中国，有着其他国家所不具备的得天独厚资源优势，容易形成自主产业。

5. 表达产物稳定　蚕体中有多种天然蛋白质保护剂，对表达产物有保护作用，使基因表达产物十分稳定。

6. 表达产物后加工较完善　杆状病毒属真核表达系统，可以分泌信号和磷酸化蛋白，从而形成与天然产物相似的高级结构。所表达的外源蛋白能被正确加工，在蛋白质的生物活性、抗原性、免疫原性和功能上与天然产物相似。

杆状病毒表达系统的不足：①多角体蛋白基因启动子虽是强启动子，但要在病毒感染后的晚期才能发挥作用，同时多角体蛋白基因改造后的重组病毒不适于经口感染，这限制了杆状病毒表达系统用于基因工程杀虫剂方面的研究。研究各种类型的启动子用以提早表达外源基因产物的表达时间具有重要意义。②杆状病毒不可稳定传代，需反复接种，工作量大，可靠性差。③家蚕杆状病毒表达系统用蚕的饲养标准、重组病毒的接种、接种后的管理等，目前尚不能适应药物生产的GMP（良好生产规范）要求等。

（五）优化表达的策略

基于以上不足，家蚕杆状病毒表达系统要从以下几个方面来优化表达特定产物：①目的基因不能有内含子存在，因而克隆时以cDNA最佳。②去除mRNA 5′非编码区的异源序列，它可能会干扰AUG的正确翻译。③翻译起始密码子AUG处于适当的序列之间，上游的碱基为A时最佳。④去除mRNA 3′非翻译区的非必需序列，它可能导致mRNA的不稳定性。⑤在转染质粒内已存在多聚腺苷酸信号，异源基因不需要再提供类似信号。⑥表达产物的信号肽不能被表达体系有效去除时，要在制备cDNA时除去信号肽序列。

二、家蚕丝腺生物反应器

家蚕具有非常高效的蛋白质生物转化能力，是已知外分泌蛋白质能力较强的生物。5龄后期家蚕体腔内充满后部丝腺，丝心蛋白基因在后部丝腺中得到特异而高效的表达。在家蚕5龄后期的3d，后部丝腺的每个细胞能够合成10^5个（约250μg）丝心蛋白分子，整个丝腺每秒能合成6×10^9个丝心蛋白分子，比肝细胞合成血清白蛋白快60倍以上，这样高的蛋白质合成速度在现有的其他动物细胞内是罕见的。家蚕丝腺生物反应器表达外源基因主要有两个方面的应用：一是利用家蚕表达外源基因来生产外源蛋白；二是利用转基因操作来改善蚕丝丝心蛋白的性能。

（一）丝腺生物反应器表达外源蛋白

家蚕BmNPV表达系统建立后，已有来源于病毒、细菌、真菌、动植物及人类的数百种外源基因获得高效表达，但其表达量远不及家蚕丝腺细胞中丝心蛋白的合成量。1998年，Marshal提出了利用丝心蛋白启动子在丝腺中表达外源蛋白的构想。方法是将外源基因置于丝心蛋白启动子调控下生产外源蛋白。Toshiki等利用转基因技术使绿色荧光蛋白在家蚕丝腺细胞中获得高效表达，并完整地分泌到丝腺中，这说明丝腺细胞能够完整地表达外源蛋白。朱成钢等认为家蚕丝心蛋白启动子是最强的启动子之一，在丝心蛋白启动子调控下表达外源基因将具有广阔的开发前景。他们利用丝心蛋白轻链基因，构建了一种新型的转基因家蚕打靶载体，用于家蚕丝腺生物反应器的研究。

（二）利用丝腺生物反应器改善丝心蛋白性能

蚕丝具有优良的光泽、色调，以及良好的吸湿放湿性、保温性、难燃性、吸气性。但在摩擦强度、屈曲强度、伸长疲劳度等性质上，蚕丝就不及合成纤维。使用基因工程方法构建转基因家蚕可以突破传统育种的限制，获得具有优良丝质性状的家蚕新品种。其方法主要有：①用其他丝心蛋白基因置换家蚕丝心蛋白基因，让家蚕吐出由其他丝心蛋白构成的“蚕丝”；②置换部分家蚕丝心蛋白基因，以改善家蚕蚕丝丝心蛋白结构从而部分改善家蚕蚕丝丝心蛋白的性能；③将外源基因置于丝心蛋白基因下游，与家蚕蚕丝丝心蛋白基因同时同步地进行特异性表达。近年来，利用同源重组的基因打靶（gene target）技术导入外源基因从而得到转基因蚕的思路受到广泛的重视。例如，将家蚕丝心蛋白基因用蜘蛛丝基因替换，这种转基因家蚕将吐出与蜘蛛丝相似的丝。如果此转基因家蚕构建成功，就可以超越种的界限，生产出具有全新品质的蚕丝。蓖麻蚕和银杏大蚕蛾的茧缫丝困难，天蚕丝产量又很低，如果定点转基因蚕技术体系构建成功，蜘蛛丝、蓖麻蚕丝、银杏大蚕蛾的丝、天蚕丝等基因都可通过转基因技术进入家蚕，可培育出能吐各种不同优良品质丝的家蚕新品种。

（三）家蚕丝腺生物反应器的转基因方法

实现家蚕丝腺生物反应器的转基因方法有很多，有显微注射法、精子携带法、基因枪导入法、电穿孔法、脉冲电场法、液体压力渗透法等。

1. 显微注射法 这是目前向家蚕蚕卵导入外源基因最常用的方法。具体方法是先用10～100μm的钨丝扎卵，并利用气压通过玻璃毛细管注射外源DNA，这样能够准确地控制扎入的深度及注入DNA的量，且不会吸进细胞质。但传统的显微注射法费时费事，如果可以通过显微注射法将外源基因直接注射到家蚕卵巢中，注射效率和注射后家蚕蚕卵的孵化率都应该比传统显微注射法高得多。

2. 精子携带法 将成熟精子和外源DNA进行预培养，受精过程中，精子将携带外源DNA进入卵细胞，外源DNA随机整合到家蚕染色体中。

3. 基因枪导入法 将质粒DNA沉淀在钨粉表面，用基因枪以550～600m/s的速度将携带外源DNA的钨粉射出，轰击家蚕早期受精卵，钨粉穿透卵壳进入卵内，且在卵内分布均匀。轰击后，家蚕蚕卵发育正常，孵化率高达85.5%～90.78%，幼虫的生长发育也很正常。

4. 电穿孔法 瞬时高压可降低细胞膜稳定性，造成细胞膜穿孔（可修复）。在细胞膜处于穿孔状态时，外源DNA就由孔进入细胞内。电穿孔法具有效率高、操作简便、对蚕卵的损伤及副作用小等优点。不过，电穿孔法主要适用于细胞，用于家蚕蚕卵时需将卵壳去掉。

5. 脉冲电场法 利用脉冲交变电场介导外源基因由卵壳上的气孔进入卵内，每粒家蚕蚕卵含有5000～10 000个这样的气孔，外源基因的导入效率也比较高。

6. 液体压力渗透法 液体压力渗透法是将外源DNA导入家蚕蚕卵的一个新尝试，先将载体质粒线性化，再将家蚕蚕卵浸泡在外源DNA溶液中，用水泵抽真空，再缓缓地放回至大气压。重复数次，就可以将外源DNA导入家蚕蚕卵中。

三、家蚕杆状病毒表达系统与家蚕丝腺生物反应器的比较

（一）家蚕杆状病毒表达系统

家蚕感染昆虫杆状病毒后可用作高效、高价值的生物反应器，可产生多种异源糖蛋白。例如，研究人员将*IgG1*基因的重链和轻链克隆到组织蛋白酶缺乏和几丁质酶缺乏的家蚕杆状病毒的质粒上，制得表达IgG1的重组病毒。接着，研究人员将重组病毒分别注射到9d大的蛹和进入五龄第2天的家蚕。在27℃下喂养6～7d后，家蚕体内能够产生重组蛋白IgG1。此外，提取和纯化重组蛋白后发现，蛹表达重组蛋白效率最高，每只蛹可以产生0.35mg重组蛋白，是家蚕幼虫产量的5倍（Yagi et al.，2020）。

（二）家蚕丝腺生物反应器

家蚕丝腺生物反应器在医学上同样具有重要的应用价值。例如，为了大规模表达活化的人类Neurotrophin-4（NT-4）蛋白，采用基因工程技术将其基因导入家蚕丝腺生物反应器中。虽然并未使用昆虫杆状病毒作为载体，但通过piggyBac转座的方式成功构建了转基因家蚕。将*NT-4*基因序列插入含有piggyBac［3xP3DsRed］转基因骨架的质粒中，形成了piggyBac［DsRed，NT-4］转基因质粒。将转基因质粒与pHSP70PIG质粒一起注射到家蚕胚胎内，经过孵化筛选，成功构建了转基因家蚕及其后代。NT-4蛋白在家蚕丝腺中表达，并可随家蚕的吐丝而提取到纯化的NT-4蛋白。功能验证表明，转基因家蚕产生的NT-4蛋白能够促进HT22增殖、分化和髓鞘形成（Zhang et al.，2022）。

总体来说，家蚕杆状病毒表达系统表达的目的蛋白进入家蚕血淋巴系统，而家蚕丝腺生物反应器的表达产物则是经家蚕丝腺产出，两个表达系统产物相互隔离并且表达效率都很高，因此也有人提出将家蚕杆状病毒表达系统和家蚕丝腺生物反应器结合起来同时表达几种外源蛋白。两个表达系统的同时使用必定能够充分利用桑蚕资源，进一步拓宽家蚕生物反应器的应用前景，解决其产业化困难这一瓶颈效应。家蚕饲养历史悠久，遗传背景清楚，再加上它作为模式生物的历史积累和其分子生物学成果，随着对基因转移方法和转移载体广泛深入的研究，用转基因方法改善蚕丝丝心蛋白性能和以家蚕生物反应器生产具高附加价值的有用蛋白质，未来的产业化将具有广阔的应用前景。

本章小结

本章系统介绍了昆虫表达系统在生物制药领域的发展历史、分类、应用及相关载体构建策略等内容。首先，我们回顾了昆虫病毒表达系统的演化历程，包括其起源、发展和不断完善的过程。其次，对昆虫病毒表达系统的分类进行了概述，包括Bac-to-Bac系统、FlashBAC系统和MultiBac系统等。随后，着重介绍了昆虫病毒表达载体的构建策略，从选择适当的病毒载体、构建质粒载体、转染宿主细胞到蛋白质表达和纯化等方面展开讨论。在昆虫病毒表达载体的表达机制部分，我们深入探讨了启动子驱动的转录、mRNA的翻译及蛋白质的后期修饰等关键过程。最后，通过分析昆虫表达系统的独特优势和未来挑战，以及对昆虫细胞反应器和家蚕生物反应器的介绍，进一步展示了昆虫表达系统在生物制药领域的广泛应用前景。通过本章的学习，可以深入了解昆虫病毒表达系统的各个方面，为其在科学研究和工程应用中的进一步发展提供理论和实践支持。

复习思考题

1．在昆虫病毒表达载体的构建过程中，如何根据外源基因的性质和表达需求选择适当的病毒载体？

2．昆虫细胞反应器在外源蛋白生产中的优势体现在哪些方面？

3．在昆虫细胞株的选择和培养方面，你认为哪些因素会对外源基因的表达具有关键作用？

4．在家蚕生物反应器中，如何平衡外源蛋白的表达水平和对宿主细胞的影响，以确保生物反应器的稳定性和持续生产能力？

主要参考文献

金伟．2001．家蚕病理学．北京：中国农业出版社．

吕鸿声．1998．昆虫病毒分子生物学．北京：中国农业科技出版社．

秦启联，王晓军，张寰，等．2018．NY/T 3279.2—2018 病毒微生物农药 苜蓿银纹夜蛾核多角体病毒 第2部分：苜蓿银纹夜蛾核多角体病毒悬浮剂．

孙修炼．2023．病毒类生物农药//陈剑平．2022—2023生物防治学科发展研究．北京：中国科学技术出版社．

万永继．2023．家蚕病理学．北京：科学出版社．

吴萍，钱荷英，徐安英，等．2013．荧光定量PCR分析不同家蚕品种对质多角体病毒（BmCPV）的感染抵抗性．蚕业科学，2：289-294．

张宏军，陶岭梅，刘学，等．2022．我国生物农药登记管理情况分析．中国生物防治学报，38：9-17．

邹凤莲，钟伯雄．2000．家蚕质多角体病毒基因组的研究现状．中国蚕业，4：43-44．

Abd-Alla A M M, Meki I K, Demirbas-Uzel G. 2020. Insect viruses as biocontrol agents: challenges and opportunities//El-Wakeil N, Saleh M, Abu-hashim M. Cottage Industry of Biocontrol Agents and Their Applications: Practical Aspects to Deal Biologically with Pests and Stresses Facing Strategic Crops. Berlin: Springer International Publishing: 277-295.

Akira S, Uematsu S, Takeuchi O. 2006. Pathogen recognition and innate immunity. Cell, 124: 783-801.

Al Naggar Y, Shafiey H, Paxton R J. 2023. Transcriptomic responses underlying the high virulence of black queen cell virus and sacbrood virus following a change in their mode of transmission in honey bees (*Apis mellifera*). Viruses, 15: 1284.

Amiri E, Kryger P, Meixner M D, et al. 2018. Quantitative patterns of vertical transmission of deformed wing virus in honey bees. PLoS ONE, 13 (3): e0195283.

Asgari S. 2006. Replication of Heliothis virescens ascovirus in insect cell lines. Arch Virol, 151: 1689-1699.

Asgari S, Bideshi D K, Bigot Y, et al. 2017. ICTV virus taxonomy profile: *Ascoviridae*. J Gen Virol, 98: 4-5.

Au S, Pante N. 2012. Nuclear transport of baculovirus: revealing the nuclear pore complex passage. J Struct Biol, 177: 90-98.

Beck M H, Strand M R. 2007. A novel polydnavirus protein inhibits the insect prophenoloxidase activation pathway. Proc Natl Acad Sci U S A, 104: 19267-19272.

Bergold G H. 1963. The nature of nuclear-polyhedrosis viruses. Insect Pathology, 1: 413-456.

Bideshi D K, Demattei M V, Rouleux-Bonnin F, et al. 2006. Genomic sequence of Spodoptera frugiperda ascovirus 1a, an enveloped, double-stranded DNA insect virus that manipulates apoptosis for viral reproduction. J Virol, 80: 11791-11805.

Bideshi D K, Tan Y, Bigot Y, et al. 2005. A viral caspase contributes to modified apoptosis for virus transmission. Genes Dev, 19: 1416-1421.

Bieniossek C, Imasaki T, Takagi Y, et al. 2012. MultiBac: expanding the research toolbox for multiprotein complexes. Trends Biochem Sci, 37: 49-57.

Bigot Y, Rabouille A, Doury G, et al. 1997. Biological and molecular features of the relationships between Diadromus pulchellus ascovirus, a parasitoid hymenopteran wasp (*Diadromus pulchellus*) and its lepidopteran host, *Acrolepiopsis assectella* . J Gen Virol, 78 (5): 1149-1163.

Black B C, Brennan L A, Dierks P M, et al. 1997. Commercialization of baculoviral insecticides//Miller L K. The Baculoviruses. Boston: Springer.

Blasco R, Moss B. 1991. Extracellular vaccinia virus formation and cell-to-cell virus transmission are prevented by deletion of the gene encoding the 37, 000-Dalton outer envelope protein. J Virol, 65: 5910-5920.

Blissard G W, Theilmann D A. 2018. Baculovirus entry and egress from insect cells. Annu Rev Virol, 5: 113-139.

Bonning B C. 2020. The insect virome: opportunities and challenges. Curr Issues Mol Biol, 34: 1-12.

Bonning B C, Saleh M C. 2021. The interplay between viruses and RNAi pathways in insects. Annu Rev Entomol, 66: 61-79.

Braunagel S C, Summers M D. 2007. Molecular biology of the baculovirus occlusion-derived virus envelope. Curr Drug Targets, 8: 1084-1095.

Buchon N, Silverman N, Cherry S. 2014. Immunity in *Drosophila melanogaster*: from microbial recognition to whole-organism physiology. Nat Rev Immunol, 14: 796-810.

Burand J P, Summers M D, Smith G E. 1980. Transfection with baculovirus DNA. Virology, 101: 286-290.

Burges H D, Croizier G, Huber J. 1980. A review of safety tests on baculoviruses. Entomophaga, 25: 329-339.

Cai Q C, Chen C X, Liu H Y, et al. 2021. Interactions of Vank proteins from Microplitis bicoloratus bracovirus with host Dip3 suppress eIF4E expression. Dev Comp Immunol, 118: 103994.

Chen C X, He H J, Cai Q C, et al. 2021. Bracovirus-mediated innexin hemichannel closure in cell disassembly. iScience, 24 (4): 102281.

Chinchar V G, Hick P, Ince I A, et al. 2017. ICTV virus taxonomy profile: *Iridoviridae* . J Gen Virol, 98: 890-891.

Clem R J, Fechheimer M, Miller L K. 1991. Prevention of apoptosis by a baculovirus gene during infection of insect cells. Science, 254: 1388-1390.

Cox M M, Hollister J R. 2009. FluBlok, a next generation influenza vaccine manufactured in insect cells. Biologicals, 37: 182-189.

de Miranda J R, Bailey L, Ball B V, et al. 2013. Standard methods for virus research in *Apis mellifera*. J Apicult Res, 52 (4): 1-55.

Diao Q Y, Li B B, Zhao H X, et al. 2018. Enhancement of chronic bee paralysis virus levels in honeybees acute exposed to imidacloprid: a Chinese case study. Sci Total Environ, 630: 487-494.

Dietzgen R G, Ghedin E, Jiang D, et al. 2017. ICTV virus taxonomy profile: *Nyamiviridae* . J Gen Virol, 98: 2914-2915.

Ding S W. 2010. RNA-based antiviral immunity. Nat Rev Immunol, 10: 632-644.

Dolezal T, Krejcova G, Bajgar A, et al. 2019. Molecular regulations of metabolism during immune response in insects. Insect Biochem Molec Biol, 109: 31-42.

Dong Z Q, Hu N, Dong F F, et al. 2017. Baculovirus LEF-11 hijack host ATPase ATAD3A to promote virus multiplication in *Bombyx mori* cells. Sci Rep, 7: 46187.

English E O. 2002. Consensus document on information used in the assessment of environmental applications involving baculovirus. Organization for Economic Co-operation and Development, ParisSeries on Harmonization of Regulatory Oversight in Biotechnology, 20: 21.

Evan G, Littlewood T. 1998. A matter of life and cell death. Science, 281: 1317-1322.

Evans I R, Wood W. 2014. *Drosophila* blood cell chemotaxis. Curr Opin Cell Biol, 30: 1-8.

Federici B A. 1978. Baculovirus epizootic in a larval population of the clover cutworm, *Scotogramma trifolii* in southern California. Environ Entomol, 7: 423-427.

Federici B A. 1983. Enveloped double-stranded DNA insect virus with novel structure and cytopathology. Proc Natl Acad Sci USA, 80: 7664-7668.

Federici B A, Govindarajan R. 1990. Comparative histopathology of three ascovirus isolates in larval noctuids. J Invertebr Pathol, 56: 300-311.

Ferrandon D, Imler J L, Hetru C, et al. 2007. The *Drosophila* systemic immune response: sensing and signalling during bacterial and fungal infections. Nat Rev Immunol, 7: 862-874.

Flegel T W. 2007. Update on viral accommodation, a model for host-viral interaction in shrimp and other arthropods. Dev Comp Immunol, 31: 217-231.

Friesen P D. 2021. Insect viruses//Howley P M, Knipe D M. Fields Virology: DNA Viruses. 7th ed. Philadelphia: Lippincott Williams & Wilkins.

Galko M J, Krasnow M A. 2004. Cellular and genetic analysis of wound healing in *Drosophila larvae*. PLoS Biol, 2: E239.

Gasque S N, van Oers M M, Ros V I D. 2019. Where the baculoviruses lead, the caterpillars follow: baculovirus-induced alterations in caterpillar behaviour. Curr Opin Insect Sci, 33: 30-36.

Gauthier J, Boulain H, van Vugt J J F A, et al. 2021. Chromosomal scale assembly of parasitic wasp genome reveals symbiotic virus colonization. Commun Biol, 4 (1): 940.

Gauthier L, Cornman S, Hartmann U, et al. 2015. The filamentous virus genome. Viruses-Basel, 7: 3798-3815.

Gomi S, Majima K, Maeda S. 1999. Sequence analysis of the genome of Bombyx mori nucleopolyhedrovirus. J Gen Virol, 80 (Pt 5): 1323-1337.

Goulson D. 1997. Wipfelkrankheit: modification of host behaviour during baculoviral infection. Oecologia, 109: 219-228.

Guo Z, Li Y, Ding S W. 2019. Small RNA-based antimicrobial immunity. Nat Rev Immunol, 19: 31-44.

Haase S, Sciocco-Cap A, Romanowski V. 2015. Baculovirus insecticides in Latin America: historical overview, current status and future perspectives. Viruses, 7: 2230-2267.

Hagiwara K, Rao S, Scott S W, et al. 2002. Nucleotide sequences of segments 1, 3 and 4 of the genome of Bombyx mori cypovirus 1 encoding putative capsid proteins VP1, VP3 and VP4, respectively. J Gen Virol, 83: 1477-1482.

Harrison R L, Herniou E A, Bezier A, et al. 2020. ICTV virus taxonomy profile: *Nudiviridae*. J Gen Virol, 101: 3-4.

Harrison R L, Herniou E A, Jehle J A, et al. 2018. ICTV virus taxonomy profile: *Baculoviridae*. J Gen Virol, 99: 1185-1186.

He L, Ou-Yang Y Y, Li N, et al. 2020. Regulation of chitinase in *Spodoptera exigua* (Hübner) (Lepidoptera: Noctuidae) during infection by Heliothis virescens ascovirus 3h (HvAV-3h). Front Physiol, 11: 166.

Hitchman R B, Possee R D, King L A. 2012. High-throughput baculovirus expression in insect cells. Methods Mol Biol, 824: 609-627.

Hoover K, Grove M, Gardner M, et al. 2011. A gene for an extended phenotype. Science, 333: 1401.

Horton H M, Burand J P. 1993. Saturable attachment sites for polyhedron-derived baculovirus on insect cells and evidence for entry via direct membrane fusion. J Virol, 67: 1860-1868.

Hu Z Y, Li G T, Yao Q, et al. 2013. Bombyx mori bidensovirus: the type species of the new genus *Bidensovirus* in the new family *Bidnaviridae*. Chin Sci Bull, 58: 4528-4532.

Huang G H, Garretson T A, Cheng X H, et al. 2012. Phylogenetic position and replication kinetics of Heliothis virescens ascovirus 3h (HvAV-3h) isolated from *Spodoptera exigua*. PLoS ONE, 7 (7): e40225.

Huang G H, Hou D H, Wang M L, et al. 2017a. Genome analysis of Heliothis virescens ascovirus 3h isolated from China. Virol Sin, 32: 147-154.

Huang Z, Pan M, Zhu S, et al. 2017b. The Autographa californica multiple nucleopolyhedrovirus *ac83* gene contains a *cis*-acting element that is essential for nucleocapsid assembly. J Virol, 91 (5): e02110-16.

Hussain M, Abraham A M, Asgari S. 2010. An Ascovirus-encoded RNase III autoregulates its expression and suppresses RNA interference-mediated gene silencing. J Virol, 84 (7): 3624-3630.

ICTV. 2020. The new scope of virus taxonomy: partitioning the virosphere into 15 hierarchical ranks. Nat Microbiol, 5: 668-674.

Ignesti M, Ferrara R, Romani P, et al. 2018. A polydnavirus-encoded ANK protein has a negative impact on steroidogenesis and development. Insect Biochem Molec Biol, 95: 26-32.

Ito K, Kidokoro K, Katsuma S, et al. 2018. A single amino acid substitution in the *Bombyx* -specific mucin-like membrane protein causes resistance to Bombyx mori densovirus. Sci Rep, 8: 7430.

Jia X, Gao Y, Huang Y, et al. 2023. Architecture of the baculovirus nucleocapsid revealed by cryo-EM. Nat Commun, 14: 7481.

Kageyama D, Harumoto T, Nagamine K, et al. 2023. A male-killing gene encoded by a symbiotic virus of *Drosophila*. Nat Commun, 14: 1357.

Kaneko T, Goldman W E, Mellroth P, et al. 2004. Monomeric and polymeric gram-negative peptidoglycan but not purified LPS stimulate the *Drosophila* IMD pathway. Immunity, 20: 637-649.

Kergoat G J, Goldstein P Z, Le Ru B, et al. 2021. A novel reference dated phylogeny for the genus *Spodoptera* Guenée (Lepidoptera: Noctuidae: Noctuinae): new insights into the evolution of a pest-rich genus. Mol Phylogenet Evol, 161: 107161.

Kim C H, Kim S J, Kan H, et al. 2008. A three-step proteolytic cascade mediates the activation of the peptidoglycan-induced toll pathway in an insect. J Biol Chem, 283: 7599-7607.

King L A, Hitchman R, Possee R D. 2007. Recombinant baculovirus isolation//Murhammer D W. Baculovirus and Insect Cell Expression Protocols. Totowa: Humana Press: 77-93.

Kitts P A, Possee R D. 1993. A method for producing recombinant baculovirus expression vectors at high frequency. Biotechniques, 14: 810-817.

Krammer F, Schinko T, Palmberger D, et al. 2010. *Trichoplusia ni* cells (High Five^{TM}) are highly efficient for the production of influenza A virus-like particles: a comparison of two insect cell lines as production platforms for influenza vaccines. Mol Biotechnol, 45: 226-234.

Krupovic M, Koonin E V. 2014. Evolution of eukaryotic single-stranded DNA viruses of the *Bidnaviridae* family from genes of four other groups of widely different viruses. Sci Rep, 4: 5347.

Kuhn J H, Dheilly N M, Junglen S, et al. 2023. ICTV virus taxonomy profile: *Jingchuvirales* 2023. J Gen Virol, 104.

Kumar D, Sun Z, Cao G, et al. 2019. Bombyx mori bidensovirus infection alters the intestinal microflora of fifth instar silkworm (*Bombyx mori*) larvae. J Invertebr Pathol, 163: 48-63.

Lacey L, Thomson D, Vincent C, et al. 2008. Codling moth granulovirus: a comprehensive review. Biocontrol Sci Techn, 18 (7): 639-663.

Lee G J, Lee S H, Lee Y J, et al. 2016. Nanostructural characterization of Sf9 cells during virus-like particles generation. Scanning, 38: 735-742.

Lee K A, Lee W J. 2018. Immune-metabolic interactions during systemic and enteric infection in *Drosophila* . Curr Opin Insect Sci, 29: 21-26.

Lemaitre B, Hoffmann J. 2007. The host defense of *Drosophila melanogaster* . Annu Rev Immunol, 25: 697-743.

Levin S, Galbraith D, Sela N, et al. 2017. Presence of Apis rhabdovirus-1 in populations of pollinators and their parasites from two continents. Front Microbiol, 8: 2482.

Li J, Zhou Y, Lei C, et al. 2015. Improvement in the UV resistance of baculoviruses by displaying nano-zinc oxide-binding peptides on the surfaces of their occlusion bodies. Appl Microbiol Biotechnol, 99: 6841-6853.

Li J M, Wang F, Ye G, et al. 2023. ICTV virus taxonomy profile: *Lispiviridae* 2023. J Gen Virol, 104: 001869.

Li X C, Ma Y C, Long J, et al. 2023. Simulating immunosuppressive mechanism of Microplitis bicoloratus bracovirus coordinately fights *Spodoptera frugiperda* . Front Immunol, 14: 1289477.

Liu X, Tian Z, Cai L, et al. 2022. Baculoviruses hijack the visual perception of their caterpillar hosts to induce climbing behaviour thus promoting virus dispersal. Molecul Ecol, 31: 2752-2765.

Lu R, Maduro M, Li F, et al. 2005. Animal virus replication and RNAi-mediated antiviral silencing in *Caenorhabditis elegans* . Nature, 436: 1040-1043.

Luckow V A, Lee S C, Barry G F, et al. 1993. Efficient generation of infectious recombinant baculoviruses by site-specific transposon-mediated insertion of foreign genes into a baculovirus genome propagated in *Escherichia coli* . J Virol, 67: 4566-4579.

Maori E, Lavi S, Mozes-Koch R, et al. 2007. Isolation and characterization of Israeli acute paralysis virus, a dicistrovirus affecting honeybees in Israel: evidence for diversity due to intra- and inter-species recombination. J Gen Virol, 88: 3428-3438.

McInnes C J, Damon I K, Smith G L, et al. 2023. ICTV virus taxonomy profile: *Poxviridae* 2023. J Gen Virol, 104: 001869.

Mcleod P J, Young S Y, Yearian W C. 1982. Application of a baculovirus of pseudoplusia includens to soybean: efficacy and seasonal persistence 1. Environ Entomol, 11: 412-416.

Miller L K. 1988. Baculoviruses for foreign gene expression in insect cells. Biotechnology, 10: 457-465.

Miller L K. 1997. Introduction to the baculoviruses//Miller L K. The Baculoviruses. Boston: Springer: 1-6.

Mullapudi E, Füzik T, Pridal A, et al. 2017. Cryo-electron microscopy study of the genome release of the dicistrovirus Israeli acute bee paralysis virus. J Virol, 91 (4): e02060-16.

Myers J H, Cory J S. 2016. Ecology and evolution of pathogens in natural populations of Lepidoptera. Evol

Appl, 9: 231-247.

Napoli C, Lemieux C, Jorgensen R. 1990. Introduction of a chimeric chalcone synthase gene into petunia results in reversible co-suppression of homologous genes in trans. Plant Cell, 2 (4): 279-289.

O'Reilly D R, Miller L K. 1989. A baculovirus blocks insect molting by producing ecdysteroid UDP-glucosyl transferase. Science, 245: 1110-1112.

Ohkawa T, Majima K, Maeda S. 1994. A cysteine protease encoded by the baculovirus Bombyx mori nuclear polyhedrosis virus. J Virol, 68: 6619-6625.

Oppenheimer D I, Volkman L E. 1997. Evidence for rolling circle replication of Autographa californica M nucleopolyhedrovirus genomic DNA. Arch Virol, 142: 2107-2113.

Pan J, Wei S, Qiu Q, et al. 2023. A novel chimeric RNA originating from BmCPV S4 and *Bombyx mori* HDAC11 transcripts regulates virus proliferation. PLoS Pathog, 19: e1011184.

Peng K, van Oers M M, Hu Z, et al. 2010. Baculovirus per os infectivity factors form a complex on the surface of occlusion-derived virus. J Virol, 84: 9497-9504.

Pennock G D, Shoemaker C, Miller L K. 1984. Strong and regulated expression of *Escherichia coli* beta-galactosidase in insect cells with a baculovirus vector. Mol Cell Biol, 4 (3): 399-406.

Pimentel D. 2009. Pesticides and pest control//Peshin R, Dhawan A K. Integrated Pest Management: Innovation-Development Process: Volume 1. Dordrecht: Springer Netherlands: 83-87.

Régnier P, Grunberg-Manago M. 1989. Cleavage by RNase Ⅲ in the transcripts of the met Y-nus-A-infB operon of *Escherichia coli* releases the tRNA and initiates the decay of the downstream mRNA. J Molec Biol, 210: 293-302.

Ribière M, Olivier V, Blanchard P. 2010. Chronic bee paralysis: a disease and a virus like no other? J Invertebr Pathol, 103: S120-S131.

Rohrmann G F. 2019. Baculovirus Molecular Biology. 4th ed. Bethesda: National Center for Biotechnology Information.

Seitz K, Buczolich K, Dikunová A, et al. 2019. A molecular clone of chronic bee paralysis virus (CBPV) causes mortality in honey bee pupae. Sci Rep, 9: 16274.

Sheffield P, Garrard S, Derewenda Z. 1999. Overcoming expression and purification problems of RhoGDI using a family of "parallel" expression vectors. Protein Expr Purif, 15: 34-39.

Shi A, Hu Z, Zuo Y, et al. 2018. Autographa californica multiple nucleopolyhedrovirus *ac75* is required for the nuclear egress of nucleocapsids and intranuclear microvesicle formation. J Virol, 92 (4): e01509-17.

Shi M, Lin X D, Tian J H, et al. 2016. Redefining the invertebrate RNA virosphere. Nature, 540: 539-543.

Shi Y, Li K, Tang P, et al. 2015. Three-dimensional visualization of the Autographa californica multiple nucleopolyhedrovirus occlusion-derived virion envelopment process gives new clues as to its mechanism. Virology, 476: 298-303.

Smede M, Hussain M, Asgari S. 2009. A lipase-like gene from Heliothis virescens ascovirus (HvAV-3e) is essential for virus replication and cell cleavage. Virus Genes, 39: 409-417.

Smith G E, Summers M D, Fraser M J. 1983. Production of human beta interferon in insect cells infected with a baculovirus expression vector. Mol Cell Biol, 3: 2156-2165.

Smith K M. 1967. Insect Virology. London: Academy Press.

Söderhäll K. 2010. Invertebrate Immunity. Boston: Springer.

Sokolenko S, George S, Wagner A, et al. 2012. Co-expression vs. co-infection using baculovirus expression vectors in insect cell culture: benefits and drawbacks. Biotechnol Adv, 30: 766-781.

Summers M D. 2006. Milestones leading to the genetic engineering of baculoviruses as expression vector systems and viral pesticides. Adv Virus Res, 68: 3-73.

Summers M D, Smith G E. 1975. Comparative studies of baculovirus granulins and polyhedrins. Intervirology, 6: 168-180.

Sun X. 2015. History and current status of development and use of viral insecticides in China. Viruses, 7: 306-319.

Sun X, Sun X, van der Werf W, et al. 2004. Field inactivation of wild-type and genetically modified *Helicoverpa armigera* single nucleocapsid nucleopolyhedrovirus in cotton. Biocontrol Sci Techn, 14: 185-192.

Sun X L. 2015. History and current status of development and use of viral insecticides in China. Viruses, 7: 306-319.

Swevers L, Feng M, Ren F, et al. 2020. Antiviral defense against cypovirus 1 (*Reoviridae*) infection in the silkworm, *Bombyx mori* . Arch Insect Biochem Physiol, 103: e21616.

Szewczyk B, Rabalski L, Krol E, et al. 2009. Baculovirus biopesticides: a safe alternative to chemical protection of plants. J Biopestic, 2: 209-216.

Thézé J, Bezier A, Periquet G, et al. 2011. Paleozoic origin of insect large dsDNA viruses. Proc Natl Acad Sci U S A, 108: 15931-15935.

Thornberry N A, Lazebnik Y. 1998. Caspases: enemies within. Science, 281: 1312-1316.

Tian Z, Zhu L, Michaud J P, et al. 2022. Metabolic reprogramming of *Helicoverpa armigera* larvae by HearNPV facilitates viral replication and host immune suppression. Mol Ecol, 32: 1169-1182.

Tijssen P, Bando H, Li Y, et al. 2006. Evolution of densoviruses//Kerr J R, Cotmore S F, Bloom M F, et al. Parvoviruses. London: Hodder Arnold: 55-66.

Ullah A, Gajger I T, Majoros A, et al. 2021. Viral impacts on honey bee populations: a review. Saudi J Biol Sci, 28: 523-530.

Valicente F H. 2019. Entomopathogenic viruses//Souza B, Vázquez L L, Marucci R C. Natural Enemies of Insect Pests in Neotropical Agroecosystems: Biological Control and Functional Biodiversity. Berlin: Springer International Publishing.

Valles S M, Chen Y, Firth A E, et al. 2017a. ICTV virus taxonomy profile: *Iflaviridae*. J Gen Virol, 98: 527-528.

Valles S M, Chen Y, Firth A E, et al. 2017b. ICTV virus taxonomy profile: *Dicistroviridae*. J Gen Virol, 98: 355-356.

van Mierlo J T, van Cleef K W, van Rij R P. 2011. Defense and counterdefense in the RNAi-based antiviral immune system in insects. Methods Mol Biol, 721: 3-22.

van Oers M M, Pijlman G P, Vlak J M. 2015. Thirty years of baculovirus-insect cell protein expression: from dark horse to mainstream technology. J Gen Virol, 96: 6-23.

Wang H C, Hirono I, Maningas M B B, et al. 2019. ICTV virus taxonomy profile: *Nimaviridae*. J Gen Virol, 100: 1053-1054.

Wang J, Yang M, Xiao H, et al. 2020. Genome analysis of Dasineura jujubifolia toursvirus 2, a novel ascovirus.

Virol Sin, 35 (2): 134-142.

Wang Q, Yin M, Yuan C, et al. 2020. Identification of a conserved prophenoloxidase activation pathway in cotton bollworm *Helicoverpa armigera* . Front Immunol, 11: 785.

Wang Q, Yin M, Yuan C, et al. 2022. The *Micrococcus luteus* infection activates a novel melanization pathway of cSP10, cSP4, and cSP8 in *Helicoverpa armigera*. Insect Biochem Mol Biol, 147: 103775.

Wang X, Chen C, Zhang N, et al. 2022. Functional peroral infectivity complex of white spot syndrome virus of shrimp. J Virol, 96: e0117322.

Wang X, Liu X, Makalliwa G A, et al. 2017. *Per os* infectivity factors: a complicated and evolutionarily conserved entry machinery of baculovirus. Sci China Life Sci, 60: 806-815.

Wang X, Shang Y, Chen C, et al. 2019. *Baculovirus per os* infectivity factor complex: components and assembly. J Virol, 93: e02053-18.

Washburn J O, Lyons E H, Haas-Stapleton E J, et al. 1999. Multiple nucleocapsid packaging of Autographa californica nucleopolyhedrovirus accelerates the onset of systemic infection in *Trichoplusia ni* . J Virol, 73: 411-416.

Wei D, Wang Y, Zhang X, et al. 2014. *Autographa californica* nucleopolyhedrovirus Ac76: a dimeric type Ⅱ integral membrane protein that contains an inner nuclear membrane-sorting motif. J Virol, 88: 1090-1103.

Whitfield J B, Austin A D, Fernandez-Triana J L. 2018. Systematics, biology, and evolution of microgastrine parasitoid wasps. Annu Rev Entomol, 63: 389-406.

Wilfert L, Long G, Leggett H C, et al. 2016. Deformed wing virus is a recent global epidemic in honeybees driven by mites. Science, 351: 594-597.

Williams G V, Faulkner P. 1997. Cytological changes and viral morphogenesis during baculovirus infection// Miller L K. The Baculoviruses. Boston: Springer: 61-107.

Williams T, Virto C, Murillo R, et al. 2017. Covert infection of insects by baculoviruses. Front Microbiol, 8: 1337.

Wilson K, Grzywacz D, Curcic I, et al. 2020. A novel formulation technology for baculoviruses protects biopesticide from degradation by ultraviolet radiation. Sci Rep, 10: 13301.

Xiong G H, Xing L S, Lin Z, et al. 2015. High throughput profiling of the cotton bollworm *Helicoverpa armigera* immunotranscriptome during the fungal and bacterial infections. BMC Genomics, 16: 321.

Yagi H, Yanaka S, Yogo R, et al. 2020. Silkworm pupae function as efficient producers of recombinant glycoproteins with stable-isotope labeling. Biomolecules, 10 (11): 1482.

Yang D H, Wang J, Wang X, et al. 2022. Genomics and proteomics of Apis mellifera filamentous virus isolated from honeybees in China. Virol Sin, 37: 483-490.

Yang S, Gayral P, Zhao H X, et al. 2020a. Occurrence and molecular phylogeny of honey bee viruses in vespids. Viruses, 12 (1): 6.

Yang S, Zhao H X, Deng Y C, et al. 2020b. A reverse genetics system for the Israeli acute paralysis virus and chronic bee paralysis virus. Int J Mol Sci, 21 (5): 1742.

Yi H Y, Chowdhury M, Huang Y D, et al. 2014. Insect antimicrobial peptides and their applications. Appl Microbiol Biotechnol, 98: 5807-5822.

Yin M, Kuang W, Wang Q, et al. 2022. Dual roles and evolutionary implications of P26/poxin in antagonizing intracellular cGAS-STING and extracellular melanization immunity. Nat Commun, 13: 6934.

Yu H, Xiao H Y, Li N, et al. 2023. An ascovirus utilizes different types of host larval regulated cell death mechanisms to produce and release vesicles. J Virol, 97 (1): e01566-22.

Yuan C, Jiang X, Liu M, et al. 2021. An investigation of honey bee viruses prevalence in managed honey bees (and) undergone colony decline. Open Microbiol J, 15 (1): 58-66.

Yuan C, Xing L, Wang M, et al. 2017. Inhibition of melanization by serpin-5 and serpin-9 promotes baculovirus infection in cotton bollworm *Helicoverpa armigera*. PLoS Pathog, 13: e1006645.

Zaghloul H A H, Hice R, Arensburger P, et al. 2017. Transcriptome analysis of the Spodoptera frugiperda ascovirus *in vivo* provides insights into how its apoptosis inhibitors and caspase promote increased synthesis of viral vesicles and virion progeny. J Virol, 91 (23): e00874-17.

Zattara E E, Aizen M A. 2021. Worldwide occurrence records suggest a global decline in bee species richness. One Earth, 4: 114-123.

Zhang S, An S, Hoover K, et al. 2018. Host miRNAs are involved in hormonal regulation of HaSNPV-triggered climbing behaviour in *Helicoverpa armigera* . Mol Ecol, 27: 459-475.

Zhang W, Li Z, Lan W, et al. 2022. Bioengineered silkworm model for expressing human neurotrophin-4 with potential biomedical application. Front Physiol, 13: 1104929.

Zhang X, Zhang Y, Dai K, et al. 2020. N^6-methyladenosine level in silkworm midgut/ovary cell line is associated with *Bombyx mori* nucleopolyhedrovirus infection. Front Microbiol, 10: 2988.

Zhou G F, Chen C X, Cai Q C, et al. 2022. Bracovirus sneaks into apoptotic bodies transmitting immunosuppressive signaling driven by integration-mediated eIF5A hypusination. Front Immunol, 13: 901593.